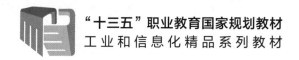

"十三五"职业教育国家规划教材

工业和信息化精品系列教材

MySQL
数据库技术与项目应用教程

微课版 | 第2版

李锡辉 王敏 ◉ 主编

王樱 杨丽 文建全 罗校清 刘鑫 ◉ 副主编

MYSQL DATABASE MANAGEMENT
TECHNOLOGY AND APPLICATION

人民邮电出版社

北京

图书在版编目（CIP）数据

MySQL数据库技术与项目应用教程：微课版 / 李锡辉，王敏主编. -- 2版. -- 北京：人民邮电出版社，2022.7（2024.1重印）

工业和信息化精品系列教材

ISBN 978-7-115-59056-5

Ⅰ．①M… Ⅱ．①李… ②王… Ⅲ．①关系数据库系统－教材 Ⅳ．①TP311.132.3

中国版本图书馆CIP数据核字(2022)第051721号

内 容 提 要

MySQL 数据库是当前较为流行的关系型数据库之一，它功能强大、性能卓越，已成为当前企业级数据库产品的首选。

本书以网上商城系统的数据库设计与建模、操作和管理为主线，串联全书内容，以诗词飞花令系统数据库的管理为辅线，巩固和深化数据库相关理论的学习和实践。通过双线设计，详细阐述了使用 MySQL 对应用系统进行数据库设计和维护的全过程。本书分为基础应用篇和高级应用篇两个部分，其中项目一至项目四为基础应用篇，项目五至项目八为高级应用篇，8 个项目共 28 个任务，精选典型实例 298 个。

本书可作为高等教育本、专科院校计算机相关专业的教材，也可作为广大 IT 技术人员的参考用书。

◆ 主　编　李锡辉　王　敏

　　副主编　王　樱　杨　丽　文建全　罗校清　刘　鑫

　　责任编辑　范博涛

　　责任印制　焦志炜

◆ 人民邮电出版社出版发行　　北京市丰台区成寿寺路 11 号

　　邮编　100164　电子邮件　315@ptpress.com.cn

　　网址　https://www.ptpress.com.cn

　　三河市中晟雅豪印务有限公司印刷

◆ 开本：787×1092　1/16

　　印张：13.75　　　　　　　　　2022 年 7 月第 2 版

　　字数：341 千字　　　　　　　2024 年 1 月河北第 7 次印刷

定价：49.80 元

读者服务热线：(010)81055256　印装质量热线：(010)81055316

反盗版热线：(010)81055315

广告经营许可证：京东市监广登字 20170147 号

前 言　PREFACE

党的二十大指出，教育、科技、人才是全面建设社会主义现代化国家的基础性、战略性支撑。必须坚持科技是第一生产力、人才是第一资源、创新是第一动力，深入实施科教兴国战略、人才强国战略、创新驱动发展战略，开辟发展新领域新赛道，不断塑造发展新动能新优势。

MySQL 是关系型数据库管理系统的典型代表，拥有成熟的生态体系，其功能强大、性能卓越，是当下较为流行且广泛使用的数据库产品之一。最新发布的 MySQL 8.0 具有比以往版本更有效的查询功能和更轻松的管理配置。

本书采用双项目驱动设计，以网上商城系统项目的数据库建模、操作和管理为主线串联全书知识内容，循序渐进地讲解了认识数据库、数据库设计与建模、数据库与数据表的创建和管理、数据查询、查询优化、数据库编程、数据库的安全性和数据库的高可用性等；通过 8 个项目 28 个任务共 298 个实例、习题和项目实践等内容，帮助读者系统地构建数据库知识体系和实践体系；以诗词飞花令项目为辅线拓展，帮助读者巩固和内化所学知识和技能，达到举一反三、学以致用的目的。

为适应数据库技术的更新发展，本书第 2 版将 MySQL 的版本从 5.5 升级到 8.0，并讲解了 MySQL 8.0 的优秀特性，以满足产业需求的变化。本书增加了大数据时代的数据库、JSON 类型、非关系型 JSON 数据与关系型数据的互换、窗口函数、数据分析等内容；书中所有实例都是精心挑选的，并融入了一些实践内容，以使本书更贴合实际需求；本书各项目增设了常见问题栏，对项目学习中读者可能存在的困惑、问题和会犯的错误进行了详细解答，读者扫描相应的二维码就能获得问题的解决方法；本书增加了 MySQL 开发规范的内容，以帮助读者养成良好的编码习惯和严谨的工作态度。

◆ 职业技能和考证

为了满足"1+X"职业技能培养和考证需要，本书内容涵盖了全国计算机等级考试二级"MySQL 数据库程序设计"的考点要求，深度融入《Java Web 应用开发职业技能等级标准》和《大数据应用开发（Java）职业技能等级标准》两个标准，将标准中关于关系型数据库和 MySQL 的技能点和知识点融入本书的知识体系和实例中，无缝对接"X"证，推进书证融通改革措施的落地。

◆ 教学资源

为方便读者学习，本书在"学银在线"平台上配套了 MOOC 课程"数据库应用技术"，对重难点内容提供了微课视频，读者只需扫描二维码就能获取相应的资源。为方便教师授课，本书配有电子教案、PPT、任务书、示例数据库、习题参考答案和习题库等教学资源，请登录 www.ryjiaoyu.com 或"学银在线"的 MOOC 课程进行下载。

◆ 致谢

本书由湖南信息职业技术学院软件技术教学团队和湖南创星科技股份有限公司共同编写。主要参与人员有湖南信息职业技术学院李锡辉、王敏、王樱、杨丽、刘佳、赵莉、石玉明、刘思夏，以及湖南创星科技股份有限公司文建全、湖南软件职业技术大学罗校清、湖南文理学院汤海蓉、湖南应用技术学院刘鑫等，全体人员在近一年的编写过程中付出了大量的时间和精力。软件技术专业 2019 级学生罗舒午、郭清、张志宇、唐先富等参与了本书的实例讨论、代码测试和常见问题解答等工作，在此一并表示感谢。

　　本书得以再版，还特别感谢阅读过本书第 1 版的热心读者和将本书第 1 版作为教材的教师，他们反馈了很多书中的细节问题，并提出了许多改进建议，正是由于有这些读者和教师的关注，才使我们有不断前行的动力。

◆ 意见反馈

　　尽管我们在编写过程中尽了最大努力，但书中难免存在不足和疏漏之处，敬请读者来信给予宝贵意见和建议，我们将不胜感激。若在阅读本书时发现任何问题或不妥之处，请与我们联系。电子邮箱：lixihui@mail.hniu.cn 。

编者

2023 年 7 月

目 录
CONTENTS

【基础应用篇】

项目一

认识MySQL

数据库技术是计算机应用领域中非常重要的技术，是现代信息系统的核心和基础，它的出现与应用极大地促进了计算机技术在各领域的渗透。

MySQL 作为关系型数据库管理系统的重要产品之一，由于其具有体积小、开放源码、成本低等优点，被广泛地应用在 Internet 的中小型网站上，其强大的功能和卓越的运算性能使其成为企业级数据库产品的首选。

本项目在介绍数据库基本概念的基础上，使读者学会在 Windows 平台上安装和配置 MySQL 数据库，并掌握 MySQL 的一般使用方法。

学习目标

★ 了解数据库的基本概念
★ 了解 SQL
★ 会在 Windows 平台上安装 MySQL
★ 会启动、登录和配置 MySQL
★ 会设置 MySQL 字符集

拓展阅读

名言名句

不积跬步，无以至千里；不积小流，无以成江海。——荀子《劝学》

任务1 认识数据库

【任务描述】在设计和使用 MySQL 之前，需要了解数据库的基本概念、数据库的发展和关系型数据库中数据的存储方式。

1.1.1 数据库的基本概念

1. 数据

数据（Data）是用来记录信息的可识别符号，是信息的具体表现形式。在计算机中，数据采用计算机能够识别、存储和处理的方式对现实世界的事物进行描述，其具体表现形式可以是数字、文本、图像、音频、视频等。

[微课视频]

2. 数据库

数据库（Database，DB）是用来存放数据的仓库。具体地说，数据库就是按照一定的数据结构来组织、存储和管理数据的集合，具有冗余度较小、独立性和易扩展性较高、可供多用户共享等特点。

3. 数据库管理系统

数据库管理系统（Database Management System，DBMS）是操作和管理数据库的软件，介于应用程序与操作系统之间，为应用程序提供访问数据库的方法，具有数据定义、数据操作、数据库运行管理和数据库建立与维护等功能。当前流行的数据库管理系统包括 MySQL、Oracle、SQL Server、Sybase 等。

4．数据库系统

数据库系统（Database System，DBS）由软件、数据库和数据库管理员组成。其软件主要包括操作系统、各种宿主语言、数据库应用程序和数据库管理系统。数据库由数据库管理系统统一管理，数据的插入、修改和检索均要通过数据库管理系统进行，数据库管理系统是数据库系统的核心。数据库管理员负责创建、监控和维护整个数据库，使数据能被任何有权使用的人有效使用。图 1-1 描述了数据库系统的结构。

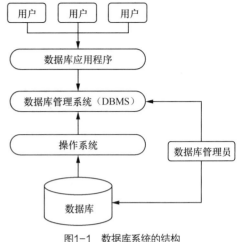

图1-1　数据库系统的结构

1.1.2　数据库技术的发展

[微课视频]

数据库技术的发展可以用"经历""造就""发展""带动"这四个词来概括。

自 20 世纪 60 年代中期开始到现在，数据库技术经历了人工管理、文件系统管理和数据库系统管理 3 个阶段的演变，取得了辉煌的成就；造就了 4 位图灵奖得主，分别是 Charles Bachman（查尔斯·巴赫曼）、Edgar F. Codd（埃德加·科德）、James Gray（詹姆斯·格雷）和 Michael Stonebraker（迈克尔·斯通布雷克）；发展了以数据建模和数据库管理系统核心技术为主的一门计算机基础学科，该学科内容涵盖数据库信息管理、决策支持系统、数据仓库、数据挖掘和商务智能等领域；随着数据库管理系统及其相关工具产品、应用套件和解决方案的广泛应用，带动了数百亿美元的软件产业。据不完全统计，2020 年我国数据库行业市场规模已经突破 200 亿元。

伴随着计算机硬件和互联网技术的飞速发展，在不到半个世纪的时间里，数据库技术具备了坚实的理论基础、成熟的商业产品和广泛的应用领域，可以说数据管理无处不需无处不在，数据库技术和数据库系统已经成为信息基础设施的核心技术和重要基础。未来，数据库技术对信息产业革命的影响还将持续。

1.1.3　关系型数据库

1．关系型数据库简介

[微课视频]

数据存储是计算机的基本功能之一。随着计算机技术的不断普及，数据存储量越来越大，数据之间的关系也变得越来越复杂。怎样有效地管理计算机中的数据，成为计算机信息管理的一个重要课题。

在数据库技术发展的历史长河中，人们使用模型来反映现实世界中数据之间的联系。1970 年，IBM 公司的研究员 Edgar F.Codd 发表了名为《大型共享数据银行的关系模型》的论文，首次提出了关系模型的概念，为关系型数据库的设计与应用奠定了理论基础。

在关系模型中，实体和实体间的联系均由单一的关系来表示。在关系型数据库中，关系就是表，一个关系型数据库就是若干个二维表的集合。自 20 世纪 70 年代以来，关系型数据库管理系统一直是主要的数据库解决方案。

2．关系型数据库存储结构

关系型数据库是指按关系模型组织数据的数据库，其采用二维表来实现数据存储，二维表中的每一行（row）在关系中称为元组（记录，record），每一列（column）在关系中称为属性（字段，field），每个属性都有属性名，属性值是各元组属性的值。

图 1-2 描述了网上商城系统数据库中 User 表的数据。在该表中有 uid、uname、ugender 等字段，分别代

表用户 id、用户名和性别。表中的每一条记录代表了系统中一个具体的 User 对象，例如用户李平、用户张诚等。

User 表　　　　　　　　　　列（column）

uid	uname	ugender
1	李平	男
2	张诚	女
3	李娟	女
4	刘一鸣	男

行（row）

uid=1
uname="李平"
ugender="男"

User 对象

uid=2
uname="张诚"
ugender="女"

User 对象

图1-2　User表

3. 常见的关系型数据库产品

（1）Oracle

Oracle 是商用关系型数据库管理系统中的典型代表，是甲骨文（Oracle）公司的旗舰产品。Oracle 作为一个通用的数据库管理系统，不仅具有完整的数据管理功能，而且是一个分布式数据库管理系统，支持各种分布式功能。作为一个应用开发环境，Oracle 提供了一套界面友好、功能齐全的数据库开发工具。Oracle 使用 PL/SQL 执行各种操作，具有可开放性、可移植性、可伸缩性等特点。

（2）MySQL

MySQL 是当下非常流行的开源和多线程的关系型数据库管理系统，它具有快速、可靠和易于使用的特点。MySQL 具有跨平台的特性，可以在 Windows、UNIX、Linux 和 macOS 等平台上使用。由于其开源免费、运营成本低，受到越来越多的公司青睐，例如雅虎、Google、新浪、网易、百度等企业都使用 MySQL。

（3）SQL Server

SQL Server 是微软公司推出的关系型数据库管理系统，广泛应用于电子商务、银行、电力、教育等行业，它使用 Transact-SQL 语言完成数据操作。随着 SQL Server 版本的不断升级，使该数据库管理系统具有高可靠性、可伸缩性、可用性、可管理性等特点，可为用户提供完整的数据库解决方案。

本书选用的关系型数据库管理系统的产品为 MySQL。

1.1.4　SQL

[微课视频]

SQL（Structured Query Language，结构化查询语言）是关系型数据库语言的标准，最早是由 IBM 公司开发的。1986 年，美国国家标准化组织和国际化标准组织共同发布 SQL 标准 SQL-86。随着时间的变迁，SQL 经历了 SQL-89、SQL-92、SQL-99、SQL-2003 和 SQL-2006 几个版本。SQL 根据功能的不同被划分成数据定义语言、数据操纵语言和数据控制语言。

1. 数据定义语言

数据定义语言（Data Definition Language，DDL）用于创建数据库和数据库对象，为数据库操作提供对象。例如，数据库、表、存储过程、视图等都是数据库中的对象，都需要通过定义才能使用。数据定义语言中主要的 SQL 语句包括 CREATE、ALTER、DROP，分别用来实现数据库及数据库对象的创建、更改和删除操作。

2. 数据操作语言

数据操作语言（Data Manipulation Language，DML）主要用于操作数据库中的数据，包括 INSERT、SELECT、UPDATE、DELETE 等语句。其中，INSERT 语句用于插入数据；UPDATE 语句用于修改数据；DELETE 语句用于删除数据；SELECT 语句则可以根据用户需要从数据库中查询一条或多条数据。

3. 数据控制语言

数据控制语言（Data Control Language，DCL）主要实现对象的访问权限及对数据库操作事务的控制，主要语句包括 GRANT、REVOKE、COMMIT 和 ROLLBACK。GRANT 语句用于给用户授予权限；REVOKE 语句用于收回用户权限；COMMIT 语句用于提交事务；ROLLBACK 语句用于回滚事务。

数据库中的操作通过执行 SQL 语句来完成，SQL 语句可以方便地嵌套在 Java、C#、PHP 等程序语言中，以实现应用程序对数据的查询、插入、修改和删除等操作。

1.1.5　大数据时代的数据库

数据库作为基础软件之一，是企业应用系统架构中不可或缺的部分。随着云计算、物联网等新一代信息技术的发展，在移动计算和社交网络等业务的推动下，企业对海量数据的存储、并发访问和业务扩展提出了更高的要求，传统关系型数据库遵循的 ACID 原则［即原子性（Atomicity）、一致性（Consistency）、隔离性（Isolation）、持久性（Durability）］，是关系型数据库处理事务的最基本原则，它可以确保数据库中每个事务的稳定性、安全性和可预测性制约了大数据时代数据处理的性能，在此背景下，基于 NoSQL 和 NewSQL 的数据库应运而生。

1. NoSQL

NoSQL（Not Only SQL）泛指非关系型数据库，采用键值对（Key-Value）方式存储数据，无须遵循 ACID 原则，只强调数据最终的一致性，主要应用于分布式数据处理环境，用于解决大规模数据集合下数据种类多样性（半结构化、非结构化数据）带来的挑战，尤其是大数据应用的难题。当下流行的 NoSQL 主要有 Redis、MonogoDB、HBase 等。

由于 NoSQL 不保证强一致性，其数据访问性能有大幅度的提升，但不适合金融、在线游戏、物联网传感器等要求强一致需要的应用场景；同时，不同的 NoSQL 都用自己的 API 操作数据，兼容性也是一大问题。

2. NewSQL

NewSQL 的提出是为了将传统关系型数据库事务的 ACID 原则与 NoSQL 的高性能和可扩展性进行有机结合，以提升传统关系型数据库在数据分析方面的能力，例如 TiDB、VoltDB、MemSQL 等。NewSQL 看似是数据库的完美解决方案，但由于其价格昂贵，且需要专门的软件，因此普及应用 NewSQL 还需要较长的时间。

从以上可知，在大数据时代，适用于事务处理的传统关系型数据库、适用于高性能应用的 NoSQL 和适用于数据分析应用的 NewSQL 这 3 种形式不会单一存在，"多种架构支持多类应用"会成为数据库行业应用的基本思路。

任务 2　安装与配置 MySQL

【任务描述】要使用 MySQL 来存储和管理数据库，首先要安装和配置 MySQL。本任务介绍了 MySQL 的安装和配置过程，并使用命令行和 Navicat 操作 MySQL。

［微课视频］

1.2.1　MySQL 概述

MySQL 作为关系型数据库管理系统的重要产品之一，最早由瑞典的 MySQL AB 公司开发，之后多次易主，2008 年被 Sun 公司收购，2009 年 Sun 公司被 Oracle 公司收购，目前 MySQL 是 Oracle 公司旗下重量级数据库产品，版本号为 MySQL 8.0。MySQL 由于具有体积小、开放源码、成本低等优点，被广泛地应用在 Internet 的中小型网站上。

1. MySQL 的主要特点

（1）可移植性好。MySQL 支持超过 20 种开发平台，包括 Linux、Windows、macOS、FreeBSD、IBM AIX、OpenBSD、Solaris 等，这使得用户可以选择多种平台实现自己的应用，并且在不同平台上开发的应用系统可以很容易在各种平台之间进行移植。

（2）强大的数据保护功能。MySQL 具有灵活、安全的权限和密码系统，允许进行基于主机的验证。当 MySQL 连接到服务器时，所有的密码传输过程均采用加密形式，且支持 SSH（Secure Shell，安全外壳协议）和 SSL（Secure Sockets Layer，安全套接字层协议），以实现安全、可靠的连接。

（3）强大的业务处理能力。InnoDB 的存储引擎使 MySQL 能够有效应用于任何数据库应用系统，可高效完成各种任务，例如大量数据的高速传输、访问量过亿的高强度搜索，并提供子查询、事务、外键、视图、存储过程、触发器、查询缓存等对象以完成复杂的业务处理。

（4）支持大型数据库。InnoDB 存储引擎将 InnoDB 表保存在一个表空间内，该表空间可由多个文件创建。一个表空间的大小可以超过单独文件的最大容量。表空间还可以包括原始磁盘分区，从而使构建大型表成为可能，表的最大容量可以达到 64TB。

（5）运行速度快。运行速度快是 MySQL 的显著特点。MySQL 中使用了"B 树"磁盘表（MyISAM）和索引压缩；通过使用优化的"单扫描多连接"功能，MySQL 能够实现极快的连接。

2. MySQL 8.0 简介

被 Oracle 公司收购后，MySQL 得到了长足的发展，自 2009 年 MySQL 5.1 发布后，MySQL 5.x 系列延续了多年，直到 2018 年 4 月 MySQL 8.0 首个正式版 8.0.11 发布。MySQL 8.0 版本在功能上进行了较大的增加和改进，在进一步提升速度的同时，也更好地提升了用户体验。下面简要介绍 MySQL 8.0 的部分新特性。

（1）事务性数据字典。完全脱离了 MySQL 5.x 中 MyISAM 存储引擎，真正将数据字典放到了 InnoDB 表中，简化了 MySQL 的文件类型。

（2）安全与账户管理。新增了对角色、caching_sha2_password 授权插件、密码管理策略的支持，数据库管理员能够更为灵活地对账户进行安全管理。

（3）InnoDB 存储引擎增强。InnoDB 是 MySQL 默认的存储引擎，支持事务 ACID 原则、支持行锁和外键。在 MySQL 8.0 中，InnoDB 存储引擎在自增、索引、加密、死锁和共享锁等方面做了大量的改进和优化，并支持数据定义语言（Data Definition Language，DDL），为事务提供了更好的支持。

（4）字符集支持。默认字符集由 latin1 更改为 utf8mb4。

（5）优化器新增了隐藏索引和降序索引。其中，隐藏索引用来测试索引对查询性能的影响；降序索引允许优化器对多个列进行排序，并允许排序顺序不一致。

（6）窗口函数。新增了 row_number()、rank()、ntile() 等窗口函数，在查询数据的同时可实现对数据的分析计算。

1.2.2　MySQL 的安装与配置

MySQL 根据操作系统的类型可以分为 Windows、UNIX、Linux 和 macOS 版，官方提供的开源免费版本为社区版。下面重点讲述 Windows 10 操作系统下 MySQL 的安装和配置过程。

[微课视频]

1. 安装 MySQL

（1）下载 MySQL。在浏览器中输入官网地址，选择"MySQL Community Server"，如图 1-3 所示。打开安装包选择页，如图 1-4 所示。本书选择的安装版本为 8.0.25。单击"Go to Download Page"按钮，下载扩展名为.msi 的安装包。

图 1-3　选择产品页

图 1-4　安装包选择页

　　MySQL 的安装过程与其他应用程序类似，本书仅介绍主要操作步骤。

　　（2）双击下载的 MySQL 安装包，打开安装向导进入产品类别选择窗口，其中列出了 5 种产品类别，分别是 Developer Default（开发版）、Server only（服务器版）、Client only（客户端版）、Full（完全安装）、Custom（定制安装），如图 1-5 所示。本书选择"Server only"进行安装，单击"Next"按钮，进行 MySQL 安装，安装完成窗口如图 1-6 所示。

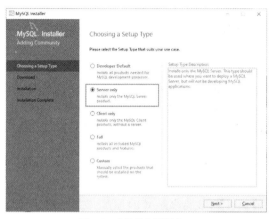

图1-5　产品类别选择窗口

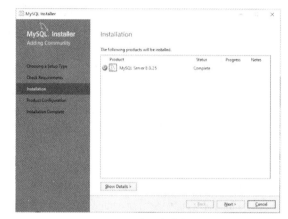

图1-6　安装完成窗口

2. 配置 MySQL

　　MySQL 安装完成后，需要对 MySQL 进行配置，具体的配置步骤如下。

　　（1）启动配置向导，选择配置类型。在图 1-6 中单击"Next"按钮进入产品配置窗口，如图 1-7 所示。单击"Next"按钮，进入产品类型和网络配置窗口，如图 1-8 所示。在"Config Type"中选择"Server Computer"，默认选中"TCP/IP"网络协议，默认端口号为"3306"。若需要更改访问 MySQL 使用的端口，直接在"Port"文本框中输入新端口号，但需保证该端口没有被占用。

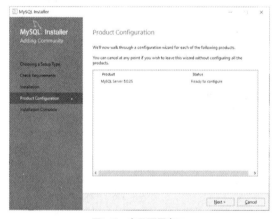

图1-7　产品配置窗口

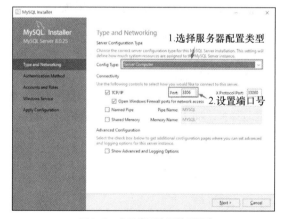

图1-8　产品类型和网络配置窗口

　　学习提示：在图 1-6 中若单击"Cancel"按钮，读者可在默认安装路径的"Installer for Windows"文件夹下（笔者默认路径为：C:\Program Files (x86)\MySQL\MySQL Installer for Windows）查找 MySQLInstaller.exe 文件，执行该文件也可以进行 MySQL 的配置。

　　（2）身份认证及账号与角色配置。单击图 1-8 中的"Next"按钮，进入选择身份验证方式窗口，如图 1-9 所示。保持默认设置，然后单击"Next"按钮，进入账号与角色配置窗口，如图 1-10 所示，在该窗口中可为 MySQL 默认的 root 用户（超级用户）输入密码和确认密码。

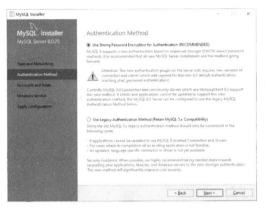
图1-9　选择身份验证方式窗口

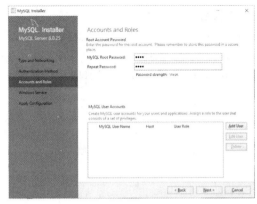
图1-10　账号与角色配置窗口

（3）Windows 服务配置及应用配置。单击图 1-10 中的"Next"按钮，进入 Windows 服务配置窗口，如图 1-11 所示。图 1-11 中的"MySQL80"为安装好 MySQL 后注册在 Windows 中的服务名。其他参数保持默认设置。至此 MySQL 8.0 的所有参数配置完毕，单击"Next"按钮进入应用配置窗口，配置程序将根据所选参数配置 MySQL，如图 1-12 所示。

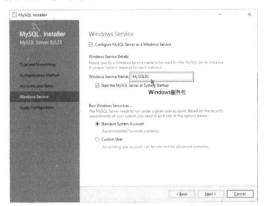
图1-11　Windows服务配置窗口

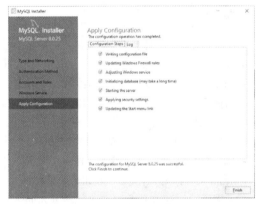
图1-12　应用配置窗口

（4）配置完成，查看 MySQL 服务。单击图 1-12 中的"Finish"按钮，进入产品配置窗口，再单击"Next"按钮，进入 MySQL 配置完成窗口，如图 1-13 所示，单击"Finish"按钮，MySQL 8.0 配置完成。

配置完成后，打开 Windows 任务管理器窗口，可以看到 MySQL80 服务进程 mysqld.exe 已经启动，如图 1-14 所示。

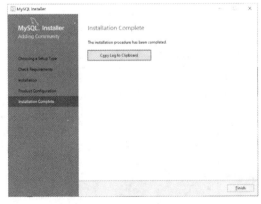
图1-13　配置完成窗口

图1-14　MySQL80服务进程

3．安装后的目录结构

在 Windows 10 中，系统默认将安装好的程序文件和数据文件分开存放。以笔者计算机为例，MySQL 8.0 安装完成后，MySQL 程序目录默认为 "C:\Program Files\MySQL\MySQL Server 8.0"，如图 1-15 的所示；MySQL 数据目录默认为 "C:\ProgramData\MySQL\MySQL Server 8.0"，如图 1-16 所示。

图1-15 MySQL程序目录   图1-16 MySQL数据目录

学习提示：程序文件和数据文件分开存放是为了减少彼此间的耦合，同时建议把数据目录、日志目录存放在不同分区，以提高 MySQL 的性能。

（1）程序目录中部分文件夹释义

- bin 文件夹：用于放置可执行文件，例如 mysql.exe、mysqld.exe、mysqlshow.exe 等。
- include 文件夹：用于放置头文件，例如 mysql.h、mysqld_ername.h 等。
- lib 文件夹：用于放置库文件。
- share 文件夹：用于存放字符集、语言等信息。

学习提示：建议将 MySQL 程序目录中 bin 文件夹加入到环境变量 path 中，这样用户可在命令窗口中直接运行 bin 文件夹下的执行文件。

（2）数据目录中部分文件或文件夹释义

- Data 文件夹：用于放置日志文件和数据库。
- my.ini 文件：是 MySQL 中使用的配置文件。

学习提示：my.ini 文件是 MySQL 正在使用的配置文件，当 MySQL 服务加载时会读取该文件的配置信息。

1.2.3 更改 MySQL 的配置

[微课视频]

MySQL 安装成功后，可以根据实际需要更改配置信息。通常更改配置信息的方式有两种，一种方式就是通过启动 MySQLInstaller.exe 文件，重新打开配置向导更改配置信息，这里不再赘述；另一种方式是通过修改 MySQL 数据目录下的 my.ini 文件更改配置信息。以记事本方式打开 my.ini 文件，其配置信息主要如下。

```
# MySQL 服务器实例配置文件
# 客户端参数配置
# CLIENT SECTION
# ------------------------------------------------------------------
# 数据库连接端口，默认为 3306
[client]
port=3306
 [mysql]
# 客户端默认字符集
#default-character-set

# 服务器参数配置
# SERVER SECTION
# ------------------------------------------------------------------
 [mysqld]
# 服务器参数配置
# MySQL 服务程序 TCP/IP 监听端口，默认为 3306
```

```
port=3306
# 服务器安装路径
# basedir="C:/Program Files/MySQL/MySQL Server 8.0/"
# 服务器中数据文件的存储路径，读者可以根据需要修改参数
datadir=C:/ProgramData/MySQL/MySQL Server 8.0\Data
# 设置服务器端的字符集
#character-set-server
# 设置默认的存储引擎，当创建表时若不指定存储类型，则为 INNODB
default-storage-engine=INNODB
# 设置 MySQL 服务器的最大连接数
max_connections=151
# 允许临时存放在缓存区里的查询结果的最大容量
query_cache_size=15M
# 服务器 ID 值，多服务器间进行通信时，必须设定该值
server-id=1
# 服务器安全配置
#section [mysqld_safe]
# 同时打开数据表的数量
table_open_cache=2000
# 临时数据表的最大容量
tmp_table_size=494M
# 服务器线程缓存数
thread_cache_size=10

#*** INNODB 指定参数***
# 设置何时写入日志文件到磁盘上，默认为 1 表示提交事务时写入
innodb_flush_log_at_trx_commit=1
# 设置日志数据缓存区大小
innodb_log_buffer_size=1M
# INNODB 缓冲池大小
innodb_buffer_pool_size=8M
# INNODB 日志文件大小
innodb_log_file_size=48M
# INNODB 存储引擎最大线程数
innodb_thread_concurrency=17
# 设置 INNODB 存储引擎默认自动增长量
innodb_autoextend_increment=64
```

读者可以根据实际应用需要修改对应的配置项，并重新启动 MySQL 服务。

1.2.4 MySQL 的使用

[微课视频]

MySQL 安装完成后，需要先启动 MySQL 服务，然后客户端才能登录和使用 MySQL 服务器。

1. 启动和停止 MySQL 服务

服务是 Windows 中后台运行的程序，在 1.2.2 小节配置 MySQL 的过程中，已将 MySQL 配置为 Windows 服务，自动状态下当 Windows 启动时，MySQL 服务也会随之启动。若读者需要手动操作 MySQL 服务的启停，一般可通过命令行或 Windows 服务管理器来实现。

（1）使用 net 命令启动和停止 MySQL 服务

net 命令可以启动和停止服务（以管理员身份运行），其操作方法为单击 Windows 中的"开始"按钮，选择"运行"命令，输入命令"cmd"后按"Enter"键，打开 Windows 命令行窗口。

启动 MySQL 服务的命令如下。

```
net start mysql80
```

停止 MySQL 服务的命令如下。

```
net stop mysql80
```

执行结果如图 1-17 所示。

学习提示：MySQL80 是安装 MySQL 时指定的服务名称。如果读者的服务名称为 mysqldb，那么启动 MySQL 服务时就应输入"net start mysqldb"。Windows 管理的其他服务也可以使用 net 命令启动和停止。

（2）使用 Windows 服务管理器启动和停止 MySQL 服务

打开 Windows 中的"控制面板"，选择"管理工具"中的"服务"组件，在打开的服务列表中找到 MySQL80 服务，右键单击 MySQL80 服务即可启动和停止该服务，如图 1-18 所示。

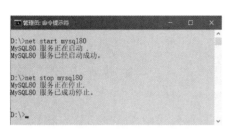

图1-17　使用net命令启动和停止MySQL服务　　　　图1-18　Windows"服务"组件启动和停止MySQL服务

2. 登录 MySQL 服务器

MySQL 服务启动后，就可以通过客户端登录 MySQL 服务器，使用命令可以操作和管理 MySQL 中管理的数据库及其对象。

在命令行窗口中，执行连接并登录 MySQL 服务器的命令行格式如下。

```
mysql -h hostname -u username -p
```

语法说明如下。

● mysql 为登录命令名，该文件存放在 MySQL 程序目录的 bin 文件夹下。

● -h 表示后面的参数 hostname 为服务器的主机地址，当客户端与服务器在同一台机器上时，hostname 可以使用 localhost 或 127.0.0.1。

● -u 表示后面的参数 username 为登录 MySQL 服务器的用户名。

● -p 表示后面的参数为指定用户的密码。

【例 1.1】用户 root 登录 MySQL 服务器。

打开 Windows 命令行窗口，输入如下代码。

```
mysql -h localhost -u root -p
```

系统提示"Enter password"，输入配置 MySQL 时设定的密码，验证通过即可成功登录 MySQL 服务器，执行结果如图 1-19 所示。

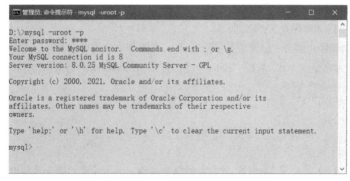

图1-19　使用mysql命令登录MySQL服务器

从图 1-19 中可以看出，成功登录后会加载 MySQL 服务器的欢迎和说明信息，并出现 MySQL 命令提示符 "mysql>"。此时，用户可以进行相关命令操作或管理 MySQL 服务器上的数据库及其对象。

使用命令行登录 MySQL 服务器时，可以直接在 Windows 中执行 "开始" → "运行" 命令或是使用 MySQL 自带的 MySQL CommandLine Client 登录，操作方式与【例 1.1】相同，这里不再赘述。

学习提示：当在本地登录 MySQL 服务器时，可以省略主机名。【例 1.1】的登录命令可以省略为 "mysql -uroot -p"，读者可以尝试操作。在非程序目录 bin 文件夹下运行 mysql 命令前，需要配置 bin 文件夹为 Windows 环境变量 path 的值。

3. MySQL 的相关命令

在图 1-19 所示的说明信息中提示登录用户，可以输入 "help" 或 "\h" 命令查看帮助。

【例 1.2】查看 MySQL 的命令帮助信息。

在 MySQL 命令提示符后输入 "help"：

```
mysql> help
```

可以查看到 MySQL 的命令帮助信息，执行结果如图 1-20 所示。

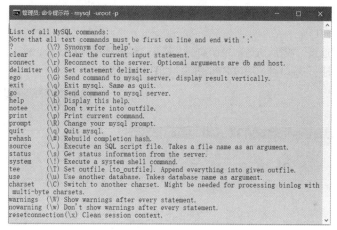

图 1-20　MySQL 提供的命令

图 1-20 显示 MySQL 提供的命令，这些命令可以用一个单词表示，也可以使用 "\字母" 形式来表示。表 1-1 中对部分常用命令进行了说明。

表 1-1　MySQL 提供的部分常用命令

命令名	简写	说明
?	(\?)	显示帮助信息
clear	(\c)	清除当前输入的语句
connect	(\r)	连接到服务器，可选参数为数据库和主机
delimiter	(\d)	设置语句分隔符
exit 或 quit	(\q)	退出 MySQL
help	(\h)	显示帮助信息
prompt	(\R)	改变 MySQL 提示信息
source	(\.)	执行 SQL 脚本文件
status	(\s)	获取 MySQL 的状态信息
tee	(\T)	设置输出文件，并将信息添加到所有给定的输出文件中
use	(\u)	切换数据库
charset	(\C)	切换字符集

1.2.5　使用图形化管理工具（Navicat）操作 MySQL

MySQL 图形化管理工具可以极大地方便数据库的操作和管理。常用的图形化工具有 Navicat for MySQL、MySQL WorkBench、phpMyAdmin、SQLyog 等。每种图形化管理工具在管理 MySQL 时有一定的相似性，鉴于笔者的操作习惯，本书选用 Navicat for MySQL 作为 MySQL 图形化管理工具，版本号为 Navicat Premium 15.0.9。

Navicat for MySQL（简称 Navicat）是 MySQL 的可视化管理和开发工具，它将多样化的图形工具和脚本编辑器融合在一起，为 MySQL 的开发和管理人员提供数据库的管理和维护、数据的查询和维护等功能，包括访问、配置、控制和管理 MySQL 服务器中的所有对象及组件。

1. 使用 Navicat 连接 MySQL

【例 1.3】使用 Navicat 连接 MySQL。

[微课视频]

操作步骤如下。

（1）启动 Navicat

执行 Windows 桌面上的"开始"→"所有程序"→"Navicat Premium 15"→"Navicat Premium"命令，打开 Navicat 的操作窗口，如图 1-21 所示。操作窗口由连接资源管理器、对象管理器和对象等组成。

（2）连接 MySQL 窗口

单击图 1-21 中"连接"按钮，选择"MySQL"，打开"编辑连接"对话框，输入连接名"local_conn"，以及主机名（或 IP 地址）、端口号、用户名和密码，如图 1-22 所示。

图1-21　Navicat操作窗口

图1-22　"编辑连接"对话框

学习提示：连接名命名原则为"见名知意"，在 Navicat 的操作窗口中，可以同时管理多个连接；当主机名为 localhost 或 127.0.0.1 时表示本地主机。

（3）打开连接 local_conn

单击图 1-22 中"测试连接"按钮，测试连接成功后，单击"确定"按钮，返回 Navicat 操作窗口，双击导航窗格中的"local_conn"连接，展开该连接的 MySQL 中管理的所有数据库，如图 1-23 所示。

从图 1-23 中可以看到，local_conn 连接下包含 5 个数据库，说明 Navicat 已经成功连接 MySQL。此时，用户可以使用 Navicat 管理和操作数据库、表、视图、查询等对象。

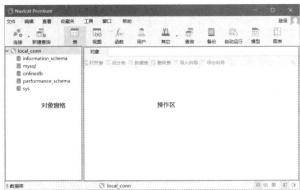

图1-23　打开创建的local_conn连接

学习提示：Navicat 安装包可以从 Navicat 官网下载。

2. 使用 Navicat 中的查询编辑器

查询编辑器是一个文本编辑工具，主要用来编辑、调试或执行 SQL 语句。Navicat 提供了选项卡式的查询编辑器，能同时打开多个查询编辑器视图。

【例 1.4】在 Navicat 中执行查询语句，查看 MySQL 内置的系统变量。

操作步骤如下。

（1）在 Navicat 的操作窗口中单击"新建查询"按钮，打开 MySQL 查询编辑器，选取当前数据库，如图 1-24 所示。

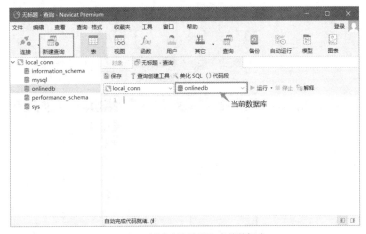

图1-24　新建查询并选取当前数据库

（2）在编辑点输入的查看内置系统变量命令如下。

```
SHOW VARIABLES;
```

查询编辑器会为每一行语句添加行号，语句以";"（分号）结束。

单击查询编辑器中的"运行"按钮可以执行当前查询编辑器中的所有语句；若只需要执行部分语句，只需选中要执行查询命令的语句，右键单击选择"运行已选择的"命令（或按快捷键"Ctrl+Shift+R"），如图 1-25 所示。

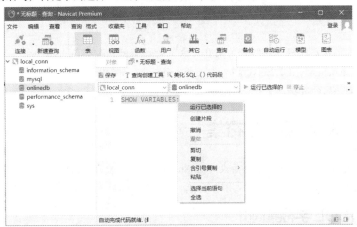

图1-25　运行查询语句

（3）查询编辑器会分析查询语句，并给出运行结果，查询结果包括信息、结果、剖析和状态共 4 个选项，分别显示出该查询语句影响数据记录情况、结果集、每项操作所用时间和查询过程中系统变量的使用情况，并在结果选项的状态栏中显示出查询用时和查询结果集的数量，如图 1-26 所示，查询执行概况如图 1-27 所示。

图1-26　查询结果列表

图1-27　查询执行概况

若要保存查询文本则单击"保存"按钮即可。此外查询编辑器还提供了"美化 SQL"和"导出结果"的功能。

学习提示：查询编辑器默认保存路径为用户目录下的"Navicat\MySQL\Servers\"，笔者存储该查询路径为"C:\我的文档\Navicat\MySQL\Servers\local_conn\onlinedb"，其中"local_conn"为访问服务器的连接名，"onlinedb"为该查询使用的数据库名。

任务 3　设置 MySQL 字符集

【任务描述】MySQL 8.0 将默认字符集设为 utf8mb4，解决了长期困扰程序员的因字符集产生的乱码问题。本任务详细介绍了 MySQL 8.0 中的常用字符集，并结合实际应用阐述如何设置和选择合适的字符集。

1.3.1　MySQL 字符集简介

1. MySQL 常用字符集

[微课视频]

字符集是一套符号和编码的规则。MySQL 的字符集包括字符集（Character）和校对规则（Collation）两个概念，其中字符集用来定义 MySQL 存储字符串的方式，校对规则定义了比较字符串的方式。MySQL 8.0 支持 41 种字符集和 272 种校对规则。每种字符集至少对应一种校对规则。MySQL 8.0 中的主要字符集如下。

（1）utf8：也称为通用转换格式（8-bit Unicode Transformation Format），是针对 Unicode 字符的一种变长字符编码，在 MySQL 中是 utf8mb3 的别名。utf8 对英文使用 1 字节、中文使用 3 字节来编码。utf8 包含了全世界所有国家日常需要用到的字符，是一种国际编码，通用性强，在 Internet 应用中广泛使用。

（2）utf8mb4：是 MySQL 8.0 的默认字符集，是 utf8 的超集。其中，mb4（Most Bytes 4）专门用于兼容 4 字节的字符，包括 Emoji（Emoji 表情字符是一种特殊的 Unicode 字符，常见于 iOS 和 Android 移动终端上）、一些不常用的汉字，以及任何新增的 Unicode 字符。

（3）latin1：是 MySQL 5.x 的默认字符集，占 1 字节，主要用于西文字符和基本符号的编码，使用该字符集对中文编码会出现乱码问题。

（4）gb2312 和 gbk：gb2312 是简体中文集，而 gbk 是对 gb2312 的扩展，是中国国家编码。gbk 的文字编码采用双字节表示，即不论中文和英文字符都使用双字节，为了区分中、英文，gbk 在编码时将中文每个字节的最高位设为 1。

［微课视频］

2. 查看字符集和校对规则

在 MySQL 中，SHOW 语句可以查看字符集、校对规则、系统变量、状态信息和对象定义语句等。

查看字符集的语法格式如下。

```
SHOW CHARACTER SET [LIKE '匹配模式' | WHERE 条件表达式];
```

- CHARACTER SET：表示字符集，可以简写成 CHAR SET 或 CHARSET。
- "[ ]" 内为可选项；"|" 表示或，即二选一。
- LIKE 为模糊查询关键字，匹配模式中用%表示任意多个字符。
- WHERE 为条件查询关键字。

【例 1.5】查看 MySQL 支持的字符集。

```
mysql> SHOW CHARACTER SET ;
```

执行结果如图 1-28 所示。图 1-28 中列出了 MySQL 8.0 支持的每一种字符集的名称、描述、默认校对规则和字符最大字节长度。

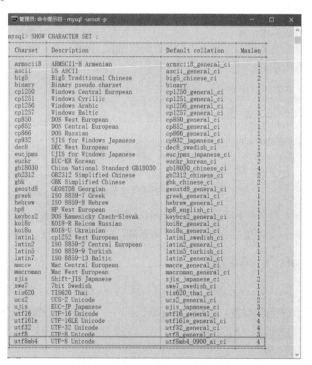

图1-28　MySQL 8.0支持的字符集的名称、描述、默认校对规则和字符最大字节长度

在 MySQL 中，字符集的校对规则遵从命名规范，以字符序对应的字符集名称开头，以_ci（表示大小写不敏感）、_cs（表示大小写敏感）和_bin（表示二进制）结尾，_ai 表示不区分重音。

例如：字符集名称为"utf8mb4"，描述为"UTF-8 Unicode"，对应的校对规则为"utf8mb4_0900_ai_ci"（表示不区分大小写且不区分重音，字符"a"和"A"在此编码下等同），最大长度为 4 字节。

【例 1.6】查看 utf8mb4 相关字符集的校对规则。

在命令行中输入以下命令即可查看以"utf8mb4_0900"开头的校对规则。

```
mysql> SHOW COLLATION LIKE 'utf8mb4_0900%' ;
```

执行结果如图 1-29 所示。

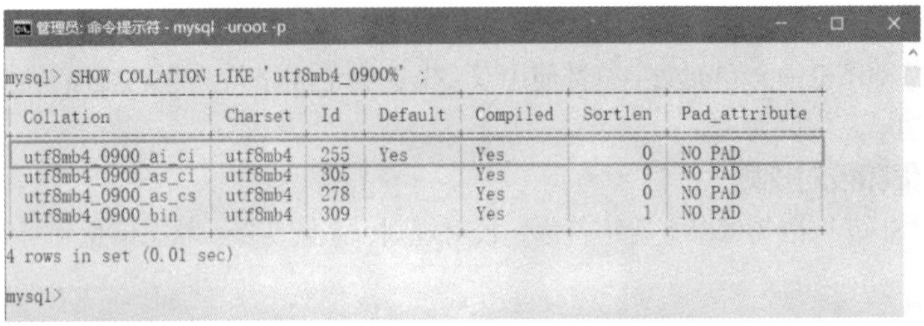

图1-29　以utf8mb4_0900开头的校对规则

其中，Collation 表示校对规则；Charset 表示字符集；Default 表示该校对规则是否为默认规则；Compiled 表示该校对规则所对应的字符集是否被编译到 MySQL；Sortlen 表示内存排序时该字符集的字符要占用多少字节；Pad_attribute 表示附加属性。

3. 不同字符集的字符编码

MySQL 提供的 CONVERT()函数可以按指定字符集转换字符串，格式如下。

```
CONVERT(字符串表达式 USING 字符集名称)
```

【例 1.7】查看"SQL 语言👍"在指定字符集下的转换结果，其中"👍"为 Emoji 字符。

```
SELECT CONVERT('SQL 语言👍' USING utf8mb4),
CONVERT('SQL 语言👍' USING utf8),
CONVERT('SQL 语言👍' USING gbk),
CONVERT('SQL 语言👍' USING latin1);
```

SELECT 语句用于查询数据，可以查询表达式或查询数据表。该语句功能强大，在项目四中将重点讲解。本例的查询结果如图 1-30 所示。

图1-30　查询不同字符集下字符的转换结果

从图 1-30 中可以看出，当指定字符集为 utf8mb4 时，正确显示"SQL 语言👍"；字符集 utf8 和 gbk 不支持 Emoji 字符，显示为乱码；字符集 latin1 只支持西文字符。

1.3.2　设置 MySQL 字符集

MySQL 支持服务器（Server）、数据库（Database）、表（Table）、字段（Field）和连接层（Connection）这五个层级的字符集设置。数据库在存取数据时，会根据各层级字符集寻找对应的编码进行转换，若转换失败则显示为乱码。

[微课视频]

1. 查看字符集的系统变量

MySQL 提供了若干个用来描述各层级字符集的系统变量，如表 1-2 所示。

表 1-2 MySQL 字符集的系统变量

系统变量名	说明
character_set_server	默认的内部操作字符集,标识服务器的字符集。服务器启动时通过该变量设置字符集,当未设置该变量时,系统默认为 utf8mb4。该变量为 create database 语句提供默认值
character_set_client	客户端来源数据使用的字符集,该变量用来决定 MySQL 如何解释客户端发送到服务器端的 SQL 命令
character_set_connection	连接层字符集,用来决定 MySQL 如何处理客户端发送的 SQL 命令
character_set_results	查询结果字符集。当 SQL 返回结果时,该变量的值决定了发送给客户端的字符编码
character_set_database	当前选中数据库的默认字符集
character_set_system	系统元数据(字段名等)字符集。数据库、表和字段都用这个字符集
character_set_filesystem	文件系统的编码格式,默认值为 binary,表示不对字符编码进行转换
character_set_dir	字符集的安装目录

【例 1.8】使用 SHOW 语句查看字符集的系统变量。

```
mysql> SHOW VARIABLES LIKE 'char%' ;
```

执行结果如图 1-31 所示。

从执行结果可以看出,服务器字符集默认为 utf8mb4,客户端默认字符集为 gbk。

2. 设置和修改字符集

通过设置系统变量或修改配置文件(my.ini)可实现字符集的设置和管理。由于 MySQL 8.0 将默认字符集设置为 utf8mb4,该字符集可以满足现有所

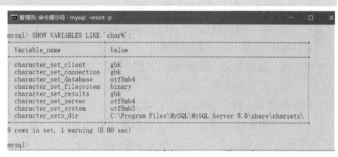

图1-31 查看字符集的系统变量的值

有应用的字符编码需要,建议读者不要修改服务器端的字符集。而客户端的字符集取决于客户端工具的设定,这里介绍如何修改客户端的字符集。

使用 SET 语句可以设置或修改 MySQL 中的变量,语法格式如下。

```
SET 变量名 = 值 ;
```

【例 1.9】使用 SET 语句修改字符集变量。

```
mysql> SET character_set_client = utf8mb4 ;
mysql> SET character_set_connection = utf8mb4;
mysql> SET character_set_results = utf8mb4;
```

上述三条语句分别修改了 client、connection 和 results 层级的字符集。在 MySQL 的客户端使用 set names utf8mb4 可同时修改这三个层级的字符集。执行结果如图 1-32 所示。

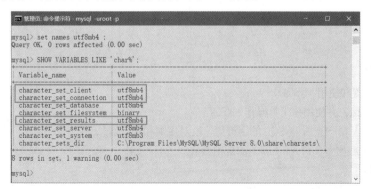

图1-32 修改字符集并查看修改结果

习题

1. 单项选择题

（1）数据库系统的核心是（　　）。

　　A. 数据　　　　　　　B. 数据库　　　　　　C. 数据库管理系统　　　D. 数据库管理员

（2）数据库管理系统是（　　）。

　　A. 操作系统的一部分　　　　　　　　　　　B. 在操作系统支持下的系统软件

　　C. 一种编译系统　　　　　　　　　　　　　D. 一种操作系统

（3）数据库系统由（　　）组成的一个整体。

　　A. 数据库、数据库管理系统、数据库管理员、应用系统

　　B. 数据库、数据库管理系统、数据库管理员

　　C. 数据库、数据库管理系统

　　D. 数据库管理系统、数据库管理员、应用系统

（4）用二维表来表示的数据库称为（　　）。

　　A. 面向对象数据库　　B. 层次数据库　　　　C. 网状数据库　　　　　D. 关系型数据库

（5）SQL 具有（　　）的功能。

　　A. 数据定义、数据操作、数据管理　　　　　B. 数据定义、数据操作、数据控制

　　C. 数据规范化、数据定义、数据操作　　　　D. 数据规范化、数据操作、数据控制

（6）负责数据库中查询操作的 SQL 是（　　）。

　　A. 数据定义语言　　　B. 数据管理语言　　　C. 数据操作语言　　　　D. 数据控制语言

（7）MySQL 是一个（　　）数据库管理系统。

　　A. 层次型　　　　　　B. 网状型　　　　　　C. 关系型　　　　　　　D. 键值对

（8）不属于关系型数据库管理系统的产品是（　　）。

　　A. MySQL　　　　　　B. Oracle　　　　　　C. SQL Server　　　　　D. Redis

（9）MySQL 8.0 默认字符集是（　　）。

　　A. utf8mb4　　　　　　B. utf8　　　　　　　C. gbk　　　　　　　　D. latin1

（10）以下字符集中支持 Emoji 字符的是（　　）。

　　A. utf8mb4　　　　　　B. utf8　　　　　　　C. gbk　　　　　　　　D. latin1

2. 思考题

（1）数据库、数据库管理系统、数据库系统之间的关系是怎样的？

（2）字符集 utf8 基本能满足应用需求，MySQL 8.0 为什么还要将默认字符集改为 utf8mb4？

项目实践

1. 实践任务

（1）安装、配置和使用 MySQL。

（2）安装 Navicat，并使用该工具操作 MySQL。

（3）使用 SHOW 语句查看 MySQL 的字符集、校对规则和状态信息等。

（4）了解 MySQL 配置文件（my.ini）的常用参数。

2. 实践目的

（1）能正确安装和配置 MySQL。

（2）能正确启动和停止 MySQL 服务。

（3）能使用命令行工具和 Navicat 操作 MySQL。

（4）能正确设置 MySQL 客户端字符集。

（5）能使用 SHOW 语句查看 MySQL 的系统信息。

3. 实践内容

（1）访问 MySQL 官网，下载并安装 MySQL。

（2）利用配置向导完成 MySQL 配置。

（3）使用 net 命令启动和停止 MySQL。

（4）访问 Navicat 官网，下载并安装 Navicat。

（5）分别使用命令行和 Navicat 登录和退出 MySQL。

（6）使用 SHOW 语句分别查看 MySQL 的字符集变量。

拓展实训

1. 打开 Windows 服务组件，将 MySQL 设置为自动启动。

2. 使用 "SHOW STATUS;" 命令查看 MySQL 的状态信息。

3. 使用 "SHOW DATABASES;" 命令查看 MySQL 下的默认数据库。

4. 打开 my.ini 文件，记录 port、datadir、basedir、default-storage-engine、character-set-server 等参数值，了解其各自含义。

常见问题

扫描二维码查阅常见问题。

项目二

网上商城系统数据库建模

一个成功的应用系统,是由 50%的业务+50%的软件所组成,而 50%的软件又是由 25%的数据库+25%的程序所组成。因此,一个应用系统的成功与否,数据库的好坏是关键,它将直接影响到应用系统的功能性和可扩展性。

数据库设计(Database Design)是指针对给定的应用环境,构造最优的数据模式,建立数据库及其应用系统,使之能够有效地存储数据,满足各类用户的应用需求。数据库建模是指在数据库设计阶段,对现实世界进行分析和抽象,进而确定应用系统的数据库结构。本项目通过分析网上商城系统的需求,以网上商城系统中购物和信息管理两大模块为对象,结合数据库设计理论,使用系统建模工具演绎网上商城系统的数据库设计过程。

学习目标

★ 理解网上商城系统的需求
★ 理解数据库设计的一般过程
★ 会根据系统需求抽象实体与实体间的关系
★ 会进行关系代数的选择、投影和连接运算
★ 了解数据库设计的规范化
★ 会使用 PowerDesigner 进行数据库建模

拓展阅读

名言名句

乘众人之智,则无不任也;用众人之力;则无不胜也。 ——刘安《淮南子·主术训》

任务 1 理解系统需求

【任务描述】B2C 是电子商务的典型模式,是企业通过 Internet 开展的在线销售活动,它直接面向消费者销售产品和服务。本任务分析网上商城系统中购物和信息管理两大模块的具体功能,使读者对网上商城系统有初步了解。

2.1.1 网上商城系统介绍

1. 系统概述

B2C(Business-to-Customer,企业对消费者)是电子商务的典型模式。在这种模式中,企业直接面向消费者销售产品和服务,消费者在网上进行选购商品和服务、发表相关评论和电子支付等操作。由于这种模式节省了消费者和企业的时间和空间,极大提高了交易效率,是目前广泛流行的商品交易模式。

[微课视频]

本任务中的网上商城系统采用 B2C 模式，通常会包括购物和信息管理这两大功能模块。其中，购物主要面向用户，一般也称为系统前台，其功能主要有浏览商品、个人中心、添加购物车、提交订单等；而信息管理主要面向管理员，也称为系统后台，主要包括维护商品、会员、订单等信息及其他管理功能。

2. 系统面向的用户群体

参与网上商城系统操作的用户主要包括管理员、会员和游客三类。

2.1.2 系统功能说明

1. 前台购物主要包括的功能模块

（1）浏览商品：游客或会员都可以通过商品展示页面了解商品基本信息；可以通过商品详细页面获知商品的详细情况；可以根据商品名称、商品类别、价格等条件进行商品的查询；可对商品价格或销售量排序，了解商品的销售情况。

（2）购买商品：会员在浏览商品的过程中，可以将商品添加到自己的购物车；会员在提交订单前，可对购物车中的商品进行修改和删除；确认购买后，系统将生成订单；会员支付订单后，可以查看自己的订单基本信息和订单详情。

（3）个人中心：在实际应用中，游客只能浏览商品信息，不能进行购买活动。游客可以通过注册成为系统会员。会员成功登录系统后，可以进行商品购买活动，也可以查看和维护个人信息，购物结束后可以注销账号。

2. 后台信息管理主要包括的功能模块

（1）维护商品信息：管理员可以维护商品类别，根据需要添加、修改、删除商品信息。

（2）维护会员信息：管理员可以维护会员信息、统计会员的购买情况，进而分析会员的购买力。

（3）维护订单：管理员可以查询、撤销订单或对订单数据进行统计，生成商品销售报表。

（4）维护管理员信息：系统管理员可以根据需要添加、修改和删除一般管理员。

（5）其他管理功能：包括系统设置、系统数据备份和恢复等。

3. 系统用例图

根据功能描述和业务分析，网上商城系统用例图如图 2-1 所示。网上商城系统主要功能如表 2-1 所示。

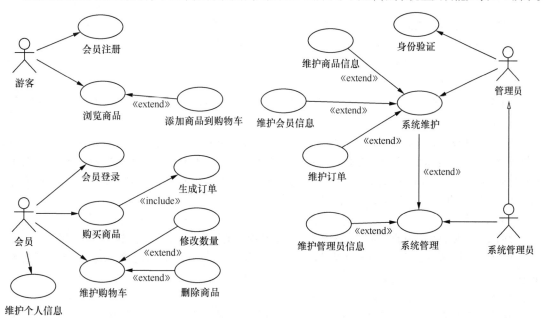

图2-1 网上商城系统用例图

表 2-1　网上商城系统主要功能

功能	功能细化		角色
浏览商品	商品列表展示		会员、游客
	商品详情展示		
购买商品	购物车	购物车的管理	会员
		查询购物车中的商品	
		计算购物车中商品价格	
	订单管理	提交订单	
		撤销订单	
		查询购买数据	
个人中心	维护个人信息		
商品管理	设置和管理商品		管理员
商品类别管理	设置和管理商品类别信息		
会员管理	管理会员		
	购物统计和购买力分析		
订单管理	撤销或查询订单		
	订单数据统计		

要完成系统的数据库设计，还需要充分地了解系统需求并进行合理的抽象。

任务 2　建立系统数据模型

【任务描述】要实现网上商城系统的数据库管理，必须在系统需求分析的基础上建立网上商城系统的数据模型。本任务在阐述关系型数据库基本理论的基础上，详细描述网上商城系统实体关系模型的设计过程。

2.2.1　关系数据模型

模型是对现实世界的抽象，它反映客观事物及事物之间关系的数据组织结构和形式。在关系型数据库系统中数据模型用来描述数据库的结构和语义，反映实体与实体之间关系。

1. 数据模型的组成要素

关系型数据库之父 Edgar F.Codd 提出，数据模型是一组向用户提供的规则，这些规则定义了数据如何组织及允许何种操作。数据模型包括数据结构、数据操作和数据约束 3 个要素。

［微课视频］

（1）数据结构

数据结构研究的对象是数据集合。数据库中的每个数据对象都不是独立存在的，而是存在着某种联系，数据集合一方面描述与数据内容、类型和性质有关的对象，另一方面则描述数据与数据之间的关系。数据结构是数据模型的基础，不同的数据结构具有不同的数据操作和数据约束。数据结构的描述是数据库系统的静态特征，例如数据库中表的结构定义、视图定义等。

（2）数据操作

数据操作主要是指在数据库中对每个数据对象允许执行的操作集合。数据操作描述了在相应的数据结构上的操作类型和操作方式。数据操作描述的是系统的动态特征，主要包括数据的添加、更改、删除和查询等。

（3）数据约束

数据约束是用来描述数据结构内数据间完整性规则的集合。完整性规则是数据及其关系所具有的制约和存储规则，用来限定符合数据库的语法、关系和它们之间的制约与依存及数据动态的规则，以保证数据的正确性、有效性和兼容性。

2. 数据模型的分类

[微课视频]

计算机处理现实问题时，需要完成从现实世界、信息世界到计算机世界的抽象，在信息抽象的过程中，数据模型可以分为概念模型、逻辑模型和物理模型。

（1）概念模型

概念模型也称信息模型，是面向用户的数据模型，是用户容易理解的现实世界特征的数据抽象。概念模型能够方便、准确地表达现实世界中的常用概念，是数据库设计人员与用户之间进行交流的语言。最常用的概念模型是实体–关系模型（Entity-Relationship Model，E-R 模型），概念模型中主要对象如下。

- 实体（Entity）：是客观存在的可以相互区分的事物，例如一件商品、一个用户、一名学生等。
- 属性（Attribute）：每个实体都拥有一系列的特征，每个特征就是实体的一个属性，例如商品的编号、名称、价格，会员的用户名、密码、性别等。
- 标识符（Identifier）：能够唯一标识实体的属性或属性集。例如，可以使用商品编号标识一件商品，用会员 id 标识一个用户等。
- 实体集（Entity Set）：具有相同属性的实体集合，例如所有商品、所有会员、所有商品类别等。

（2）逻辑模型

逻辑模型是数据的逻辑结构，是用户在数据库中所看到的数据模型，它通常由概念模型转换得到。逻辑模型主要包括以下几个部分。

- 记录（Record）：用来表示概念模型中的一个实体。
- 字段（Field）：用来表示概念模型中实体的属性，它是数据库中可以命名的最小信息单位。每个属性对应一个字段。
- 关键字（Keyword）：能够唯一标识记录集中每个记录的字段或字段集，对应于概念模型中的标识符。
- 表（Table）：相同结构的记录集合构成一个表，每个表对应于概念模型中的一个实体集。

（3）物理模型

物理模型用来描述数据在物理存储介质上的组织结构，它与具体的数据库管理系统和操作系统相关，是数据模型的物理实现。

上述 3 种数据模型的关系如图 2-2 所示。

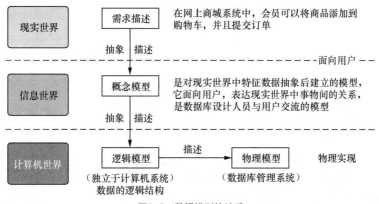

图2-2　数据模型的关系

在图 2-2 中，概念模型属于信息世界层面的表达，它是现实世界到计算机世界的中间层，它将现实世界中描述的客观事物抽象成信息世界中的实体，将事物间的联系抽象成信息世界中的关系；逻辑模型是独立于计算机系统的数据模型，由概念模型通过相关规则转换得到；最后，通过指定的数据库管理系统，将逻辑模型转换成计算机能识别的物理模型。

2.2.2 实体和关系

1. 实体集

实体是一个数据对象，是客观存在并可相互区分的事物。具有相同属性实体的集合就构成了实体集。

例如，"紫竹洞箫"是商品实体集中的一个实体，可对该实体的商品名称、价格、库存数量、上架时间等属性进行描述，当属性值越多时，所描述的实体越清晰。在 E-R 模型中，实体用矩形表示，如图 2-3 所示。

一个实体集中通常有多个实体。例如，数据库中存储的每个用户都是会员实体集中的实体。表 2-2 中描述了会员实体集的两个实体。

表 2-2   实体集和实体

会员实体集	实体 1	实体 2
登录名	13809112312	17134324389
用户名	李明	刘立
性别	男	女
积分	200	120

实体通过一组属性来描述，属性是实体集中成员所拥有的特性，不同的实体其属性值不同。在 E-R 模型中，属性用椭圆形表示。实体和属性用实线相连，如图 2-4 所示。

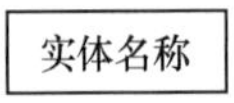

实体名称

图2-3   实体表示

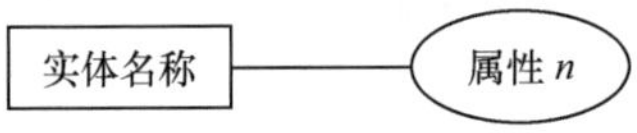

实体名称 ── 属性 n

图2-4   实体和属性

例如，商品实体集的属性有商品编号、商品名称、价格、库存数量、销售数量、上架时间等，表 2-3 描述了商品实体集的部分数据。

表 2-3   商品实体集

商品编号	商品名称	价格	库存数量	销售数量	上架时间
G001	曾国藩全集	255	998	2	2021-05-07
G003	紫竹洞箫	549	198	2	2021-05-07
G004	Type-C 手机 U 盘	86	845	155	2021-06-07
G005	SSD 固态硬盘	400	470	30	2021-06-08

其中，商品编号属性是商品的唯一标识，用于指定唯一的一件商品，商品实体及属性如图 2-5 所示。

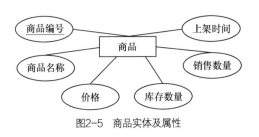

图2-5   商品实体及属性

2. 关系

关系是指多个实体间的相互关联。例如，商品"紫竹洞箫"和商品类别"乐器"之间的关系，该关系指明商品"紫竹洞箫"属于商品类别"乐器"。关系集（Relationship Set）是同类关系的集合，是 n（$n \geq 2$）个实体集中的数学关系。

在 E-R 模型中，关系用菱形表示，描述两个实体间的一个关联，图 2-6 描述了商品实体和会员实体间的关系。

从图 2-6 中可以看出，会员实体通过添加购物车与商品实体建立了关系，它们间的关系称为"添加购物车"。"添加购物车"除了应标识出用户 id 和商品编号外，还可以包括购买数量等属性。因此，关系同实体一样也具有描述性的属性，"添加购物车"关系及其属性如图 2-7 所示。

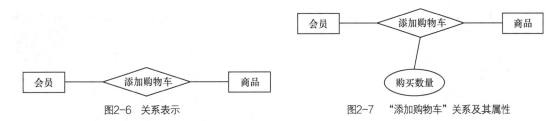

图2-6 关系表示　　　　　　　　　图2-7 "添加购物车"关系及其属性

3. 关系分类

现实世界中，事物内部及事物之间都存在一定的联系，这些联系在信息世界中反映为实体内部的联系和实体间的关系。关系数据模型主要研究实体间的关系，它是指不同实体集之间的关系。这种关系通常有一对一、一对多和多对多3种。

（1）一对一关系

对于实体集 A 中的每个实体，如果实体集 B 中至多只有一个实体与之联系，反之亦然，则称实体集 A 和实体集 B 之间具有一对一的关系，记为1∶1，如图2-8所示。

例如，在学生管理系统中，存在着班级实体集和学生实体集，一个班级中只有一个学生作为班长，而一个学生最多只能担任一个班级的班长。这时，班级和班长间就可以看作是一对一的关系。

（2）一对多关系

对于实体集 A 中的每个实体，实体集 B 中有 n 个实体（$n \geqslant 1$）与之联系，反之，对于实体集 B 中的每个实体，实体集 A 中至多只有一个实体与之联系，则称实体集 A 与实体集 B 之间具有一对多的关系，记为 $1∶n$，如图 2-9 所示。

图2-8 一对一关系表示　　　　　　　图2-9 一对多关系表示

例如，在网上商城系统中，一个会员可以有多个订单，而一个订单只能属于一个会员。在学生管理系统中，一个学生只属于一个班级，而一个班级可以包含多个学生；一个班级属于某一个专业，而一个专业可以有多个班级。

在关系型数据库系统中，一对多的关系主要体现在主表和从表的关联上，并用外键来约束实体间的关系。以商品类别和商品实体集为例，每一件商品都会属于某一个商品类别，在商品实体集中都会有用来标识商品所属商品类别的类别 id，也就是说如果商品类别不存在，那么商品的存在就没有意义。

（3）多对多关系

对于实体集 A 中的每个实体，实体集 B 中有 n 个实体（$n \geqslant 1$）与之联系，反之，对于实体集 B 中的每个实体，实体集 A 中也有 m 个实体（$m \geqslant 1$）与之联系，则称实体集 A 与实体集 B 之间具有多对多的关系，记为 $m∶n$，如图 2-10 所示。

例如，在网上商城系统中，一个用户可以购买多件商品，一件商品可以被多个用户购买；一个订单里可以包含多件商品，而一件商品又可以被包含在多个订单中。在学生管理系统中，一个学生可以选多门课程，而一门课程又可以被多个学生选择；一位教师可以讲授多门课程，而一门课程也可以由多个教师讲授。

图2-10 多对多关系表示

在关系型数据库系统中，由于外键约束不能表示多对多的关系，所以必须通过中间表来组织这种关系，建立多对多关系的中间表常被称为关系表或连接表。

2.2.3 概念模型设计

概念模型是最基本的数据模型，它是对客观世界的抽象。在进行数据库应用系统的开发过程中，数据库设计的第一步就是概念模型设计，而概念模型常用 E-R 模型表示。E-R 模型使用图形化的方式来表示应用系统中的实体与关系，是软件工程设计中的一个重要部分。由于 E-R 模型接近人类的思维方式，容易理解且与计算机无关，所以容易被用户接受。

在对网上商城系统需求理解的基础上，对该系统进行 E-R 模型的设计，具体步骤如下。

1. 标识实体

建立 E-R 模型的最好方法是先确定系统中的实体。实体通常由系统中的文档、报表或需求调研中的名词（如人物、地点、概念、事件或设备）等表述。通过对系统业务的分析可以得到网上商城系统中的实体，如图 2-11 所示。

[微课视频]

2. 标识实体间的关系

确定应用系统中存在的实体后，接着就是确定实体之间的关系。标识实体间的关系时，可以根据需求说明来抽象。一般来说，实体间的关系由动词或动词短语来表示。例如，在网上商城系统中可以找出如下动词短语：商品属于商品类别、会员添加商品到购物车、会员提交订单等。

图2-11　网上商城系统中的实体

[微课视频]

事实上，如果用户的需求说明中记录了这些关系，则说明这些关系对于用户而言是非常重要的，因此在模型中必须包含这些关系。在网上商城系统中，根据用户的需求说明或与用户沟通讨论可以得知实体间的关系。

- 一个会员可以提交多个订单，而一个订单只能属于一个会员，则会员和订单间的关系就是一对多的关系，如图 2-12 所示。
- 一个商品类别可以包含多件商品，一件商品只能属于一个商品类别，则商品和商品类别间的关系也是多对一的关系，如图 2-13 所示。

图2-12　会员和订单实体间的关系　　　　　图2-13　商品和商品类别实体间的关系

- 一个会员可以将多件商品添加到购物车，一件商品可以被放在多个购物车中。因此会员和商品间就存在多对多的关系，记为 $n:m$，如图 2-14 所示。
- 一个订单里可以包含多件商品，而一件商品又可以被包含在多个订单中。因此商品和订单间也存在多对多的关系，如图 2-15 所示。

图2-14　会员和商品实体间的关系　　　　　图2-15　商品和订单实体间的关系

表 2-4 列举了网上商城系统中主要实体间的关系名称和关系类型。

表 2-4　实体间的关系名称和关系类型

实体	实体	关系名称	关系类型
会员	商品	添加购物车	多对多（$m:n$）
商品	订单	生成订单详情	多对多（$m:n$）
会员	订单	有	一对多（$1:n$）
商品	商品类别	属于	多对一（$n:1$）

明确实体间的关系后，在数据库应用系统设计中还需进一步细化关系，找出关系中具有多重性的值及其约束。由于篇幅关系，本书不做进一步的阐述。

学习提示：需要注意的是，网上商城系统中管理员只负责基本数据的管理工作，系统未考虑相关操作日志的存储，因此本书中管理员实体与其他实体没有关系，后续只分析商品购买模块。

3. 标识实体的属性

属性是实体的特征或性质。标识完实体和实体间的关系后，就需标识实体的属性，也就是说，要明确需要对实体的哪些数据进行保存。与标识实体相似，标识实体属性时先要在用户需求说明中查找描述性的名词，当这个名词是特性、标志或确定实体的特性时即可被标识成为实体的属性。在网上商城系统中，根据用户的需求说明或与用户沟通讨论可明确实体的属性。

* 会员作为网上商城系统中的主体，需要储存的属性包括会员 id、登录名、用户名、密码、性别、积分、注册时间等信息。设计概念模型时，这些信息就可以看成会员实体的属性，如图 2-16 所示。
* 商品实体的属性包括商品编号、商品名称、价格、库存数量、销售数量、上架时间、是否热销等。
* 商品类别实体的属性包括类别 id、类别名称等。
* 订单实体的属性包括订单编号、下单时间、订单金额等。

4. 确定主关键字

每一个实体必须要有一个用来唯一标识该实体以区别于其他实体特性的属性，这类属性称为关键字。关键字的值在实体集中必须是唯一的，且不能为空，它唯一地标识了实体集中的一个实体。当实体集中没有关键字时，必须给该实体集添加一个属性，使其成为该实体集的关键字。例如，给实体集添加一个 id 属性，id 属性就成为该实体集的关键字。

在实体的属性集中，可能有多个属性能够用来唯一地标识实体，例如，会员实体中，用户名和身份证号属性都是唯一的，那么这些属性就称为候选关键字。选择其中任意一个作为实体的关键字，该属性称为主关键字。主关键字也称为主键，候选关键字称为候选键。

学习提示：实际应用中，进行关系模式设计时，会为每一个实体集或关系表新设一个 id 列，用于标识实体集中每条记录唯一性，而不是用实体的具体特征来表示。

在实体属性图中，可在主键上加下画线。如图 2-17 所示，会员 id 属性作为会员实体的主键。

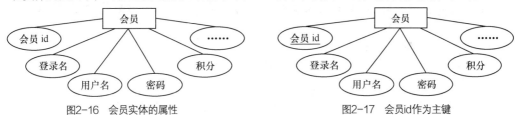

图2-16　会员实体的属性　　　　　　　　　　图2-17　会员id作为主键

通过学习和理解以上知识，根据网上商城系统的需求说明，就可以画出该系统的 E-R 模型，如图 2-18 所示。

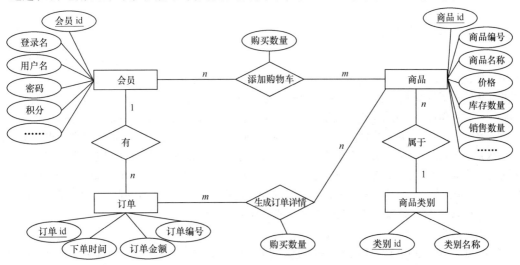

图2-18　网上商城系统E-R模型

学习提示：E-R 模型的建立完成了现实世界到信息世界的抽象，但该过程是一个不断迭代、精益求精的过程，设计团队只有充分分析、不断挖掘，才能设计出满足用户需求的模型。

2.2.4　逻辑模型设计

在关系型数据库设计过程中，概念模型确定了数据库中应有的实体和实体关系，为了创建用户所需的数据库，还需要将实体和实体关系转换成对应的关系模式，也就是建立逻辑模型。

逻辑模型是用户在数据库中所看到的数据模型，它由概念模型转换得到，转换原则如下。

（1）实体转换原则

将 E-R 模型中的每一个实体转换成一个关系，即二维表；实体的属性转换为表的字段，实体的标识符转换成表的主键。

［微课视频］

（2）关系转换原则

由于实体间存在 1:1、1:n 和 n:m 三种关系，所以实体关系在转换成逻辑模型时，对不同的关系应进行不同的处理。

［微课视频］

- 若实体间关系为 1:1 时，可选择实体关系中的任意一个关系模式（表），将其主键作为另一个关系模式的属性。
- 若实体间联系为 1:n 时，则在 n 端实体的关系模式中加入 1 端实体的主键作为属性。
- 若实体间联系为 n:m 时，则将实体关系转换成新的关系模式，两端实体中的主键作为新关系模式的属性。

根据网上商城系统的 E-R 模型和转换原则，其中会员、商品、商品类别和订单等实体及添加购物车和生成订单详情的关系模式设计如下。

- 商品类别（<u>类别 id</u>，类别名称）。
- 商品（<u>商品 id</u>，类别 id，商品编号，商品名称，价格，库存数量，销售数量，上架时间，是否热销）。
- 会员（<u>会员 id</u>，用户名，密码，性别，积分，注册时间）。
- 订单（<u>订单 id</u>，会员 id，订单金额，下单时间）。
- 购物车（<u>购物车 id</u>，会员 id，商品 id，购买数量）。
- 订单详情（<u>详情 id</u>，订单 id，商品 id，购买数量）。

学习提示：E-R 模型和逻辑模型都独立于计算机系统外，要最终实现用户数据库，需要将 E-R 模型或逻辑模型转换为物理模型。建立物理模型的过程就是将 E-R 模型或逻辑模型转换成特定的数据库管理系统所支持的物理模型的过程。本书使用的数据库管理系统为 MySQL 8.0。

2.2.5　关系模式的规范化

由于不同的设计者对需求的理解不同，因此数据库设计的逻辑结果不唯一，数据库的设计没有对错，只有优劣。为了进一步提高应用系统数据存储的有效性，在逻辑模型设计阶段

［微课视频］

应根据应用需求调整和优化数据模型，避免因不规范的设计造成数据冗余，以及插入、删除和更新操作的异常等情况。关系模式的优化通常以规范化理论为指导，它的优劣直接影响数据库设计的成败。

在关系型数据库中，规范化理论称为范式（Normal Form），它由 Edgar F.Codd 在 1971 年提出。范式是符合某一级别的关系模式集合。关系型数据库中的关系表必须满足一定的要求，即满足不同的范式。在关系型数据库原理中规定了以下几种范式：第一范式（1NF）、第二范式（2NF）、第三范式（3NF）、Boyce-Codd 范式（BCNF）、第四范式（4NF）、第五范式（5NF）和第六范式（6NF）。符合第一范式的数据库才称为关系型数据库。一般来说，数据库设计时只需满足第三范式即可。

1. 第一范式

第一范式（1NF）是指关系表的每一列都是不可分割的基本数据项，同一列中不能有多个值，即实体中的某个属性不能有多个值或者不能有重复的属性。简单地说，第一范式遵从原子性，属性不可再分且不能有

重复列。表2-5和表2-6所示的会员信息表都不满足第一范式的要求。

表2-5　不符合第一范式的会员信息表（1）

会员id	用户名	联系方式
1	李明	手机：13689070000；邮箱：liming@163.com
2	刘立	手机：13980600000, 13567809000；邮箱：liuli@qq.com

表2-6　不符合第一范式的会员信息表（2）

会员id	用户名	邮箱	手机	手机
1	李明	liming@163.com	13689070000	
2	刘立	liuli@qq.com	13980600000	13567809000

表2-5的问题在于联系方式列中包含了多个属性，该列可以再分；表2-6的问题在于表中有重复列"手机"。此时为了满足第一范式，可以将会员名和联系方式分成两张表保存，两者为一对多关系，即一个用户可以有多种联系方式，如表2-7和表2-8所示。

表2-7　会员表

会员id	用户名
1	李明
2	刘立

表2-8　联系方式表

联系id	会员id	联系方式	联系值
1	1	邮箱	liming@163.com
2	1	手机	13689070000
3	2	邮箱	liuli@qq.com
4	2	手机	13980600000
5	2	手机	13567809000

修改关系模式后，若用户需要添加更多的联系方式时，只需要在联系方式表中增加记录行即可。

2. 第二范式

第二范式是在第一范式的基础上建立起来的，即满足第二范式必须满足第一范式。第二范式要求关系表中的每个实体或行必须能被唯一地区分。简单地说，第二范式遵从唯一性，非主属性要完全依赖主键。所谓完全依赖，是指不能存在仅依赖主键一部分的属性，如果存在依赖主键一部分的属性，那么这个属性和主键的这一部分应该分离出来形成一个新的实体，新实体与原实体之间是一对多的关系。

如表2-9所示，该表虽满足第一范式，但在表中商品名称、用户名和价格存在大量重复，当对某一商品价格进行修改时，需要修改表中所有相关价格，有可能引发更新和删除上的操作异常，故该表不符合第二范式。

表2-9　不符合第二范式的购物车表

会员id	用户名	商品id	商品名称	价格	购买数量
1	李明	1	曾国藩全集	255	1
1	李明	2	平凡的世界全三集	98	1
2	刘立	2	平凡的世界全三集	98	5
2	刘立	3	SSD 固态硬盘	400	2
3	张三	2	平凡的世界全三集	98	1

从表 2-9 中可以看出，会员 id 不能唯一标识一条记录，且属性值存在如下关系。

{会员 id，商品 id}→{用户名，商品编号，商品名称，价格，购买数量}

这时需要通过会员 id 和商品 id 作为复合主键，决定非主键的情况。因此，该购物车表不符合第二范式，在实际操作中会出现如下问题。

● 数据冗余：如同一件商品被 n 个用户购买，则商品 id、商品名称、价格就要重复 n-1 次；当一个会员购买 m 件商品时，其用户名就要重复 m-1 次。

● 更新异常：若某件商品的价格要进行折扣销售，则整个表中该商品的价格都要进行修改，否则会出现同一件商品价格不同的情况。

对上述购买关系进行拆分后形成的关系模式如下。

● 会员：users（会员 id，用户名）。

● 商品：goods（商品 id，商品名称，价格）。

● 购物车：cart（会员 id，商品 id，购买数量）。

修改后符合第二范式的购买关系如表 2-10 所示。

表 2-10　符合第二范式的购买关系模式

会员 id	用户名
1	李明
2	刘立
3	张三

商品 id	商品名称	价格
1	曾国藩全集	255
2	平凡的世界全三集	98
3	SSD 固态硬盘	400

会员 id	商品 id	购买数量
1	1	1
1	2	1
2	2	5
2	3	2
3	2	1

修改后的关系模式有效消除了数据冗余，以及更新、插入和删除异常。

学习提示：在实际开发中，通常会为购物车表加上"购物车 id"字段作为主键，以此来区别每一条购买记录。

3. 第三范式

第三范式是在第二范式的基础上建立起来的，即满足第三范式必须满足第二范式。第三范式要求关系表中不存在非主键对任一候选键的传递函数依赖。传递函数依赖是指如果存在"A→B→C"的决定关系，则 C 传递函数依赖于 A。也就是说，第三范式要求关系表不包含其他表中已包含的非主键信息。表 2-11 所示的商品信息表不符合第三范式规范。

表 2-11　不符合第三范式的商品信息表

商品 id	商品名称	价格	类别 id	类别名称
1	曾国藩全集	255	1	图书
2	平凡的世界全三集	98	1	图书
3	SSD 固态硬盘	400	2	电脑及配件

从表 2-11 中可以看出，此关系模式中存在如下关系。

{商品 id}→{商品编号，商品名称，价格，类别 id，类别名称}

商品 id 作为该关系中的唯一关键字，符合第二范式，但不符合第三范式，因为还存在{商品 id }→{类别

id}→{类别名称}的关系，即存在非主键"类别名称"对主键"商品 id"的传递依赖，这种情况下也会存在数据冗余、更新异常、插入异常和删除异常。

- 数据冗余：一个商品类别有多种商品，类别名称会重复 $n-1$ 次。
- 更新异常：若要更改某类别名称，则表中所有该商品类别的类别名称的值都需要更改，否则就会出现一件商品对应多个商品类别的情况。
- 插入异常：若新增了一种商品类别，如果还没有指定到商品，则该类别名称无法插入到数据库中。
- 删除异常：当要删除一种商品类别时，应该删除它在数据库中的记录，而此时与其相关的商品信息也会被删除。

如要消除以上问题，就需要对关系模式进行拆分，去除非主键的传递依赖关系。

对上述商品关系进行拆分后可形成以下 2 个关系模式。

- 商品：goods（商品 id，商品名称，价格，类别 id）。
- 商品类别：category（类别 id，类别名称）。

拆分后的关系模式如表 2-12 所示。

表 2-12　符合第三范式的商品、商品类别关系模式

商品 id	商品名称	价格	类别 id	类别 id	类别名称
1	曾国藩全集	255	1	1	图书
2	平凡的世界全三集	98	1	2	计算机及配件
3	SSD 固态硬盘	400	2		

范式具有避免数据冗余、减少数据库占用的空间、减轻维护数据完整性的工作量等优点，但是随着范式的级别升高，其操作难度加大，同时性能也随之降低。因此，在数据库设计中，寻求数据可操作性和可维护性之间的平衡，对数据库设计者而言是比较困难的。

2.2.6　关系代数

数据模型通过对现实世界抽象来优化数据存储，其目的是有效使用数据。在关系数据模型中，通过关系代数建立数据操作模型。关系代数是一种抽象的查询语言，是关系型数据库中数据操作语言（DML）的传统表达方式，它用关系运算来表示数据查询。

[微课视频]

1. 关系运算符

关系代数的运算对象是关系，运算结果也是关系，其运算符包括传统集合运算符、专门关系运算符、比较运算符和逻辑运算符，如表 2-13 所示。

表 2-13　关系代数运算符

类别	运算符	说明	类别	运算符	说明
传统集合运算符	∩ ∪ － ×	交 并 差 笛卡尔积	比较运算符	> ≥ < ≤ = ≠	大于 大于等于 小于 小于等于 等于 不等于
专门关系运算符	σ π ⋈ ÷	选择 投影 连接 除	逻辑运算符	∧ ∨ ¬	与 或 非

其中，传统集合运算将关系看成元组的集合，其运算主要针对记录行；专门关系运算符不仅可以操作行，而且也可以操作列。

2. 传统的集合运算

传统的集合运算是双目运算，包括并、差、交和笛卡尔积运算。

（1）关系的并（Union）

关系 R 和关系 S 的并是将关系 R 和关系 S 的所有元组合并，再删去重复的元组，组成的新关系记为 $R \cup S$。

$$R \cup S = \{ t \mid t \in R \lor t \in S \}$$

（2）关系的差（Difference）

关系 R 和关系 S 的差是由属于关系 R 但不属于关系 S 的所有的元组组成的集合，即删除关系 R 中与关系 S 中相同的元组，组成的新关系记为 $R - S$。

$$R - S = \{ t \mid t \in R \land t \notin S \}$$

（3）关系的交（Interesection）

关系 R 和关系 S 的交是由既属于关系 R 又属于关系 S 的元组组成的集合，即在关系 R 与关系 S 中取相同的元组组成新的关系，记为 $R \cap S$。

$$R \cap S = \{ t \mid t \in R \land t \in S \}$$

（4）笛卡尔积（Cartesian Product）

设关系 R 和关系 S 分别有 n 和 m 列，若关系 R 中有 i 行，关系 S 中有 j 行，则关系 R 和关系 S 的笛卡尔积是由 $n+m$ 列且 $i \times j$ 行集合组成的新关系，记为 $R \times S$。

$$R \times S = \{ (t_r, t_s) \mid t_r \in R \land t_s \in S \}$$

【例 2.1】设有 3 个关系：关系 R、关系 S 和关系 T，如图 2-19 所示。分别求出 $R \cup S$、$R-S$、$R \cap S$ 和 $R \times T$ 的运算结果。

运算结果如图 2-20 所示。

R			S			T	
A	B		A	B		B	C
a	b		a	c		a	a
a	c		b	a		b	c
c	a		c	b			

图2-19　关系 R、关系 S 和关系 T

R∪S			R∩S			R-S			R×T			
A	B		A	B		B	C		A	B	B	C
a	b		a	c		a	b		a	b	a	a
a	c					c	a		a	b	b	c
c	a								a	c	a	a
b	a								a	c	b	c
c	b								c	a	a	a
									c	a	b	c

图2-20　传统集合运算的结果

3. 专门的关系运算

专门的关系运算包括选择、投影、连接和除等运算。

（1）选择运算（Selection）

从关系中找出满足给定条件的元组称为选择。其中的条件是以逻辑表达式形式给出的，值为真的元组将被选取，该运算在水平方向（行）抽取元组。经过选择运算得到的元组组成新的关系，其关系模式不变，结果中元组的个数小于等于原来关系中元组个数，是原关系的子集。选择运算记为 $\sigma_F(R)$。

$$\sigma_F(R) = \{ t \mid t \in R \land F(t) = TRUE \}$$

其中，R 为一个关系，F 为逻辑函数，函数 F 中可以包含比较运算符和逻辑运算符。

在网上商城系统中，会员（users）表如表 2-14 所示。

【例 2.2】在会员（users）表中，查询性别为"男"的会员信息。

其关系运算表达式可以描述为 $\sigma_{性别=男}(users)$。运算结果如表 2-15 所示。

[微课视频]

[微课视频]

表2-14　会员（users）表

会员 id	用户名	性别	邮箱	积分
1	李明	男	2155789634@qq.com	213
2	张三	男	1515645@qq.com	79
3	范小新	男	24965752@qq.com	85
4	刘立	女	36987452@qq.com	163
5	范珍珍	女	98654287@qq.com	986

表2-15　选择运算示例

会员 id	用户名	性别	邮箱	积分
1	李明	男	2155789634@qq.com	213
2	张三	男	1515645@qq.com	79
3	范小新	男	24965752@qq.com	85

（2）投影运算（Projection）

从关系模式中挑选若干属性组成新的关系称为投影。这是从列的角度进行运算，相当于对关系进行垂直分解。投影后的新关系所包含的属性少于或等于原关系，若新关系中包含重复元组，则要删除重复元组。投影运算记为 $\pi_x(R)$。

［微课视频］

$$\pi_x(R) = \{\, t[x] \mid t \in R \,\}$$

其中，R 是一个关系，x 是关系 R 中的属性列或列序号。

【例2.3】查询会员（users）表的用户名、性别和积分。

其关系运算表达式可以描述为 $\pi_{用户名,性别,积分}(users)$ 或 $\pi_{2,3,5}(users)$。

运算结果如表2-16所示。

［微课视频］

表2-16　投影运算示例

用户名	性别	积分
李明	男	213
张三	男	79
范小新	男	85
刘立	女	163
范珍珍	女	986

【例2.4】查询积分在100以上的会员的用户名、性别和积分。

其关系运算表达式的描述如下。

$$\pi_{用户名,性别,积分}(\sigma_{积分 \geqslant 100}(users)) \text{或} \pi_{2,3,5}(\sigma_{积分 \geqslant 100}(users))$$

运算结果如表2-17所示。

表2-17　选择投影混合运算示例

用户名	性别	积分
李明	男	213
刘立	女	163
范珍珍	女	986

（3）连接运算（Join）

连接运算是从两个关系的笛卡尔积中选择属性值满足一定条件的元组，筛选过程通过连接条件来控制，连接是对关系的结合。连接运算通常分为 θ 连接和自然连接。

① θ 连接

θ 连接是从关系 R 和关系 S 的笛卡尔积中选取属性值满足条件运算符 θ 的元组，其关系运算定义如下。

[微课视频]

$$R\underset{A\;\theta\;B}{\bowtie}S=\{(t_r,t_s)|\ t_r\in R\wedge t_s\in S\wedge t_r[A]\ \theta\ t_s[B]\}$$

其中，A 和 B 是关系 R 和关系 S 中第 A 列和第 B 列的值或列序号。当 θ 为符号 "=" 时，该连接操作称为等值连接。

② 自然连接

自然连接是去除重复属性的等值连接，它是连接运算的特例，是最常用的连接运算。其关系运算定义如下。

$$R\bowtie S=\{(t_r,t_s)|\ t_r\in R\wedge t_s\in S\wedge t_r[A]=t_s[A]\}$$

其中，关系 R 和关系 S 具有同名属性 A。

在网上商城系统中，有商品类别（category）和商品（goods）两个表，如表 2-18 和表 2-19 所示。

表 2-18　商品类别（category）表

类别 id	类别名称
1	图书
2	电脑及配件

表 2-19　商品（goods）表

商品 id	商品名称	价格	类别 id
1	曾国藩全集	255	1
2	平凡的世界全三集	98	1
3	SSD 固态硬盘	400	2

【例 2.5】查询商品类别为图书的商品信息。

设 goods 关系为 R，category 关系为 S，由于两个关系中有共同的属性类别 id，故进行的连接运算为自然连接，其关系运算表达式描述如下。

[微课视频]

$$\sigma_{类别名称='图书'}(R\bowtie S)$$

其运算结果如表 2-20 所示。

表 2-20　自然连接运算示例

商品 id	类别 id	商品名称	价格	类别名称
1	1	曾国藩全集	255	图书
2	1	平凡的世界全三集	98	图书

【例 2.6】查询商品类别为 "图书" 的商品信息，列出商品 id、商品名称、价格和类别名称。

设 goods 关系为 R，category 关系为 S，其关系运算表达式描述如下。

[微课视频]　[微课视频]

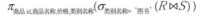
$$\pi_{商品\,id,商品名称,价格,类别名称}(\sigma_{类别名称='图书'}(R\bowtie S))$$

其运算结果如表 2-21 所示。

表 2-21　选择、投影和自然连接混合运算示例

商品 id	商品名称	价格	类别名称
1	曾国藩全集	255	图书
2	平凡的世界全三集	98	图书

（4）除运算（Division）

在关系代数中，除运算可理解为笛卡尔积的逆运算。设被除关系 R 有 m 元关系，除关系 S 有 n 元关系，

那么它们的商为 $m-n$ 元关系，记为 $R\div S$。其中在关系 R 中每个元组 i 与关系 S 中每个元组 j 组成的新元组必在关系 R 中。商的构成原则是将被除关系 R 中的 $m-n$ 列，按其值分成若干组，检查每一组的 n 列值的集合是否包含除关系 S，若包含则取 $m-n$ 列的值作为商的一个元组，否则不取。下面通过一个具体的实例来描述除运算的演算过程。

【例2.7】设有关系 R 和关系 S，如图 2-21 所示。求 $R\div S$ 的运算结果。

R

A	B	C	D
2	1	a	c
2	2	b	d
3	2	b	d
3	2	b	c
2	1	b	d

S

C	D	E
a	c	5
a	c	2
b	d	6

[微课视频]

[微课视频]

图2-21　关系 R 和关系 S

第1步：找出关系 R 和关系 S 中相同的属性，设为关系 Y，并从关系 S 中投影出关系 Y。根据本例中关系 R 和关系 S 可以看出，关系 Y 如表 2-22 所示。

表2-22　关系 Y

C	D
a	c
b	d

第2步：从关系 R 中，投影出与关系 S 不相同的属性，记为关系 X。结果如表 2-23 所示。

表2-23　关系 X

A	B
2	1
2	2
3	2

第3步：找出关系 X 中每个元组对应于关系 R 的象集，即元组（2，1）、（2，2）、（3，2）对应的 Y 值，如表 2-24～表 2-26 所示。

表2-24　元组（2，1）在关系 R 上的象集

A	B	C	D
2	1	a	c
		b	d

表2-25　元组（2，2）在关系 R 上的象集

A	B	C	D
2	2	b	d

表2-26　元组（3，2）在关系 R 上的象集

A	B	C	D
3	2	b	d
		b	c

第4步：判断包含关系，若某个元组在关系 R 上的象集完全包含关系 Y 的所有元组，则该元组在关系 X 上的投影即为所求。

从表 2-24~表 2-26 可以看出，只有元组（2，1）在关系 R 上对应的象集完全包含关系 Y 的所有元组，因此 $R \div S$ 的运算结果集只包含元组（2，1），如表 2-27 所示。

表 2-27　$R \div S$ 的运算结果

A	B
2	1

除运算最常见的应用主要是全覆盖选择，例如，在网上商城系统中找出购买过某商品类别所有商品的用户，或是在学生选课系统中找出选修了所有课程的学生。

任务 3　使用 PowerDesigner 建立系统模型

【任务描述】在网上商城系统的概念模型和逻辑模型设计完成后，需要将概念模型和逻辑模型转换成相应的物理模型，并生成数据库。PowerDesigner 是当下数据库建模市场中最为流行的工具之一，通过它能够方便地实现概念模型、逻辑模型、物理模型和数据库之间的转换。

2.3.1　PowerDesigner 简介

PowerDesigner 是 Sybase 公司的 CASE 工具集，使用它可以方便地对管理信息系统进行分析设计。PowerDesigner 几乎可以用在数据模型设计的全过程，也是目前最为流行的数据库建模工具之一。

利用 PowerDesigner 可以制作数据流程图、概念模型、物理模型，可以生成多种客户端开发工具的应用程序，还可为数据仓库制作结构模型，也能对团队设计模型进行控制。PowerDesigner 系列产品提供了一个完整的建模解决方案，业务或系统分析人员、设计人员、数据库管理人员和开发人员可以对其裁剪以满足其特定的需要。其模块化的结构更为用户的购买和扩展需求提供了极大的灵活性，开发单位可以根据项目的规模和其使用范围购买部分模块。本书使用版本为 PowerDesigner 16.5。

2.3.2　PowerDesigner 支持的模型

（1）概念模型

概念模型（Conceptual Data Model，CDM）是面向数据库用户的现实世界模型，主要用来描述世界的概念化结构，它使数据库的设计人员在设计的初始阶段摆脱计算机系统和数据库管理系统的具体技术问题，集中精力分析数据与数据之间的联系。

（2）物理模型

物理模型（Physical Data Model，PDM）是面向计算机物理表示的模型，描述了数据在储存介质上的组织结构，它不但与具体的数据库管理系统有关，而且还与操作系统和硬件有关。

（3）面向对象模型

一个面向对象模型（Object Oriented Model，OOM）包含一系列包、类、接口和它们之间的关系。这些对象一起形成一个软件系统所有（或部分）逻辑设计视图的类结构。一个面向对象模型本质上是软件系统中一个静态的概念模型。

（4）业务程序模型

业务程序模型（Business Program Model，BPM）描述业务的各种不同内在任务和内在流程，以及客户如何以这些任务和流程互相影响。业务程序模型是以业务合伙人的观点来看业务逻辑和规则的概念模型，使用一个图描述程序、流程、信息和合作协议之间的交互作用。

概念模型、物理模型和面向对象模型之间的关系如图 2-22 所示。

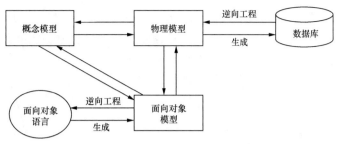

图2-22　概念模型、物理模型和面向对象模型关系图

2.3.3　建立概念模型

建立概念模型的实质就是在 PowerDesigner 中绘制实体关系图。

【例 2.8】根据网上商城系统的分析结果，绘制该系统的概念模型。

操作步骤如下。

（1）启动 PowerDesigner，创建工作空间

右键单击"Workspace"，选择"New"→"Folder"命令，创建一个名为"网上商城数据模型"的文件夹，如图 2-23 所示。

（2）创建概念模型

右键单击"网上商城数据模型"文件夹，然后选择"New"→"Conceptual Data Model"命令，弹出图 2-24 所示的对话框，在"模型名称"文本框中输入"onlinedb_cdm"，然后单击"OK"按钮进入概念模型设计界面，如图 2-25 所示。

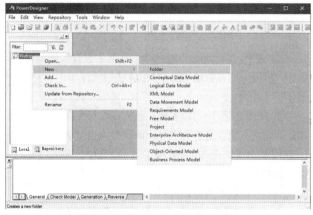

图2-23　使用PowerDesigner新建项目文件夹

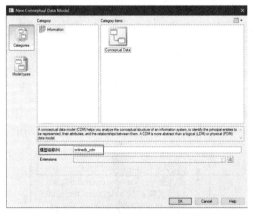

图2-24　新建概念模型对话框

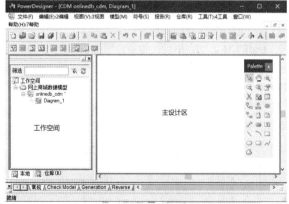

图2-25　概念模型设计界面

单击"Palette"工具栏中的"Entity"按钮，再在主设计区中单击，系统将会在主设计区中增加一个实体"Entity_1"，如图 2-26 所示。

（3）添加实体

根据对网上商城系统实体集的分析，在网上商城系统中抽象出会员、商品、商品类别、订单和系统管理员共 5 个实体。下面以商品实体为例，介绍添加实体的过程。

① 双击图 2-26 中的实体"Entity_1"，打开图 2-27 所示的对话框。设置概念模型中实体显示名称

（Name）为"商品"，对应的实体代码（Code）为"goods"，同时设置注释（Comment）等相关信息。

图2-26　新建实体

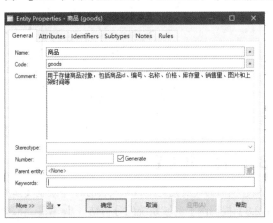

图2-27　实体属性编辑

② 选中"Attributes"选项卡，在其中设置实体的属性，为"商品"实体添加商品 id、商品编号、商品名称、价格、库存数量等属性及其数据类型，如图 2-28 所示。

③ 从图 2-28 中可以看出，还需设置每个属性是否必须有值及是否为主键。该设置可通过属性后面的 M 列和 P 列的复选框来表示。其中，选中 M 列的复选框表示该属性不能为空，选中 P 列复选框表示该属性为标识符列。

④ 单击"确定"按钮，完成"商品"实体的属性设置。

⑤ 采用同样的方法，添加网上商城系统中的其他实体。

（4）创建实体间的关系

所有实体添加完毕后，接着要添加实体之间的关系。下面以"会员"和"商品"两个实体为例阐述实体间关系的创建过程。"会员"和"商品"实体间的关系为多对多。

图2-28　实体属性设置

① 单击图 2-26 中"Palette"工具栏的"Relationship"按钮，然后选中主设计区中的"会员"实体并将其拖曳至"商品"实体上，这时，设计器将为"会员"实体和"商品"实体建立关系，如图 2-29 所示。

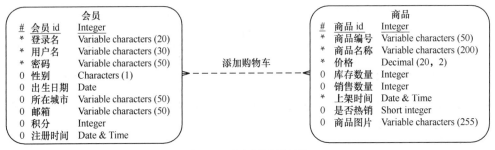

图2-29　建立实体间的关系

图 2-29 中属性名前面的符号"#"表示该属性为标识符列；符号"*"表示该属性必填，不能为 NULL；符号"0"表示该属性可以为 NULL。

②　双击 Relationship_1 关系名，打开关系属性对话框，如图 2-30 所示。根据 E-R 图，填写关系名为"添加购物车"。

③　选择"Cardinalities"选项卡，切换到关系类型设置界面。由于"会员"和"商品"实体之间是多对多的关系，因而选择"Many-many"选项，如图 2-31 所示。除设置关系类型外，还可以设置实体关联的基数，基数为"0.n"表示"会员"实体可以对应 $0\sim n$ 件商品，而"商品"实体对应的会员也可以是 $0\sim n$ 个。

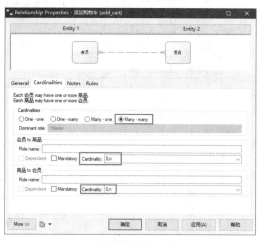

图2-30 关系属性对话框	图2-31 设置实体间的关系类型

④　单击"确定"按钮回到设计界面。由于"会员"和"商品"实体间的关系是多对多，在概念模型转换成物理模型时，要先将这种关系转换成实体。选中"会员"和"商品"实体间的关系"添加购物车"，单击鼠标右键，弹出图 2-32 所示的快捷菜单，选择"Change to Entity"命令，就可将两个实体间的关系转换成实体，并修改实体名为"购物车"，为该实体添加标识符属性"购物车 id"和"购买数量"，转换结果如图 2-33 所示。

图2-32　关系转换成实体

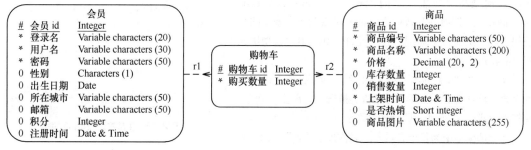

图2-33　"添加购物车"关系转换成"购物车"实体

⑤ 根据网上商城系统的 E-R 模型，用同样的方法可以为其他实体添加关系，完成网上商城系统的概念模型设计，如图 2-34 所示。

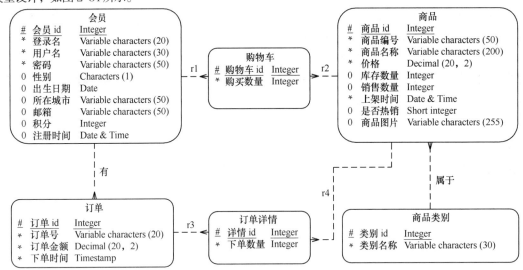

图2-34　网上商城系统的概念模型

2.3.4　建立物理模型

[微课视频]

建立物理模型需要指定具体的数据库管理系统，本书使用的数据库管理系统为 MySQL。需要说明的是，PowerDesigner 16.5 支持的 MySQL 最高版本是 MySQL 5.0，但这丝毫不会影响系统数据库的建模。

概念模型建立好后，使用 PowerDesigner 就可以将其映射到对应的物理模型中。物理模型表现的是表与表之间的关系，将概念模型转换成物理模型的过程就是将实体转换成表、多对多关系转换为关系表或外键约束的过程。

【例 2.9】将【例 2.8】创建的概念模型转换成物理模型。

操作步骤如下。

（1）打开 "onlinedb_cdm" 概念模型，选择 "Tools" 菜单项中的 "Generate Physical Data Model" 命令，打开生成物理模型的对话框，如图 2-35 所示。

（2）选中 "Generate new Physical Data Model" 单选项，选择 "DBMS" 下拉列表框中的 "MySQL 5.0" 选项，将 "Name" 和 "Code" 修改为 "onlinedb_pdm"。

（3）选择 "Detail" 选项卡，其中有 "Check Model" "Save Generation Dependencies" 等选项。若选择 "Check Model" 选项，模型将会在生成之前被检查。"Save Generation Dependencies" 选项决定 PowerDesigner 是否为每个模型的对象保存对象识别标签，该选项用于合并由相同概念模型生成相应的物理模型。

（4）选择 "Selection" 选项卡，列出所有的概念模型中的对象，默认情况下，所有对象将会被选中。单击 "确定" 按钮，生成图 2-36 所示物理模型图。

图2-35　生成物理模型的对话框

在物理模型中为每个表对象的名称加了 "表" 后缀，例如 "会员表" 以区分概念模型中的实体 "会员"。从生成的物理模型图中可以看出，概念模型中的实体均转换成了表；概念模型中的多对多关系转换成了关系表，例如，"会员"和"商品"实体间的"添加购物车"关系，转换成了购物车表；一对多的关系转换成为 fk 约束，例如，商品表中增加了类别 id 列。这时用户可以根据 E-R 模型对物理模型进行修正，例如订单详情表中添加了"详情 id"和"下单数量"字段。

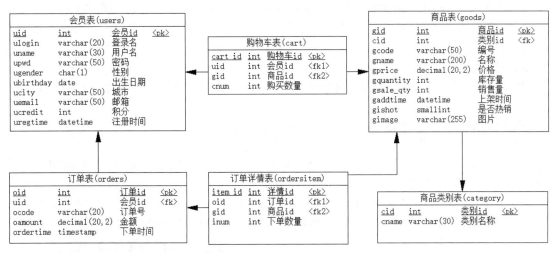

图2-36　网上商城系统的物理模型图

按照上述方法，可以实现网上商城系统物理模型的设计。物理模型应能完整地表示 E-R 图中的所有信息。

2.3.5　物理模型与数据库的正逆向工程

PowerDesigner 支持从数据库物理模型到数据库表的转换，同样也可以根据现有数据库生成物理模型，也就是数据库的正向工程和逆向工程。

[微课视频]

1. 正向工程

正向工程是指能直接从物理模型中产生一个数据库或产生一个能在用户数据库管理系统环境中运行的数据库脚本。

【例 2.10】将网上商城系统的物理模型生成脚本文件 onlinedb.sql，存储在"D:\data_script"文件夹中。

操作步骤如下。

（1）选择"onlinedb_pdm"设计图，选择"Database"→"Generate Database"命令，弹出生成数据库属性设置的对话框，如图 2-37 所示。

图2-37　生成数据库属性设置

（2）选择"Generation type"类型。若选中"Script generation"单选项，则表示以脚本的方式生成数据库，本例采用该类型，在"Directory"和"File name"文本框中填写存储路径和文件名。单击"确定"按钮，完成脚本导出。导出前读者也可以单击"Preview"选项卡，预览脚本内容。

在图 2-37 中，若选择生成类型为"Direct generation"，表示指定 ODBC 方式，这时需执行"控制面板"→"管理工具"→"ODBC 数据源"操作，配置与 MySQL 中数据库的连接，从而将物理模型直接生成数据库表。

2. 逆向工程

数据库逆向工程是指从现有数据库管理系统中的用户数据库或现有数据库 SQL 脚本中生成物理模型的过程。

【例 2.11】将脚本文件 onlinedb.sql 逆向生成物理模型。

操作步骤如下。

（1）打开 PowerDesigner，选择"File"→"Reverse Engineer"→"Database…"命令，打开对话框，填写模型名称并选择"DBMS"为"MySQL 5.0"，如图 2-38 所示。

（2）单击"确定"按钮，打开数据库逆向工程选项对话框，选中"Using script files"单选项，单击 按钮，选择脚本文件 onlinedb.sql，单击"确定"按钮即可生成新的物理模型，如图 2-39 所示。

图2-38　设置物理模型的属性

图2-39　逆向工程生成物理模型

在图 2-39 中，若选择"Using a data source"单选项，则指定相应的 ODBC 数据源生成新的物理模型。

习题

1. 单项选择题

（1）用二维表表示实体与实体间关系的数据模型称为（　　　）。

　A. 面向对象模型　　　B. 层次模型　　　　　C. 关系模型　　　　D. 网状模型

（2）E-R 图提供了表示信息世界中实体、实体属性和（　　　）的方法。

　A. 数据　　　　　　　B. 模式　　　　　　　C. 联系　　　　　　D. 表

（3）在数据库设计中，E-R 模型是进行（　　　）的主要工具。

　A. 需求分析　　　　　B. 概念设计　　　　　C. 逻辑设计　　　　D. 物理设计

（4）数据库设计过程不包括（　　　）。

　A. 算法设计　　　　　B. 概念设计　　　　　C. 逻辑设计　　　　D. 物理设计

（5）在 E-R 图中，表示实体之间关系的图形是（　　　）。

　A. 椭圆形　　　　　　B. 矩形　　　　　　　C. 菱形　　　　　　D. 三角形

（6）在关系型数据库中，能够唯一地标识一个记录的属性或者属性的组合，称为（　　）。

    A. 关键字　　　　　　　　　　　　　　B. 属性

    C. 关系　　　　　　　　　　　　　　　D. 域

（7）假设学生选课模型中包含三个关系，即学生（学号，姓名，性别，年龄，身份证号码）、课程（课程编号，课程名称）、选修（学号，课程编号，成绩），则选修关系中的关键字（键或码）为（　　）。

    A. 学号　　　　　　　　　　　　　　　B. 课程编号

    C. 学号，课程编号　　　　　　　　　　D. 学号，成绩

（8）关系 R、关系 S 和关系 T 如下。

R	
A	B
m	1
n	2

S	
B	C
1	3
3	5

T		
A	B	C
m	1	3

由关系 R 和关系 S 通过运算得到关系 T，则所使用的运算符为（　　）。

    A. 笛卡尔积　　　　B. 交　　　　　　C. 并　　　　　　D. 自然连接

（9）现有患者和医疗关系：$R(P\#, Pn, Pg, By)$，其中 $P\#$ 为患者编号，Pn 为患者姓名，Pg 为性别，By 为出生日期；$Tr(P\#, D\#, Date, Rt)$，其中 $D\#$ 为医生编号，$Date$ 为就诊日期，Rt 为诊断结果。检索在 1 号医生处就诊且诊断结果为感冒的病人姓名的关系表达式是（　　）。

    A. $\pi_{pn}(\pi_{p\#}(\sigma_{D\#=1 \wedge Rt='感冒'}(Tr)) \bowtie P)$　　　　B. $\pi_{p\#}(\sigma_{D\#=1 \wedge Rt='感冒'}(Tr))$

    C. $\sigma_{D\#=1 \wedge Rt='感冒'}(Tr)$　　　　　　　　　　D. $\pi_{pn}(\sigma_{D\#=1 \wedge Rt='感冒'}(Tr))$

（10）设计关系型数据库，设计的关系模式至少要求满足（　　）。

    A. 第一范式　　　　　　　　　　　　　B. 第二范式

    C. 第三范式　　　　　　　　　　　　　D. Boyee-Codd 范式

2. 思考题

（1）在数据抽象过程中，根据不同的用户视角，关系数据模型可以分为哪三个层次？请简述你对这三个层次数据模型的理解，以及它们之间的联系。

（2）假若你是 B2C 网上商城应用系统的会员"Helly"，当你浏览网上商城，看到自己感兴趣的商品时，会将该商品加入购物车，这个时候网上商城数据库中会有哪些表中的记录会发变化呢？会发生什么变化呢？当你最后提交购物车中的商品后，数据库中又有哪些表中的记录会发生变化呢？你认为需要哪些数据操作来为你实现这个购买商品的业务，具体步骤怎样？

（3）假定有两张学生成绩表，即表 1（学号，姓名，数据库成绩）、表 2（学号，姓名，网页设计成绩），请问这两张表是否可以做"并"操作？为什么？

项目实践

1. 实践任务

对于网上商城系统进行系统升级，新增两个功能。对其进行数据库需求分析和设计。

（1）新增商品打折功能，管理员可以对每件商品进行折扣设定，会员购买该商品时就可以享受相应的折扣。

（2）在商品分类上支持多层级分类，例如生鲜类可细分为蔬菜水果、肉类、乳制品，肉类又可进一步细分成猪肉、牛羊肉、禽类等。管理员可以修改商品分类，调整目录层级，用户可以通过多层级分类一步一步找到自己所需的商品。

2．实践目的

（1）了解数据库设计与开发的基本步骤。

（2）能读懂概念模型和物理模型。

（3）能根据系统需求绘制系统的概念模型（E-R 模型）和物理模型。

（4）会使用绘图工具绘制数据模型。

3．实践内容

完成系统升级后的数据库设计。

（1）分析系统升级后，针对系统中的实体，标识实体间的关系，绘制 E-R 模型。

（2）根据数据库管理系统的要求，将 E-R 模型转换成为物理数据模型。

（3）撰写数据库设计说明书。

拓展实训

诗词飞花令游戏，是一个两人对战的游戏。首先会随机抽取飞花令，根据所抽取的飞花令，玩家轮流说出包含该飞花令的诗句，如抽到"花"字令，则玩家需要答出包含"花"字的诗词，例如"春风得意马蹄疾，一日看尽长安花"。玩家抽到的飞花令为"花名"，则需要回答出包含花名的诗词，例如"墙角数枝梅，凌寒独自开"。直到一方说不出来，即判定该方失败。

该系统同时具备诗词分类功能，能通过诗词查询到分类信息，也能通过诗词分类检索到所需的诗词数据。诗词可根据体裁分为古体诗、绝句、律诗、词、曲等类别，根据主题可分为送别诗、爱国诗、悼亡诗、边塞征战诗等类别，根据诗歌出处选集分为《全唐诗》《全宋词》《诗经》等类别。每首诗词都可以属于多个类别，例如《永遇乐·京口北固亭怀古》根据体裁属于词，根据主题属于爱国诗、怀古咏史诗，收录于《嫁轩长短句》和《全宋词》。

人机对战"诗词飞花令"游戏，由玩家跟计算机对战完成，根据诗词飞花令游戏需求，设计数据库 poemGameDB，E-R 模型如图 2-40 所示，物理模型如图 2-41 所示。

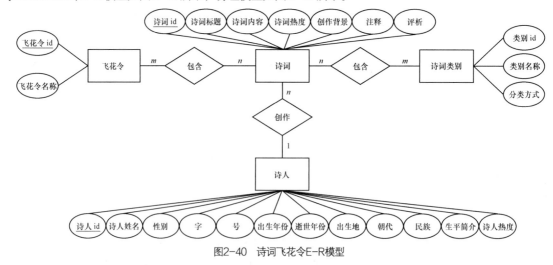

图2-40　诗词飞花令E-R模型

现在需要升级该诗词飞花游戏，除了上述飞花令游戏及诗词分类功能，需要增加诗人游历模块，记录诗人在祖国大好河山的游历足迹。在系统中用户能检索到诗人的游历足迹。根据功能需求，完成数据库设计。

（1）根据功能需求，分析实体及实体间属性重新绘制 E-R 模型。

（2）根据数据库管理系统的要求，将 E-R 模型转换成为物理模型。

（3）撰写数据库设计说明书。

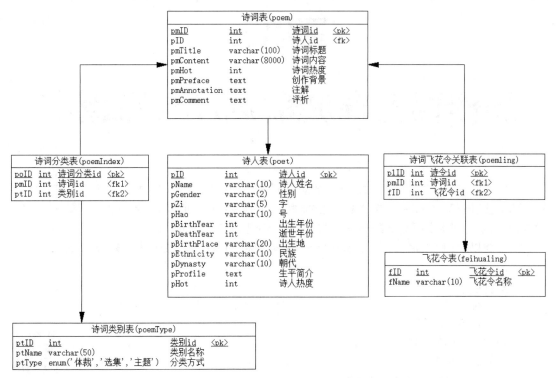

图2-41 诗词飞花令物理模型

常见问题

扫描二维码查阅常见问题。

项目三

操作网上商城数据库与数据表

数据库（Database）是存储数据的仓库，数据表是数据库中存储数据的基本单位。实际软件开发中，程序员除具备使用建模工具自动生成物理数据表的能力外，还应具备在数据库相关管理软件中手动维护数据库及数据表的能力。维护数据库和数据表的基本操作包括创建、修改、删除、查看等。

本项目将以网上商城系统为例，讲解在 MySQL 中创建和维护数据库及数据表的操作。

学习目标

★ 会创建和维护数据库

★ 了解 MySQL 的存储引擎

★ 会创建和维护数据表

★ 能为数据表中的列设计合理的约束

★ 会使用 SQL 语句插入、更新、删除数据表中的数据

拓展阅读

名言名句

故立志者，为学之心也；为学者，立志之事也。——王阳明

任务 1　创建和维护数据库

【任务描述】正确创建数据库是管理和维护数据的基础，需要考虑字符集、存储引擎等相关内容。

3.1.1　创建数据库

1. 使用 Navicat 创建数据库

【例 3.1】使用 Navicat 创建名为 onlinedb 的数据库。

操作步骤如下。

[微课视频]

（1）启动 Navicat，右键单击已连接的服务器节点 local_conn，选择"新建数据库"命令，如图 3-1 所示。

（2）打开"新建数据库"对话框，在对话框中输入数据库的逻辑名称"onlinedb"，字符集选择"utf8mb4"，排序规则选择"utf8mb4_0900_ai_ci"，如图 3-2 所示。

（3）单击"确定"按钮，完成"onlinedb"数据库的创建。

创建完成后，刷新 Navicat"对象资源管理器"，可以查看到名为"onlinedb"的数据库，如图 3-3 所示。

图 3-1　新建数据库

学习提示：在图 3-1 中，数据库名为必填数据，字符集和排序规则可以不设置，此时系统会自动将数据库的字符集和排序规则设为默认值。

图3-2 "新建数据库"对话框

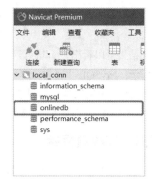

图3-3 onlinedb数据库

2. 使用 SQL 语句创建数据库

在 MySQL 中，创建数据库还可以使用 SQL 语句，其基本语法如下。

```
CREATE DATABASE 数据库名
[[DEFAULT] CHARACTER SET 字符集名 | [DEFAULT] COLLATE 排序规则名 ] ;
```

语法说明如下。

- CREATE DATABASE 是 SQL 中用于创建数据库的语句，字符集和排序规则可省略。
- 数据库名：表示待创建的数据库名称，该名称在数据库服务器中必须唯一。
- [DEFAULT] CHARACATER SET：指定数据库的字符集名称。
- [DEFAULT] COLLATE：指定字符集对应的排序规则名称。

【例 3.2】 使用 SQL 语句，创建名为 onlinedb 的数据库。

```
mysql>CREATE DATABASE onlinedb;
Query OK, 1 row affected (0.01 sec)
```

执行结果提示信息中，"Query OK"表示执行成功，"1 row affected"表示 1 行数据受到影响。

3.1.2 查看数据库

为了检验 onlinedb 数据库是否创建成功，在命令提示行中可以使用 SQL 语句来查看数据库服务器中的数据库列表，其语法形式如下。

```
SHOW DATABASES;
```

【例 3.3】 使用 SHOW DATABASES 语句，查看数据库服务器中存在的数据库，执行结果如下。

```
mysql> SHOW DATABASES;
+--------------------+
| Database           |
+--------------------+
| information_schema |
| mysql              |
| onlinedb           |
| performance_schema |
| sys                |
+--------------------+
5 rows in set (0.04 sec)
```

在执行结果提示信息中，"5 rows in set"表示集合中有 5 行，说明当前数据库服务器中有 5 个数据库，除 onlinedb 为用户创建的数据库外，其他数据库都是安装 MySQL 时自动创建的系统数据库。

若想查看指定数据库的信息，可以使用 SHOW 语句，其基本语法如下。

```
SHOW CREATE DATABASE 数据库名;
```

【例 3.4】使用 SHOW 语句，查看 onlinedb 数据库的信息，执行结果如下。

```
mysql> SHOW CREATE DATABASE onlinedb;
+----------+------------------------------------------------------------+
|Database  | Create Database                                            |
+----------+------------------------------------------------------------+
| onlinedb | CREATE DATABASE `onlinedb` /*!40100 DEFAULT CHARACTER SET utf8mb4 COLLATE
utf8mb4_0900_ai_ci */ /*!80016 DEFAULT ENCRYPTION='N' */
+----------+------------------------------------------------------------+
1 row in set (0.00 sec)
```

从执行结果可以看出，onlinedb 数据库使用了 MySQL 8.0 的默认字符集 utf8mb4。

学习提示：MySQL 中语句注释包括"#""--"和"/*...*/"三种。其中，以"#"或"--"开头的为行注释；"/*...*/"为块注释。本例中导出的代码有两行注释，其中注释内容"!40100..."表示当 MySQL 版本为 4.1.0 以上时其会被执行；同理注释内容"!80016..."表示在 MySQL 版本为 8.0.16 以上时其会被执行。

3.1.3　修改数据库

数据库创建成功后，可根据需要对其字符集或排序规则进行修改。由于使用 Navicat 修改数据库时的操作界面与创建数据库时的操作界面相同，这里不再赘述。在 SQL 语句中，使用 ALTER DATABASE 语句修改数据库，基本语法如下。

```
ALTER DATABASE 数据库名
[DEFAULT] CHARACTER SET 字符集名 | [DEFAULT] COLLATE 排序规则名 ;
```

其中，"数据库名"指待修改的数据库。其余参数的含义与创建数据库的参数相同。

【例 3.5】使用 SQL 语句，修改 onlinedb 数据库的字符集为 uft8，排序规则为 utf8_bin。

```
mysql> ALTER DATABASE onlinedb CHARACTER SET utf8 COLLATE utf8_bin ;
Query OK, 1 row affected (0.00 sec)
```

使用 SHOW 语句查看修改结果。

```
mysql> SHOW CREATE DATABASE onlinedb;
+----------+------------------------------------------------------------+
| Database | Create Database                                            |
+----------+------------------------------------------------------------+
| onlinedb | CREATE DATABASE `onlinedb` /*!40100 DEFAULT CHARACTER SET utf8 COLLATE utf8_bin */ /*!80016
DEFAULT ENCRYPTION='N'*/ |
+----------+------------------------------------------------------------+
1 row in set (0.00 sec)
```

从执行结果可以看出，onlinedb 数据库的字符集已更改为 utf8。

3.1.4　删除数据库

删除数据库是指在数据库服务器中删除已经存在的数据库。删除数据库之后，原来分配的空间将被收回。

在 SQL 语句中，使用 DROP DATABASE 语句删除数据库，其语法格式如下。

```
DROP DATABASE 数据库名;
```

其中，"数据库名"表示要删除的数据库的名称。

【例 3.6】删除数据库服务器中名为 onlinedb 的数据库，执行结果如下。

```
mysql> DROP DATABASE onlinedb;
Query OK, 0 rows affected (0.16 sec)
```

使用 SHOW 语句来查看 onlinedb 数据库是否删除成功，执行结果如下。

```
mysql> SHOW DATABASES;
+--------------------+
| Database           |
+--------------------+
| information_schema |
| mysql              |
| performance_schema |
| sys                |
+--------------------+
4 rows in set (0.08 sec)
```

从执行结果看，数据库服务器中已经不存在 onlinedb 数据库，删除数据库操作执行成功，分配给 onlinedb 数据库的空间将被收回。

学习提示：删除数据库会删除该数据库中所有的数据表和所有数据，且不能恢复，因此在执行删除数据库操作时要慎重。

3.1.5　MySQL 的存储引擎

1. 存储引擎简介

存储引擎就是数据的存储技术。针对不同的处理要求，存储引擎可以对数据采用不同的存储机制、索引技巧、读写锁定水平等。在关系型数据库中，数据是以数据表的形式进行存储的，因此存储引擎即数据表的类型。数据库的存储引擎决定了数据表在计算机中的存储方式，数据库管理系统使用存储引擎创建、查询、修改数据。

存储引擎作为 MySQL 的核心组件之一，以插件形式存在，这也是 MySQL 的一大特色，MySQL 现有 InnoDB、MyISAM、CSV、MEMORY 等近 10 个存储引擎。

学习提示：Oracle 和 SQL Server 等关系型数据库系统都只提供一种存储引擎，所以它们的数据存储管理机制都一样。

2. 查看 MySQL 支持的存储引擎

使用 SQL 语句可以查询 MySQL 支持的存储引擎，其语法格式如下。

```
SHOW ENGINES;
```

【例 3.7】查看 MySQL 支持的存储引擎。

执行 SHOW ENGINES 语句，结果如图 3-4 所示。

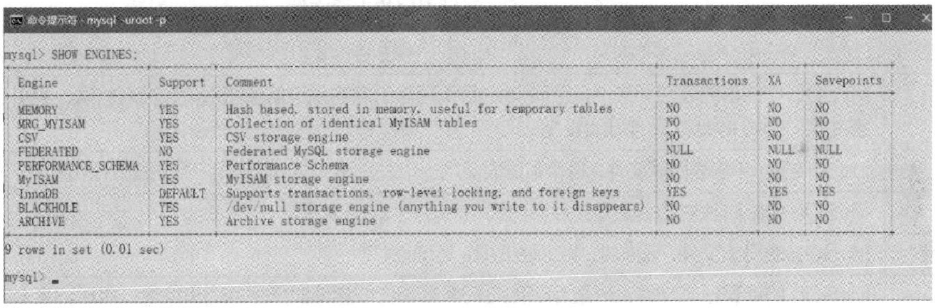

图3-4　查看MySQL支持的存储引擎

在图 3-4 中，Engine 参数指存储引擎名称；Support 参数表示 MySQL 是否支持该类引擎；Comment 参数指对该引擎的说明；Transactions 参数表示是否支持事务处理；XA 参数表示是否支持分布式处理的 XA 规范；Savepoints 参数表示是否支持保存点，以便事务回滚到保存点。

从查询结果可以看出，笔者使用的 MySQL 支持 9 种存储引擎，但只有 InnoDB 存储引擎具有支持事务处理、分布式处理和支持保存点的功能，因此在当今的应用需求下，InnoDB 存储引擎在 MySQL 支持的存储引擎中是绝对的王者，因此 MySQL 5.1 之后的版本中 InnoDB 成为了 MySQL 默认的存储引擎。

使用 SHOW 语句可以查询系统变量'default_storage_engine'，查看默认的存储引擎。

【例 3.8】查看 MySQL 支持的默认存储引擎。

```
mysql> SHOW VARIABLES LIKE 'default_storage_engine';
+------------------------+--------+
| Variable_name          | Value  |
+------------------------+--------+
| default_storage_engine | InnoDB |
+------------------------+--------+
1 row in set (0.00 sec)
```

3. InnoDB 存储引擎

InnoDB 是 MySQL 的默认事务型存储引擎，也是最重要、使用最广泛的存储引擎。InnoDB 存储引擎的性能和自动崩溃恢复特性使其被广泛用于非事务型存储中，MySQL 在使用存储引擎时一般优先考虑 InnoDB 存储引擎。InnoDB 的主要特性如下。

● InnoDB 存储引擎为 MySQL 提供了具有提交、回滚和崩溃恢复能力的事务安全。InnoDB 存储引擎锁定在行级并且会在 SELECT 语句中提供非锁定读。在 SQL 查询中，可以自由地将 InnoDB 类型的数据表和 MySQL 中其他类型的数据表混合起来。

● InnoDB 存储引擎是为了在处理巨大的数据量时获取最佳性能而设计的，被用在众多需要高性能的大型数据库站点上。InnoDB 存储引擎完全与 MySQL 整合，通过在内存中缓存数据表的索引表来维护自己的缓冲池。InnoDB 存储引擎将数据表和索引表存放在一个逻辑表空间中，该逻辑表空间可以包含若干个文件（或原始磁盘文件），InnoDB 表文件大小不受限制。

● InnoDB 存储引擎支持外键完整性约束，当存储数据表中的数据时，每张数据表的存储都按主键顺序存放，如果在表定义时没有指定主键，InnoDB 存储引擎会为每一行生成一个 6 字节的 ROWID 列，并以此作为主键。

3.1.6　MySQL 数据库的组成

1. MySQL 数据库文件

MySQL 中每一个数据库在 data 目录下都会有一个与数据库同名的文件夹，用于存储该数据库的表文件。

MySQL 数据库文件的组成取决于该数据库使用的存储引擎，因此这里仅介绍与 InnoDB 存储引擎相关的文件。InnoDB 存储引擎采用表空间来管理数据，其主要文件如表 3-1 所示。

表 3-1　InnoDB 存储引擎的主要文件

文件名	说明
lbdata*	MySQL 中共享的表空间文件，存储 InnoDB 存储引擎的系统信息和用户数据表数据、索引，为所有数据表共用，例如 ibdata1、ibdata2 等
*.ibd	ibd 文件表示单表表空间文件，每个数据表使用一个表空间文件，存储用户数据表数据和索引，不能直接读取
lbtmp*	MySQL 中临时独立的表空间文件，例如 ibtmp1、ibtmp2 等
ib_logfile*	MySQL 的日志文件，例如 ib_logfile0、ib_logfile1 等
*.err	MySQL 的错误日志文件，记录 MySQL 服务器运行或启停时产生的错误信息，可用记事本打开
*_bin.00000n	二进制日志文件，*n* 是从 1 开始的自然数，用于记录数据库中对象和数据的添加和更改操作
undo_00*	MySQL 中的 undo 日志文件，主要记录事务异常时的数据，以实现数据回滚操作，例如 undo_001、undo_002 等
*.pid	用来记录当前 MySQL 进程 ID，即 Process ID
*.pem	MySQL 中的证书文件，用于 SSL 认证，包括 MySQL 服务器的公钥、私钥及客户端和服务器端的证书和密钥等，例如 private_key.pem、public_key.pem 等

2. 系统数据库

MySQL 的数据库包括系统数据库和用户数据库。用户数据库是用户创建的数据库，例如 3.1.1 小节中创建的 onlinedb 数据库；系统数据库是由 MySQL 安装程序自动创建的数据库，用于存放、管理用户权限和其他数据库的信息，包括数据库名、数据库中的对象和访问权限等信息。

[微课视频]

在 MySQL 中共有 4 个可见的系统数据库，其具体说明如表 3-2 所示。

表 3-2　MySQL 中的系统数据库

数据库名	说明
mysql	MySQL 的核心数据库，用于存储 MySQL 服务器的系统信息表，包括授权系统表、系统对象信息表、日志系统表、服务器端辅助系统表等服务器控制和管理信息

（续表）

数据库名	说明
information_schema	用于保存 MySQL 服务器所维护的所有数据库的信息，包括数据库名、数据库的数据表、数据表中列的数据类型与访问权限等。此数据库中的数据表均为视图，因此在用户或安装目录下无对应文件
performance_schema	用于收集 MySQL 服务器的性能参数。此数据库中所有数据表的存储引擎为 performance_schema，用户不能创建存储引擎为 performance_schema 的数据表。默认情况下该数据库为关闭状态
sys	sys 数据库中所有数据来自 performance_schema。目标是把 performance_schema 的复杂度降低，让数据库管理员更快地了解数据库的运行情况

学习提示：不要随意删除和更改系统数据库 mysql 中的数据，否则会影响 MySQL 服务器的正常运行。

任务 2　解读 MySQL 的数据类型

【任务描述】数据类型决定了数据的存储格式和有效范围等。MySQL 提供了丰富的数据类型，包括整数类型、小数类型、字符串类型、日期类型和 JSON 类型等。本任务通过实例解读 MySQL 中的常用数据类型，以及在实际开发中数据类型的选择建议。

[微课视频]

3.2.1　整数类型

整数类型是数据库中最基本的数据类型，MySQL 中支持 5 种整数类型，整数类型的取值范围主要用来区分有符号数据和无符号数据，具体类型和取值范围如表 3-3 所示。

表 3-3　MySQL 的整数类型和取值范围

整数类型	字节数	无符号数据的取值范围	有符号数据的取值范围
tinyint	1	0~255	−128~127
smallint	2	0~65 535	−32 768~32 767
mediumint	3	$0~2^{24}$	$−2^{23}~2^{23}−1$
int	4	$0~2^{32}−1$	$−2^{31}~2^{31}−1$
bigint	8	$0~2^{64}−1$	$−2^{63}~2^{63}−1$

从表 3-3 中可以看出，tinyint 类型整数占用字节数最小，只需要 1 字节，因此其取值范围最小，无符号的 tinyint 类型整数最大值为 $2^8−1$，即 255；有符号的 tinyint 类型整数最大值为 $2^7−1$，即 127。

MySQL 支持在数据类型名称的后面指定该类型的显示宽度，其基本格式如下。

数据类型（显示宽度）

其中，数据类型是指数据类型名称；显示宽度是指能够显示的最大数据长度。如果不指定显示宽度，则 MySQL 为每一种数据类型指定默认的宽度值。若为某字段设定数据类型为 int(11)，表示该数最大能够显示的数值为 11 位，但数据的取值范围仍为 $−2^{31}~2^{31}−1$，在设置数据类型时，还可以加上参数 "zerofill（零填充）"，该参数表示当数值未达到显示宽度时，用 0 来填补。

【例 3.9】创建 test_int 表，用于测试整数类型的数据存储。

操作步骤和 SQL 语句如下。

（1）创建 test_int 表

```
mysql> CREATE TABLE test_int
    -> (
    -> int_1 int ,
    -> int_2 int unsigned ,
    -> int_3 int(6) zerofill ,
```

```
   -> int_4 tinyint ,
   -> int_5 tinyint unsigned
   -> ) ;
```

在 test_int 表中，int_1 和 int_4 是有符号类型，int_2 和 int_5 是无符号类型，int_3 最大显示宽度为 6，未达到该显示宽度是时用 0 填充。

（2）向 test_int 表中添加两条测试记录

```
#测试1：添加成功
mysql> INSERT INTO test_int VALUES(100, 100, 100, 100, 100);
Query OK, 1 row affected (0.01 sec)
#测试2：添加失败
mysql> INSERT INTO test_int VALUES(100, -100, 100, 100, 100);
ERROR 1264 (22003): Out of range value for column 'int_2' at row 1
```

测试 2 的错误信息提示 int_2 列提供的值超出了数据的取值范围。

（3）查看表结构

```
mysql> DESC test_int ;
+-------+-----------------------+------+-----+---------+-------+
| Field | Type                  | Null | Key | Default | Extra |
+-------+-----------------------+------+-----+---------+-------+
| int_1 | int                   | YES  |     | NULL    |       |
| int_2 | int unsigned          | YES  |     | NULL    |       |
| int_3 | int(6) unsigned zerofill | YES  |     | NULL    |       |
| int_4 | tinyint               | YES  |     | NULL    |       |
| int_5 | tinyint unsigned      | YES  |     | NULL    |       |
+-------+-----------------------+------+-----+---------+-------+
5 rows in set (0.00 sec)
```

从执行结果可以看出，int_3 自动转换成了无符号数。

（4）查询 test_int 表

```
mysql> SELECT * FROM test_int ;
+-------+-------+--------+-------+-------+
| int_1 | int_2 | int_3  | int_4 | int_5 |
+-------+-------+--------+-------+-------+
|   100 |   100 | 000100 |   100 |   100 |
+-------+-------+--------+-------+-------+
1 row in set (0.00 sec)
```

从执行结果可以看出，int_3 数值 100 前填充了 3 个 0。

3.2.2 小数类型

在 MySQL 中，小数类型包括浮点类型和定点类型。浮点类型又包括单精度（float）类型和双精度（double）类型，定点类型是 decimal 类型；浮点数在数据库中存放的是近似值，定点数存放的是精确值。表 3-4 列举了浮点类型和定点类型所对应的字节数和取值范围。

表 3-4 浮点类型和定点类型所对应的字节数和取值范围

类型	字节数	负数的取值范围	非负数的取值范围
float	4	$-3.402\,823\,466E+38 \sim$ $-1.175\,494\,351E-38$	0 或 $1.175\,494\,351E-38 \sim$ $3.402\,823\,466E+38$
double	8	$-1.797\,693\,134\,862\,315\,7E+308 \sim$ $-2.225\,073\,858\,507\,201\,4E-308$	0 和 $2.225\,073\,858\,507\,201\,4E-308 \sim$ $1.797\,693\,134\,862\,315\,7E+308$
decimal(M,D)或 dec(M,D)	$M+2$	同 double 类型	同 double 类型

表 3-4 中，decimal 类型的有效取值范围由 M 和 D 决定，其中 M 表示数据的长度，D 表示小数点后的位数，且 decimal 类型的存储字节数是 $M+2$。

在 MySQL 中可以指定浮点数和定点数的精度，基本格式如下。

```
数据类型 (M, D)
```

其中，*M* 称为精度，是数据的总长度，小数点不占位；*D* 为标度，是小数点后面的位数。例如，decimal(6, 2)表示指定的数据类型为 decimal，数据长度是 6，小数点后保留 2 位，如 1234.56 是该类型的小数。

【例 3.10】创建 test_dec 表，使用该表测试小数类型的数据存储。

操作步骤和 SQL 语句如下。

（1）创建 test_dec 表

```
mysql> CREATE TABLE test_dec
    -> (
    -> float_1 float(10, 2) ,
    -> double_2 double(10, 2) ,
    -> decimal_3 decimal(10, 2)
    -> ) ;
Query OK, 0 rows affected, 2 warnings (0.02 sec)
```

（2）添加测试数据

```
mysql> INSERT INTO test_dec VALUES(12345678.99, 12345678.99, 12345678.99);
Query OK, 1 row affected (0.01 sec)
```

（3）查询测试结果

```
mysql> SELECT * from test_dec ;
+-------------+-------------+-------------+
| float_1     | double_2    | decimal_3   |
+-------------+-------------+-------------+
| 12345679.00 | 12345678.99 | 12345678.99 |
+-------------+-------------+-------------+
1 row in set (0.00 sec)
```

从执行结果可以看出，浮点类型数据虽然支持精度，但并没按预期输出结果，存在数据误差。实际应用中，对于货币等对精度敏感的数据，建议使用 decimal 类型数据。

3.2.3 日期类型

为了方便在数据库中存储日期和时间，MySQL 提供了多种表示日期和时间的数据类型，其主要差别也是在精度和取值范围方面，如表 3-5 所示。

[微课视频]

表 3-5 MySQL 中的日期与时间类型

类型	字节数	取值范围	格式	零值表示形式
year	1	1901~2155	YYYY	0000
date	4	1000-01-01~9999-12-31	YYYY-MM-DD	0000:00:00
time	3	-838:59:59~838:59:59	HH:MM:SS	00:00:00
datetime	8	1000-01-01 00:00:00~9999-12-31 23:59:59	YYYY-MM-DD HH:MM:SS	0000-00-00 00:00:00
timestamp（时间戳）	4	19700101080001~20380119111407	YYYY-MM-DD HH:MM:SS	0000-00-00 00:00:00

【例 3.11】创建 test_date 表，使用该表测试日期类型的数据存储。

操作步骤和 SQL 语句如下。

（1）创建 test_date 表

```
mysql> CREATE TABLE test_date
    -> (
    -> year_1 year ,
    -> date_2 date ,
    -> time_2 time ,
    -> datetime_4 datetime ,
    -> timestamp_5 timestamp
    -> ) ;
Query OK, 0 rows affected (0.03 sec)
```

（2）添加测试数据

```
mysql> INSERT INTO test_date VALUES(NOW(), CURRENT_DATE, CURRENT_TIME, CURRENT_TIMESTAMP, CURRENT_TIMESTAMP);
Query OK, 1 row affected (0.01 sec)
```

其中，NOW()、CURRENT_DATE、CURRENT_TIME、CURRENT_TIMESTAMP 均能获取系统当前的日期和时间。

（3）查询测试结果

```
mysql> SELECT * FROM test_date ;
```

执行结果如图 3-5 所示。

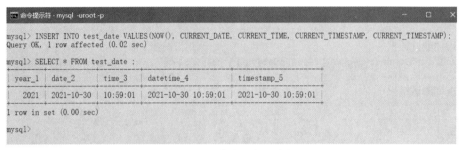

图3-5 日期类型使用示例

从执行结果可以看出，year 类型可精确到年份，date 类型可精确到日，time 类型可取时分秒，datetime 类型和 timestamp 类型都可以精确到秒。由表 3-5 可知，timestamp 类型占 4 字节，而 datetime 类型占 8 字节，所以 timestamp 类型支持的时间范围要更窄些。

实际开发中，timestamp 类型支持动态默认值，当使用 ON UPDATE CURRENT_TIMESTAMP 语句定义 timestamp 类型后，每一次对记录的修改都会用系统当前时间自动更新时间。在需要实时记录更新时间的场景中，timestamp 类型是最合适的选择。

3.2.4 字符串类型

字符串类型是一种非常重要的数据类型，小到名称，大到一篇博客，都可以作为字符串。MySQL 提供了非常丰富的字符串类型，如表 3-6 所示。

[微课视频]

表 3-6 MySQL 支持的字符串类型

类型	允许长度	用途
char	0~255 字节	存储定长字符串
varchar	0~65 535 字节	存储变长字符串
bit	1~64 位	存储不超过 8 字节的字符串，存储每个字符的 ASCII 码
tinytext	0~255 字节	存储短文本字符串
text	0~65 535 字节	存储长文本字符串
binary	0~255 字节	存储定长的二进制数据
varbinary	0~65 535 字节	存储变长的二进制数据
tinyblob	0~255 字节	存储不超过 255 字节的二进制字符串
blob	0~65 535 字节	存储二进制形式的长文本字符串
mediumtext	0~167 772 150 字节	存储中等长度文本字符串
longtext	0~4 294 967 295 字节	存储极大长度文本字符串
mediumblob	0~167 772 150 字节	存储中等长度的二进制字符串
longblob	0~4 294 967 295 字节	存储极大长度的二进制字符串

一般来说，MySQL 指定的允许长度包括存储空间和额外开销的长度。例如，char 类型最大长度为 255 字节，没有额外开销；而 varchar 类型最大长度为 65 535 字节，其中有 1 个字符的额外开销用于存储字符串结束符（数据比较时结束符不参与运算），字符所占的字节数取决于字符集。举例来说，字符集 utf8mb3 中的每个字符占 3 字节，那么 varchar(65535)能存储的最大字符数为（65 535-3）/3=21 844 个字符。

【例 3.12】创建 test_char1 表，测试字符串类型单列数据存储大小。

（1）测试 1：超出单列长度的定义

```
mysql> CREATE TABLE test_char1
    -> (
    -> varchar_1 varchar(65535)
    -> ) ;
ERROR 1074 (42000): Column length too big for column 'varchar_1' (max = 21845); use BLOB or TEXT instead
```

从执行结果可以看出，错误提示单列的长度最大为 21 845 个字符，这说明 varchar 数据类型按字符存储。其中，字符集为 utf8mb3，每个字符占 3 字节。

（2）测试 2：超出单列长度的定义

```
mysql> CREATE TABLE test_char1
    -> (
    -> varchar_1 varchar(21845)
    -> ) ;
ERROR 1118 (42000): Row size too large. The maximum row size for the used table type, not counting
BLOBs, is 65535. This includes storage overhead, check the manual. You have to change some columns
to TEXT or BLOBs
```

从执行结果可以看出，错误提示单行的长度最大为 65 535 字节。这说明 MySQL 除对单列限制长度外，同时也限制单行长度不能超过 65 535 字节；由于 varcahr 类型在存储时有 1 个字符的额外开销，因此 21 845+1 个字符超过了 varchar 类型能存储的最大字符数。

（3）测试 3：符合单列长度的定义

```
mysql> CREATE TABLE test_char1
    -> (
    -> varchar_1 varchar(21844)
    -> ) ;
Query OK, 0 rows affected (0.02 sec)
```

从执行结果可以看出，test_char1 表创建成功。在使用 varchar 类型存储字符串且字符集设为 utf8mb3 时，最多存储 21 844 个字符。

【例 3.13】创建 test_char2 表，测试字符串类型单行数据存储大小。

（1）测试 1：超出单行长度的定义

```
mysql> CREATE TABLE test_char2
    -> (
    -> varchar_1 varchar(21844) ,
    -> char_2 char(10)
    -> ) ;
ERROR 1118 (42000): Row size too large. The maximum row size for the used table type, not counting
BLOBs, is 65535. This includes storage overhead, check the manual. You have to change some columns
to TEXT or BLOBs
```

从执行结果可以看出，每个字段的长度都符合定义，但所有字段长度之和超出单行长度的范围。

（2）测试 2：符合单行长度的定义

```
mysql> CREATE TABLE test_char2
    -> (
    -> varchar_1 varchar(21834) ,
    -> char_2 char(10)
    -> ) ;
Query OK, 0 rows affected (0.06 sec)
```

从执行结果可以看出，varchar_1 和 char_2 两个字段的长度之和没超过 65 535 字节，test_char2 表创建成功。

学习提示：在实际开发中，大多数要处理的字符串都是 varchar 类型，且从执行效率来说，text 类型和 blob 类型不如 char 类型和 varchar 类型，建议只有当需要保存大量数据时，才选择 text 类型和 blob 类型。

3.2.5 JSON 类型

[微课视频]

JSON 是一种轻量级的数据交换格式，是 ECMAScript（欧洲计算机制造商协会制定的 JS 规范）的子集。由于其具有简洁、清晰的层次结构，JSON 已成为当前最为流行的数据交换格式，其本质是一个字符串。MySQL 在没有提供 JSON 类型前，主要通过字符串的匹配去处理 JSON 数据，自 MySQL 5.7 开始支持 JSON 类型后，数据库与应用程序间的数据交换变得更为简单、灵活和高效。

在 MySQL 中，JSON 类型的值主要有对象和数组两种。

（1）JSON 对象：用符号"{ }"表示，其数据以键值对组合，其中键名用双引号" "包裹，使用冒号":"分隔，后面紧跟键对应的值，形式如下所示。

```
#包含 2 个键值对的 JSON 对象
{ "database":"MySQL", "language":"Java" }
#包含 3 个键值对的 JSON 对象
{ "uid":"1", "uname":"李明", "ugender": "男" }
```

（2）JSON 数组：用符号"[]"将数据一一列举，与其他程序语言中数组不同的是，JSON 数组支持将不同数据类型的值存放在同一个数组中。

```
["abc", 12, NULL, TRUE, FALSE]
```

【例 3.14】创建 test_json 表，测试 JSON 类型的数据存储。

（1）创建 test_json 表

```
mysql> CREATE TABLE test_json
    -> (
    -> json_1 JSON ,
    -> json_2 JSON
    -> ) ;
Query OK, 0 rows affected (0.03 sec)
```

（2）添加测试数据

```
mysql> INSERT INTO test_json
    -> VALUES('{ "uid":"1", "uname":"李明" }',
    ->        '["reading", "music"]') ;
Query OK, 1 row affected, 1 warning (0.01 sec)
```

（3）查看测试结果

```
mysql> SELECT * FROM test_json ;
+-----------------------+----------------------+
| json_1                | json_2               |
+-----------------------+----------------------+
| {"uid": "1", "uname": "李明",} | ["reading", "music"] |
+-----------------------+----------------------+
1 row in set (0.00 sec)
```

从执行结果可以看出，MySQL 正确存取了 JSON 类型的数据，有关 JSON 类型数据的解析将在项目六中详细阐述。

学习提示：与 MySQL 提供的字符串类型相比，JSON 类型具有优化存储格式、自动验证格式等作用，但其所需空间与 longtext 类型或 longblob 类型相同，且不能有默认值。

任务 3 创建和操作数据表

【任务描述】数据表是数据库中存储数据的基本单位，一个数据库可包含若干个数据表。在关系型数据库管理系统中，系统的基础数据都存放在关系表中，数据库程序员在创建完数据库后需要创建数据表，并确定数据表中各个字段的名称、数据类型、数据精度、是否为空等。本任务主要讲述创建和查看数据表，以及修改、复制、删除数据表等操作。

3.3.1 创建和查看数据表

在关系型数据库中，数据表以行和列的形式组织而成，数据存在于行和列相交的单元格中，1 行数据表示 1 条唯一的记录，1 列数据表示 1 个字段，唯一标识 1 条记录的字段称为主键。

1. 查看数据表

数据库创建成功后，可以使用 SHOW TABLES 语句查看数据库中的数据表。

【例 3.15】查看 onlinedb 数据库中的数据表。

操作步骤如下。

（1）使用 USE 语句将 onlinedb 设为当前数据库。

```
mysql> USE onlinedb;
Database changed
```

其中，"Database changed"表示数据库切换成功。本项目中如无特别说明，操作均在 onlinedb 数据库中进行。

（2）查看数据表。

```
mysql> SHOW TABLES;
Empty set (0.00 sec)
```

上述代码中，"Empty set"表示空集。从执行结果可以看出，onlinedb 数据库中没有数据表。

2. 使用 Navicat 创建数据表

【例 3.16】使用 Navicat，在 onlinedb 数据库中新建会员表，表名为 users，表结构如表 3-7 所示。

[微课视频]

表 3-7 会员表（users）的表结构

序号	字段名	数据类型	标识	主键	允许空	默认值	说明
1	uid	int	是	是	否		用户 id
2	uname	varchar(30)			否		用户名
3	upwd	varchar(50)			否		密码
4	ugender	char(1)			是	男	性别

操作步骤如下。

（1）打开 Navicat 窗口，双击导航窗格中的"local_conn"服务器，双击"onlinedb"数据库，使其处于打开状态。在 onlinedb 数据库下右键单击"表"节点，在弹出的快捷菜单中选择"新建表"命令，如图 3-6 所示。

（2）在打开的表设计窗口中，输入字段名、每个字段的数据类型、长度、小数点、是否允许为空，选中"uid"，单击"主键"按钮，即设置"uid"为主键；勾选"自动递增"复选框，设置"uid"为标识列，如图 3-7 所示。

图3-6 "新建表"命令

图3-7 表设计窗口

（3）选中"ugender"，在"默认"文本框填"'男'"，如图 3-8 所示。

（4）定义完所有字段后，单击标准工具栏上的"保存"按钮，打开"表名"对话框，输入"users"，如图 3-9 所示。

图3-8　设置默认值　　　　　　　　　　　　　　图3-9　"表名"对话框

数据表保存后，刷新 onlinedb 数据库的"表"对象栏，即可查看到 users 表。

3. 使用 CREATE TABLE 语句创建数据表

CREATE TABLE 的语法格式如下。

```
CREATE TABLE [IF NOT EXISTS] [数据库名.]表名
( 字段定义1,
  字段定义2,
  ……
  字段定义n
);
```

[微课视频]

语法说明如下。

- IF NOT EXISTS：可选参数，当数据表不存在时才执行创建数据表的语句。
- 表名：表示所要创建的数据表的名称，若不在当前数据库中创建数据表，则需要使用数据库名.数据表名的方式引用对应数据表，例如 onlinedb.users 表示 onlinedb 数据库下的 users 表。
- 字段定义：定义数据表中的字段，包括字段名、数据类型、是否允许为空，同时指定默认值、主键约束、唯一性约束、注释字段、是否为外键及字段类型等。字段定义格式如下。

```
字段名 类型 [NOT NULL | NULL] [DEFAULT 默认值][AUTO_INCREMENT] [UNIQUE | PRIMARY KEY][COMMENT '字符串'][外键定义]
```

- NULL（NOT NULL）：表示字段是否可以为空。
- DEFUALT：指定字段的默认值。
- AUTO_INCREMENT：将字段设置为自动增长，只有整数类型的字段才能设置为自动增长。自动增长默认基数为 1，步长为 1，每个数据表只能有一个自动增长的字段。
- UNIQUE：唯一性约束。
- PRIMARY KEY：主键约束。
- COMMENT：注释字段。
- 外键定义：外键约束。

关于约束的内容将在 3.4 节详细讲述。

【例 3.17】使用 CREATE TABLE 语句，实现【例 3.16】中 users 表的创建。

创建 users 表的代码如下。

```
CREATE TABLE users
    ->(uid int) PRIMARY KEY AUTO_INCREMENT COMMENT '用户id',
    -> uname varchar(30) NOT NULL,
    -> upwd varchar (50) NOT NULL,
    -> ugender char(1) DEFAULT '男'
    ->);
```

上述代码创建了一个名为 users 的数据表，包含 uid、uname、upwd、ugender 四个字段，字段与字段间的定义用"，"隔开。其中，将 uid 字段设置为 int 类型、主键和自动增长字段，字段注释为"用户 id"；

uname 和 upwd 字段均设置为 varchar 类型，长度分别为 30 和 50；ugender 字段为 char 类型，长度为 1，默认值为“男”。

学习提示：数据表的名称必须符合命名规则，且不能为 SQL 的关键字，例如 create、update、order 等。使用有意义的英文词汇，词汇中间以下画线分隔。表的名称只能使用英文字母、数字、下画线，并以英文字母开头，不能超过 32 个字符，需见名知意，建议使用名词而不是动词。

为了验证数据表是否创建成功，可以使用 SHOW TABLES 语句查看，执行结果如下。

```
mysql> SHOW TABLES;
+--------------------+
| Tables_in_onlinedb |
+--------------------+
| users              |
+--------------------+
1 row in set (0.00 sec)
```

4. 查看表结构

在向数据表中添加数据前，一般先需要查看表结构。MySQL 中查看表结构的语句包括 DESCRIBE 语句、SHOW COLUMNS FROM 语句和 SHOW CREATE TABLE 语句三种。

（1）使用 DESCRIBE 语句查看表结构

其语法格式如下。

```
DESCRIBE 表名;
```

【例 3.18】使用 DESCRIBE 语句查看 users 表的表结构，执行结果如下。

```
mysql> DESCRIBE onlinedb.users;
+---------+-------------+-------+-----+---------+----------------+
| Field   | Type        | Null  |Key  | Default | Extra          |
+---------+-------------+-------+-----+---------+----------------+
| uid     | int(11)     | NO    |PRI  | NULL    | auto_increment |
| uname   | varchar(30) | NO    |     | NULL    |                |
| upwd    | varchar(50) | NO    |     | NULL    |                |
| ugender | char(1)     | YES   |     | 男      |                |
+---------+-------------+-------+-----+---------+----------------+
4 rows in set (0.02 sec)
```

其中，“PRI”表示主键，其他释义跟前面描述的相同。

学习提示：DESCRIBE 可以缩写成 DESC。

（2）使用 SHOW COLUMNS FROM 语句查看表结构

其语法格式如下。

```
SHOW [FULL] COLUMNS FROM 表名;
```

若使用 FULL 关键字，则除显示基本结构外，还会显示权限和注释字段；当不使用 FULL 关键字时，结构显示与使用 DESCIBE 语句查看到的结果相同。

【例 3.19】使用 SHOW FULL COLUMNS FROM 语句查看 users 表的表结构。

```
mysql> SHOW FULL COLUMNS FROM users ;
```

执行结果如图 3-10 所示。

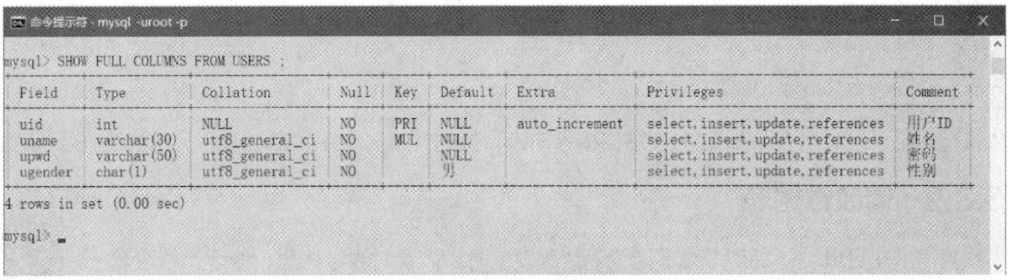

```
mysql> SHOW FULL COLUMNS FROM USERS ;
+---------+-------------+-----------------+------+-----+---------+----------------+---------------------------------+---------+
| Field   | Type        | Collation       | Null | Key | Default | Extra          | Privileges                      | Comment |
+---------+-------------+-----------------+------+-----+---------+----------------+---------------------------------+---------+
| uid     | int         | NULL            | NO   | PRI | NULL    | auto_increment | select,insert,update,references | 用户ID  |
| uname   | varchar(30) | utf8_general_ci | NO   | MUL | NULL    |                | select,insert,update,references | 姓名    |
| upwd    | varchar(50) | utf8_general_ci | NO   |     | NULL    |                | select,insert,update,references | 密码    |
| ugender | char(1)     | utf8_general_ci | NO   |     | 男      |                | select,insert,update,references | 性别    |
+---------+-------------+-----------------+------+-----+---------+----------------+---------------------------------+---------+
4 rows in set (0.00 sec)

mysql>
```

图3-10　查看表结构示例

其中，Privileges 表示对该字段的权限，有关权限内容会在项目七中详细探讨。

（3）使用 SHOW CREATE TABLE 语句查看表结构

使用 SHOW CREATE TABLE 语句不仅可以查看数据表的详细定义，而且可以查看数据表默认使用的存储引擎和字符集，其语法格式如下。

```
SHOW CREATE TABLE 表名;
```

【例 3.20】使用 SHOW CREATE TABLE 语句查看 users 表的表结构，执行结果如下。

```
mysql> SHOW CREATE TABLE users \G
*************************** 1. row ***************************
       Table: users
Create Table: CREATE TABLE `users` (
  `uid` int NOT NULL AUTO_INCREMENT COMMENT '用户id',
  `uname` varchar(30) NOT NULL,
  `upwd` varchar(50) NOT NULL,
  `ugender` char(1) DEFAULT '男',
  PRIMARY KEY (`uid`)
) ENGINE=InnoDB DEFAULT CHARSET=utf8mb4 COLLATE= utf8mb4_0900_ai_ci
1 row in set (0.00 sec)
```

从查询结果可以看出，users 表的存储引擎为 InnoDB，默认字符集为 utf8mb4，排序规则为 utf8mb4_0900_ai_ci。

默认情况下，MySQL 的查询结果是横向输出的，第一行是表头，其余行为记录集。当字段比较多时，显示的结果非常乱，不方便查看，这时可以在执行语句后加上参数"\G"，以纵向输出表结构。

【例 3.21】使用\G 语法查看 users 表的表结构，执行结果如下。

```
mysql> DESC USERS \G
*************************** 1. row ***************************
  Field: uid
   Type: int
   Null: NO
    Key: PRI
Default: NULL
  Extra: auto_increment
*************************** 2. row ***************************
  Field: uname
   Type: varchar(30)
   Null: NO
    Key:
Default: NULL
  Extra:
*************************** 3. row ***************************
  Field: upwd
   Type: varchar(50)
   Null: NO
    Key:
Default: NULL
  Extra:
*************************** 4. row ***************************
  Field: ugender
   Type: char(1)
   Null: YES
    Key:
Default: 男
  Extra:
4 rows in set (0.00 sec)
```

从执行结果可以看出，users 表的表结构按纵向进行排列，且每个字段单独显示，这样更便于阅读。

3.3.2 修改数据表

当系统需求变更或设计之初考虑不周全等情况发生时，需要对表结构进行修改。修改数据表包括修改表名、修改字段名、修改字段数据类型、修改字段排列位置、增加字段、删除字段、修改数据表的存储引擎等。在 MySQL 中，可以使用图形工具和 SQL 语句实现数据表

[微课视频]

的修改操作，由于使用图形工具修改数据表的方式与使用图形工具创建数据表的方式相同，本节仅讲解使用 ALTER TABLE 语句修改表结构。

1. 修改表名

数据库系统通过表名来区分不同的数据表。在 MySQL 中，修改表名的语法格式如下。

```
ALTER TABLE 原表名 RENAME [TO] 新表名;
```

【例 3.22】将数据库 onlinedb 中的 users 表更名为 users_new 表，执行结果如下。

```
mysql> ALTER TABLE users RENAME users_new;
Query OK, 0 rows affected (0.01 sec)
```

执行完修改表名语句后，使用 SHOW TABLES 语句查看表名是否修改成功，执行结果如下。

```
mysql> SHOW TABLES;
+---------------------+
| Tables_in_onlinedb  |
+---------------------+
| users_new           |
+---------------------+
1 row in set (0.00 sec)
```

从显示结果可以看出，数据库中的 users 表已经成功更名为 users_new 表。

2. 修改字段

修改字段可以实现修改字段名、字段类型等。

在一张数据表中，字段名是唯一的。在 MySQL 中，修改数据表中字段名的语法格式如下。

```
ALTER TABLE 表名 CHANGE 原字段名 新字段名 新数据类型;
```

其中，"原字段名"是指修改前的字段名，"新字段名"为修改后的字段名，"新数据类型"为修改后的字段的数据类型。

【例 3.23】将 users_new 表中 upwd 字段的字段名称修改为 upassword，数据类型修改为 varchar，长度为 50，执行结果如下。

```
mysql> ALTER TABLE users_new CHANGE upwd upassword varchar(50);
Query OK, 0 rows affected (0.03 sec)
Records: 0  Duplicates: 0  Warnings: 0
```

其中，"Records:0"表示 0 条记录；"Duplicates:0"表示 0 条记录重复；"Warnings:0"表示 0 个警告。

使用 DESC 语句查看字段修改是否成功，执行结果如下。

```
mysql> DESC users_new;
+-----------+-------------+------+-----+---------+----------------+
| Field     | Type        | Null | Key | Default | Extra          |
+-----------+-------------+------+-----+---------+----------------+
| uid       | int         | NO   | PRI | NULL    | auto_increment |
| uname     | varchar(30) | NO   |     | NULL    |                |
| upassword | varchar(50) | YES  |     | NULL    |                |
| ugender   | char(1)     | YES  |     | 男      |                |
+-----------+-------------+------+-----+---------+----------------+
4 rows in set (0.04 sec)
```

从显示的表结构可以看出，字段名修改成功。

学习提示：修改字段时，必须指定新字段的数据类型，即使新字段的数据类型与原数据类型相同。

若只需要修改字段的数据类型，使用的 SQL 语句语法如下。

```
ALTER TABLE 表名 MODIFY 字段名 新数据类型;
```

其中，"表名"是指要修改的数据表的名称，"字段名"是指待修改的字段名，"新数据类型"为修改后的字段的数据类型。

【例 3.24】修改 users_new 表，将 upassword 字段的数据类型改为 varbinary，长度为 50，执行结果如下。

```
mysql> ALTER TABLE users_new MODIFY upassword varbinary(50);
Query OK, 0 rows affected (0.03 sec)
Records: 0  Duplicates: 0  Warnings: 0
```

执行上述语句后，使用 DESC 语句可以查看字段的数据类型修改是否成功，执行结果如下。

```
mysql> DESC users_new;
+-----------+-------------+------+-----+---------+----------------+
```

```
| Field     | Type          | Null | Key | Default | Extra          |
+-----------+---------------+------+-----+---------+----------------+
| uid       | int           | NO   | PRI | NULL    | auto_increment |
| uname     | varchar(30)   | NO   |     | NULL    |                |
| upassword | varbinary(50) | YES  |     | NULL    |                |
| ugender   | char(1)       | YES  |     | 男      |                |
+-----------+---------------+------+-----+---------+----------------+
4 rows in set (0.04 sec)
```

从显示结果可以看出，upassword 字段的数据类型修改成功。

学习提示： MODIFY 和 CHANGE 都可以改变字段的数据类型，但 CHANGE 可以在改变字段数据类型的同时改变字段名。

3. 修改字段的排列位置

使用 ALTER TABLE 语句可以修改字段在数据表的排列位置，其语法格式如下。

```
ALTER TABLE 表名 MODIFY 字段名1 数据类型 FIRST|AFTER 字段名2
```

其中，"字段名 1"是指待修改位置的字段名；"数据类型"是指字段名 1 的数据类型；参数"FIRST"表示将字段名 1 设置为数据表的第 1 个字段；"AFTER"则表示将字段名 1 排列到字段名 2 之后。

【例 3.25】 修改 users_new 表，将 upassword 字段排列到 ugender 字段之后。

```
mysql> ALTER TABLE users_new MODIFY upassword varbinary(50) AFTER ugender;
Query OK, 0 rows affected (0.03 sec)
Records: 0  Duplicates: 0  Warnings: 0
```

执行上述语句，并使用 DESC 语句查看 users_new 表，显示结果如下。

```
mysql> DESC users_new;
+-----------+---------------+------+-----+---------+----------------+
| Field     | Type          | Null | Key | Default | Extra          |
+-----------+---------------+------+-----+---------+----------------+
| uid       | int           | NO   | PRI | NULL    | auto_increment |
| uname     | varchar(30)   | NO   |     | NULL    |                |
| ugender   | char(1)       | YES  |     | 男      |                |
| upassword | varbinary(50) | YES  |     | NULL    |                |
+-----------+---------------+------+-----+---------+----------------+
4 rows in set (0.04 sec)
```

从执行结果可以看出，upassword 字段被修改到 ugender 字段之后。

4. 添加字段

在 MySQL 中，使用 ALTER TABLE 语句添加字段的基本语法如下。

```
ALTER TABLE 表名 ADD 字段名 数据类型 [FIRST| AFTER 已存在的字段名]；
```

其中，"字段名"是指需要增加的字段名称；"数据类型"是指新增字段的数据类型；"FIRST"和"AFTER"也是可选参数，用于为添加的字段排列位置。当不指定位置时，新增字段默认为数据表的最后一个字段。

【例 3.26】 在 users_new 表中增加 ulogin 字段，用于存储用户的登录账号，其数据类型为 varchar(20)，并将其放在 uid 字段之后。

```
mysql> ALTER TABLE users_new ADD ulogin varchar(20) AFTER uid;
Query OK, 0 rows affected (0.03 sec)
Records: 0  Duplicates: 0  Warnings: 0
```

执行上述语句，使用 DESC 语句查看 users_new 表，显示结果如下。

```
mysql> DESC users_new;
+-----------+---------------+------+-----+---------+----------------+
| Field     | Type          | Null | Key | Default | Extra          |
+-----------+---------------+------+-----+---------+----------------+
| uid       | int           | NO   | PRI | NULL    | auto_increment |
| ulogin    | varchar(20)   | YES  |     | NULL    |                |
| uname     | varchar(30)   | NO   |     | NULL    |                |
| ugender   | char(1)       | YES  |     | 男      |                |
| upassword | varbinary(50) | YES  |     | NULL    |                |
+-----------+---------------+------+-----+---------+----------------+
5 rows in set (0.00 sec)
```

从执行结果可以看出，users_new 表中添加了名为 ulogin 的字段，并排在 uid 字段之后。

5. 删除字段

当字段设计冗余或是不再需要时，使用 ALTER TABLE 语句可以删除，其语法格式如下。

```
ALTER TABLE 表名 DROP 字段名;
```

【例 3.27】删除 users_new 表中的 ugender 字段。

```
mysql> ALTER TABLE users_new DROP ugender;
Query OK, 0 rows affected (0.07 sec)
Records: 0  Duplicates: 0  Warnings: 0
```

再次使用 DESC 语句查看 users_new 表，此时 users_new 表中不再有名为 ugender 的字段。

3.3.3 复制数据表

[微课视频]

在 MySQL 中，数据表的复制操作包括复制表结构和数据。复制数据表操作可以在同一个数据库中执行，也可以跨数据库实现，主要方法如下。

1. 复制表结构及数据到新表

```
CREATE TABLE 新表名 SELECT * FROM 源表名;
```

其中"新表名"表示复制的目标表名称，新表名不能同数据库中已有的表名相同；"源表名"则为待复制数据表的名称；"SELECT * FROM"则表示查询符合条件的数据，有关 SELECT 的语法在项目四中将详细介绍。

【例 3.28】复制 users_new 表的表结构及数据到 temp1 表，执行结果如下。

```
mysql> CREATE TABLE temp1 SELECT * FROM users_new;
Query OK, 0 rows affected (0.06 sec)
Records: 0  Duplicates: 0  Warnings: 0
```

从执行结果可以看出，0 条记录被成功复制，说明源表 users_new 表中没有记录。使用 SHOW TABLES 语句查看数据库中的数据表，执行结果如下。

```
mysql> SHOW TABLES;
+-------------------+
| Tables_in_onlinedb |
+-------------------+
| users_new         |
| temp1             |
+-------------------+
2 rows in set (0.00 sec)
```

从执行结果可以看出，onlinedb 数据库中增加了 temp1 表。

2. 只复制表结构到新表

若只需要复制表结构，则语法格式如下。

```
CREATE TABLE 新表名 SELECT * FROM 源表名 WHERE FALSE ;
```

只复制表结构到新表的语法与复制表结构及数据的语法相同，只是查询的条件恒为 FALSE。

【例 3.29】复制 users_new 表的表结构到 temp2 表，执行结果如下。

```
mysql> CREATE TABLE temp2 SELECT * FROM users_new WHERE FALSE;
Query OK, 0 rows affected (0.02 sec)
```

从执行结果可以看出，语句执行成功，且 0 条记录受到影响。读者可以使用 SHOW TABLES 语句查看到数据库中是否增加 temp2 表。

此外，还可以使用关键字 LIKE 实现表结构的复制，语法格式如下。

```
CREATE TABLE 新表名 LIKE 源表名;
```

【例 3.30】复制 users_new 表的表结构到 temp3 表，执行结果如下。

```
mysql> CREATE TABLE temp3 LIKE users_new;
Query OK, 0 rows affected (0.02 sec)
```

从执行结果可以看出，表结构复制成功。

需要注意的是，使用 LIKE 关键字复制表结构时会将源表的约束一起复制到新表中，而【例 3.28】和【例 3.29】中的操作则不会复制约束。读者可以使用 DESC 语句查看 temp1、temp2 和 temp3 表的表结构进行比较，查看这三种复制方式有何不同。

3. 复制表的部分字段及数据到新表

```
CREATE TABLE 新表名 AS(SELECT 字段1,字段2,...... FROM 源表名);
```

【例 3.31】复制 users_new 表，将 ulogin 和 upassword 两列数据到 temp4 表。执行结果如下。

```
mysql> CREATE TABLE temp4 AS (SELECT ulogin, upassword FROM users_new);
Query OK, 3 rows affected (0.02 sec)
Records: 3 Duplicates: 0 Warnings: 0
```

使用 DESC 语句查看 temp4 表的表结构如下。

```
mysql> DESC temp4 ;
+-----------+--------------+------+-----+---------+-------+
| Field     | Type         | Null | Key | Default | Extra |
+-----------+--------------+------+-----+---------+-------+
| ulogin    | varchar(20)  | YES  |     | NULL    |       |
| upassword | varbinary(50)| YES  |     | NULL    |       |
+-----------+--------------+------+-----+---------+-------+
2 rows in set (0.04 sec)
```

从执行结果可以看出，temp4 表中有两个字段分别为 ulogin 和 upassword。

学习提示：当源表和新表属于不同的数据库时，需要在源表名前面加上数据库名，格式为"数据库名. 源表名"。

3.3.4 删除数据表

删除数据表时，表结构、数据、约束等将被全部删除。在 MySQL 中，使用 DROP TABLE 语句来删除数据表，其语法格式如下。

```
DROP TABLE 表名;
```

【例 3.32】删除 temp1 表，执行结果如下。

```
mysql> DROP TABLE temp1;
Query OK, 0 rows affected (0.01 sec)
```

执行成功后，可以使用 DESC 语句查看 temp1 表，执行结果如下。

```
mysql> DESC temp1;
ERROR 1146 (42S02): Table 'onlinedb.temp1' doesn't exist
```

执行结果提示错误，表示在 onlinedb 数据库中不存在 temp1 表。

若想同时删除多张数据表，只需要在 DROP TABLE 语句中列出多个表名，表名之间用逗号分隔。

【例 3.33】同时删除 temp2、temp3 和 temp4 表，执行结果如下。

```
mysql> DROP TABLE temp2, temp3, temp4;
Query OK, 0 rows affected (0.01 sec)
```

执行成功，读者可以使用 SHOW TABLES 语句和 DESC 语句验证被删除的数据表是否还存在。

学习提示：在删除数据表时，需要确保该数据表中的字段未被其他数据表关联，若有关联，则需要先删除关联表，否则删除数据表的操作将会失败。

至此，数据表的创建和维护语句阐述结束，读者可以在 onlinedb 数据库中创建附录 A 中的数据表。

任务 4   实现数据的完整性

【**任务描述**】数据完整性是指数据的准确性和逻辑一致性，用来防止数据库中存在不符合语义的数据、无效数据或错误数据等。例如，网上商城系统数据库中的商品编号、名称不能为空，订单号必须唯一，邮箱格式必须符合规范等。在 MySQL 中，数据完整性通常使用约束来实现，本任务主要的约束包括 PRIMARY KEY 约束、NOT NULL 约束、DEFAULT 约束、UNIQUE 约束、CHECK 约束和 FOREIGH KEY 约束。

[微课视频]

3.4.1 PRIMARY KEY 约束

PRIMARY KEY 约束又称为主键约束，用于定义数据表中构成主键的一列或多列。主键用于唯一标识数据表中的每条记录，作为主键的字段的值不能为 NULL 且必须唯一。主键可以是单一字段，也可以是多个字段的组合，每张数据表中最多只能有一个 PRIMARY KEY 约束，主要体现实体的完整性。

1. 使用 Navicat 创建 PRIMARY KEY 约束

【例 3.34】在 Navicat 中创建商品表（goods），其表结构如表 3-8 所示。

表 3-8　商品表（goods）的表结构

序号	字段	数据类型	主键	允许空	说明
1	gid	int	是	否	商品 id
2	gname	varchar(200)		否	商品名称
3	gprice	decimal(20,2)		否	价格

操作步骤如下。

（1）在 Navicat 中"onlinedb"数据库下执行新建表操作，打开表设计窗口。

（2）在"字段"选项卡中输入表 3-8 中定义的表结构。

（3）选中"gid"字段，单击工具栏中的"主键"按钮，或右键单击"gid"字段在弹出的菜单中选择"主键"项，"gid"字段的定义的最后一列会出现一把钥匙，如图 3-11 所示。

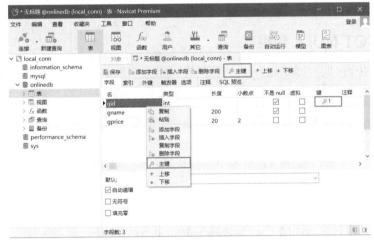

图3-11　创建PRIMARY KEY约束

（4）单击工具栏"保存"按钮，在弹出的"表名"对话框中填上"goods"，完成表设计。

当有多个字段需要创建 PRIMARY KEY 约束时，只需在步骤（3）时按住"Ctrl"键选中多个字段，再单击工具栏中的"主键"按钮即可。

2. 使用 PRIMARY KEY 关键字设置 PRIMARY KEY 约束

其语法格式如下。

```
字段名 数据类型 PRIMARY KEY
```

【例 3.35】使用 SQL 语句，创建商品表（goods），并设置 gid 字段为主键。

创建数据表的 SQL 语句如下。

```
mysql> CREATE TABLE goods
    -> (gid int PRIMARY KEY,      #标识该字段为主键
    -> gname varchar(30) NOT NULL,
    -> gprice decimal(20,2)
    -> );
Query OK, 0 rows affected (0.03 sec)
```

执行上述 SQL 语句，完成数据表创建并设置主键。

当数据表中主键由多个字段复合构成时，主键只能在字段定义完后设置，其语法规则如下。

```
PRIMARY KEY(字段名1，字段名2，…，字段名n)
```

【例 3.36】创建购物车表（cart），其表结构如表 3-9 所示。

表 3-9   购物车表（cart）的表结构

序号	字段	数据类型	主键	允许空	说明
1	gid	int	是	否	商品 id
2	uid	int	是	否	用户 id
3	cnum	int			购买数量

创建数据表的 SQL 语句如下。

```
mysql> CREATE TABLE cart
    -> (gid int,
    -> uid int,
    -> cnum int,
    -> PRIMARY KEY(gid,uid)          #定义复合主键
    ->);
Query OK, 0 rows affected (0.02 sec)
```

执行上述 SQL 语句，创建购物车表（cart），该表的主键由 gid 和 uid 字段复合构成，在向该表中插入数据时，要保证这两个字段的值的组合必须唯一。

学习提示：在实际开发中，一般会将每张数据表中无意义的 id 字段设置为主键，仅用于标识记录的唯一性，以避免使用复合主键。

3.4.2 NOT NULL 约束

[微课视频]

NOT NULL 约束也称非空约束，用于强制字段的值不能为 NULL，NULL 不等同于 0 或空字符，不能跟任何值进行比较。NOT NULL 只能用作约束使用，其语法格式如下。

字段名 数据类型 NOT NULL

【例 3.37】为商品 goods 表添加字段 gcode（商品编号），其数据类型为 varchar(50)，不为 NULL，并将其放置在 gid 字段之后。

要向 goods 表中添加新字段，需要使用 ALTER TABLE 语句修改数据表，具体代码如下。

```
mysql> ALTER TABLE goods
    -> ADD gcode varchar(50) NOT NULL AFTER gid ;
Query OK, 0 rows affected (0.06 sec)
Records: 0  Duplicates: 0  Warnings: 0
```

执行成功后，使用 DESC 语句查看 goods 表的表结构，执行结果如下。

```
mysql> DESC goods;
+-----------+--------------+------+-----+---------+-------+
| Field     | Type         | Null | Key | Default | Extra |
+-----------+--------------+------+-----+---------+-------+
| gid       | int(11)      | NO   | PRI | NULL    |       |
| gcode     | varchar(50)  | NO   |     | NULL    |       |
| gname     | varchar(200) | NO   |     | NULL    |       |
| gprice    | decimal(20,2)| YES  |     | NULL    |       |
+-----------+--------------+------+-----+---------+-------+
4 rows in set (0.02 sec)
```

从执行结果可以看出，新增加的 gcode 字段排在 gid 字段之后，且不能为 NULL。

3.4.3 DEFAULT 约束

[微课视频]

DEFAULT 约束即默认值约束，用于指定字段的默认值。当向数据表中添加记录时，若未为字段赋值，数据库系统会自动将字段的默认值插入。

使用 Navicat 设置 DEFAULT 约束在【例 3.16】中已经讲解，这里仅介绍使用 SQL 语句设置默认值。在 SQL 语句中，DEFAULT 约束使用关键字 DEFAULT 来标识，其语法格式如下。

字段名 数据类型 DEFAULT 默认值

【例 3.38】修改 cart 表，将购买数量的默认值设置为 1。

```
mysql> ALTER TABLE cart
    -> MODIFY cnum int DEFAULT 1 ;                    #修改默认值为1
Query OK, 0 rows affected (0.06 sec)
Records: 0  Duplicates: 0  Warnings: 0
```

执行成功后，查看 cart 表的表结构，执行结果如下。

```
mysql> DESC cart ;
+-----------+---------+------+-----+---------+-------+
| Field     | Type    | Null | Key | Default | Extra |
+-----------+---------+------+-----+---------+-------+
| gid       | int(11) | YES  |     | NULL    |       |
| uid       | int(11) | YES  |     | NULL    |       |
| cnum      | int(11) | YES  |     | 1       |       |
+-----------+---------+------+-----+---------+-------+
3 rows in set (0.02 sec)
```

从执行结果可以看出，cnum 字段的默认值成功改为了 1。

3.4.4　UNIQUE 约束

UNIQUE 约束又称唯一性约束，指数据表中一个字段或一组字段中只包含唯一值。在网上商城系统数据库中，除所有主键字段的值具有唯一性外，登录名、订单编号、商品编号的数据也必须是唯一的数据，对用户登录名使用 UNIQUE 约束，可以防止用户登录名重复出现。由于 UNIQUE 约束会创建相应的 UNIQUE 索引，有关索引的内容将在项目五中阐述。这里仅讲解使用 SQL 语句创建 UNIQUE 约束。

[微课视频]

创建 UNIQUE 约束的语法格式如下。

字段名 数据类型 UNIQUE

【例 3.39】修改 users_new 表，为字段登录名 ulogin 添加 UNIQUE 约束。

```
mysql> ALTER TABLE users_new
    -> MODIFY ulogin varchar(50) UNIQUE ;
Query OK, 0 rows affected (0.06 sec)
Records: 0  Duplicates: 0  Warnings: 0
```

执行成功后，查看 users_new 表的表结构，执行结果如下。

```
mysql> desc users_new;
+-----------+---------------+------+-----+---------+----------------+
| Field     | Type          | Null | Key | Default | Extra          |
+-----------+---------------+------+-----+---------+----------------+
| uid       | int           | NO   | PRI | NULL    | auto_increment |
| ulogin    | varchar(50)   | YES  | UNI | NULL    |                |
| uname     | varchar(30)   | NO   |     | NULL    |                |
| upassword | varbinary(50) | YES  |     | NULL    |                |
+-----------+---------------+------+-----+---------+----------------+
4 rows in set (0.00 sec)
```

从执行结果可以看出，ulogin 字段中的 Key 值为 UNI，表明该字段上有 UNIQUE 约束。

学习提示：PRIMARY KEY 约束拥有自动定义的 UNIQUE 约束。UNIQUE 约束允许字段值为 NULL，若希望建立 UNIQUE 约束的字段的值不为 NULL，则需同时设置 NOT NULL 约束。

3.4.5　CHECK 约束

CHECK 约束是列输入数据值的验证规则，列中输入的数据必须满足 CHECK 约束的条件，否则无法写入数据库。例如，在网上商城系统中，用户性别只能是"男"或"女"；商品价格必须大于等于 0 等。MySQL 8.0 及以上版本的 MySQL 支持 CHECK 约束。

[微课视频]

创建 CHECK 约束的语法格式如下。

CONSTRAINT *约束名* CHECK (*表达式*)

其中，"表达式"指定需要检查的条件，可以是定义范围、枚举或其他允许的条件。

【例 3.40】修改 goods 表，为商品价格添加 CHECK 约束，要求价格必须大于等于 0。

```
mysql> ALTER TABLE goods
    -> ADD CONSTRAINT ck_gprice CHECK(gprice >= 0) ;
```

```
Query OK, 0 rows affected (0.06 sec)
Records: 0 Duplicates: 0 Warnings: 0
```

执行成功后，查看 goods 表的表结构，执行结果如下。

```
mysql> SHOW CREATE TABLE goods ;
+------------+-------------------------------------------------------+
| Table      | Create Table                                          |
+------------+-------------------------------------------------------+
| goods_temp | CREATE TABLE `goods_temp` (
  `gid` int NOT NULL AUTO_INCREMENT,
  `cid` int DEFAULT NULL,
  `gname` varchar(200) NOT NULL,
  `gprice` decimal(20,2) DEFAULT NULL,
  PRIMARY KEY (`gid`),
  CONSTRAINT `ck_gprice` CHECK ((`gprice` >= 0))
) ENGINE=InnoDB DEFAULT CHARSET=utf8mb4 COLLATE= utf8mb4_0900_ai_ci |
+------------+-------------------------------------------------------+
1 row in set (0.00 sec)
```

从执行结果可以看出，该表中添加了名为 ck_gprice 的 CHECK 约束。当向 goods 表中添加记录时，gprice 的值就必须遵循这一约束，否则添加失败。

3.4.6　FOREIGN KEY 约束

FOREIGN KEY 约束又称外键约束，它与其他约束的不同之处在于，该约束的实现不是在单张数据表中进行，而是在两张数据表间进行。

1. 表间关系

FOREIGN KEY 约束强制实施数据表与数据表之间的引用完整性。外键是数据表中的特殊字段，表示了相关联的两张数据表的联系。由网上商城系统数据库的概念模型可以知道，商品类别实体和商品实体之间存在一对多的关系，其物理模型和表间数据关系如图 3-12 所示。

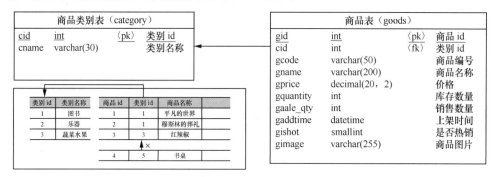

图3-12　商品类别和商品的物理模型和表间数据关系

从两张数据表的物理模型可以看出，商品表中的类别 id 要依赖于商品类别表的类别 id。在这一关系中，商品类别表被称为主表（父表），商品表被称为从表（子表）。如图 3-12 所示，只有先存在某一商品类别才能添加该商品类别的商品，当向从表中添加类别 id 为 5 的商品"书桌"时，由于主表中没有类别 id 为 5 的商品类别，所以商品"书桌"不能添加到商品表中。商品表中的类别 id 也称为外键，通过该字段可以实现与主表中类别 id 的关联。

在从表中引入外键后，外键字段的值只能引用主表中对应字段存在的值，且主表中被引用的值不能被删除，以确保主从表间数据的完整性。

学习提示： 物理模型中标识为"fk"的字段即为外键。

2. 使用 Navicat 创建 FOREIGN KEY 约束

【例 3.41】 创建商品类型表（category）和商品表（goods），category 表的表结构如表 3-10 所示，goods 表的表结构如表 3-11 所示。其中主表为 category 表，从表为 goods 表。

［微课视频］

表 3-10　category 表的表结构

序号	字段	数据类型	主键	外键	允许空	说明
1	cid	int	是		否	类别 id
2	cname	varchar(30)			否	类别名称

表 3-11　goods 表的表结构

序号	字段	数据类型	主键	外键	允许空	说明
1	gid	int	是		否	商品 id
2	cid	int		是	否	类别 id
3	gcode	varchar(50)			否	商品编号
4	gname	varchar (200)			否	商品名称
5	gprice	decimal(20,2)				商品价格

操作步骤如下。

（1）在 Navicat 中的"onlinedb"数据库下执行新建表操作，打开表设计窗口。

（2）创建 category 表，在"字段"选项卡中输入表 3-10 所示的表结构。若该表已创建，可跳过。

（3）创建 goods 表，在"字段"选项卡中输入表 3-11 所示的表结构。若该表已创建，可跳过。

（4）在 goods 表的表设计窗口中，单击"外键"选项卡，打开外键设置对话框，如图 3-13 所示。

图3-13　使用Navicat创建FOREIGN KEY约束

在图 3-13 中，"名"为 FOREIGN KEY 约束的名称，这里设置为 FK_goods_cid；"字段"定义 goods 表中需要引用数据的 cid 字段；"被引用的模式"为 onlinedb；"被引用的表（父）"为 category；"被引用的字段"为 cid；"删除时"和"更新时"可以进行 4 种操作，具体内容在下文中单独讲解。

（5）单击工具栏中的"保存"按钮，完成表设计。

学习提示：外键名建议采用"fk_从表名_主表名_字段名"形式，另外外键设置对话框界面非常友好，所有操作都可以通过选择确定相应内容。

3. 使用 SQL 语句添加 FOREIGN KEY 约束

定义 FOREIGN KEY 约束的语法格式如下。

```
CONSTRAINT 外键名 FOREIGN KEY(外键字段名)
        REFERENCES 主表名(主键字段名)
```

其中，"CONSTRAINT"表示约束关键字；"外键名"为定义 FOREIGN KEY 约束的名称；

［微课视频］

"FOREIGN KEY"指定约束类型为 FOREIGN KEY 约束；"外键字段名"表示当前表定义中定义外键的字段名；
"REFERENCES"是引用关键字。

学习提示：在主从关系中，主表被从表引用的字段应该具有 PRIMARY KEY 约束或 UNIQUE 约束。

【例 3.42】使用 SQL 语句，实现【例 3.41】。

本例仅实现对外键的添加，字段添加内容略。

（1）修改 goods 表，添加外键。

```
mysql> ALTER TABLE goods
    -> ADD CONSTRAINT fk_goods_cid FOREIGN KEY(cid) REFERENCES
       category(cid);
Query OK, 0 rows affected (0.08 sec)
Records: 0 Duplicates: 0 Warnings: 0
```

其中，"fk_goods_cid"为约束名。

（2）使用 SHOW CREATE TABLE 语句查看表结构，执行结果如下。

```
mysql> SHOW CREATE TABLE goods ;
+------------+-------------------------------------------------------+
| Table      | Create Table                                          |
+------------+-------------------------------------------------------+
| goods_temp | CREATE TABLE `goods_temp` (
 `gid` int NOT NULL AUTO_INCREMENT,
 `cid` int DEFAULT NULL,
 `gname` varchar(200) COLLATE utf8_bin NOT NULL,
 `gprice` decimal(20,2) DEFAULT NULL,
 PRIMARY KEY (`gid`),
 CONSTRAINT `ck_gprice` CHECK ((`gprice` >= 0))
 KEY `fk_goods_cid` (`cid`),
 CONSTRAINT `fk_goods_cid` FOREIGN KEY (`cid`) REFERENCES `category` (`cid`)
) ENGINE=InnoDB DEFAULT CHARSET=utf8mb4 COLLATE= utf8mb4_0900_ai_ci |
+------------+-------------------------------------------------------+
1 row in set (0.00 sec)
```

从执行结果可以看出，goods 表中新增了名为 fk_goods_cid 的外键，此外键还增加了"fk_goods_cid (cid)"
索引，也就是说在创建 FOREIGN KEY 约束时，MySQL 会自动为该列添加索引，有关索引内容将在项目五中
介绍。外键约束建立后，当向 goods 表中添加记录时，若 cid 字段的取值在 category 表中不存
在，则记录添加不成功，并提示违反 FOREIGN KEY 约束的错误信息。

学习提示：建立 FOREIGN KEY 约束的数据表，其存储引擎必须是 InnoDB，且该表不
能为临时表。

［微课视频］

4. FOREIGN KEY 约束的级联更新和删除

FOREIGN KEY 约束实现了表间的引用完整性，当主表中被引用字段的值发生变化时，为了保证表间数
据的一致性，从表中与该值相关的信息也应该相应更新，这就是 FOREIGN KEY 约束的级联更新和删除，其
语法格式如下。

```
CONSTRAINT 外键名 FOREIGN KEY (外键字段名)
         REFERENCES 主表名(主键字段名)
[ON UPDATE { CASCADE | SET NULL | NO ACTION | RESTRICT }]
[ON DELETE { CASCADE | SET NULL | NO ACTION | RESTRICT }]
```

从语法来看，定义 FOREIGN KEY 约束语法中添加了 ON UPDATE 和 ON DELETE 子句，其参数说明如下。

● CASCADE：指定在更新和删除表记录时，如果该值被其他表引用，则级联更新或删除从表中相应的
记录。

● SET NULL：更新和删除表记录时，从表中相关记录对应的值设置为 NULL。

● NO ACTION：不进行任何操作。

● RESTRICT：拒绝主表更新或修改外键的关联字段。

【例 3.43】修改【例 3.42】，为 FOREIGN KEY 约束进行级联更新和删除。

```
mysql> ALTER TABLE goods
    -> ADD CONSTRAINT fk_goods_cid FOREIGN KEY(cid) REFERENCES
```

```
            category(cid) ON UPDATE CASCADE ON DELETE CASCADE;
Query OK, 0 rows affected (0.08 sec)
Records: 0  Duplicates: 0  Warnings: 0
```

执行成功后，当 category 表中 cid 字段的值被修改或商品类别被删除时，goods 表中引用了该 cid 字段的记录都会被级联更新或删除。

学习提示：表间的级联深度是无限的，在多层级联后，程序员很难注意到级联更新和删除的数据，因此建议在表间不要建立太多的级联，以免出现不必要的数据丢失情况。

3.4.7 删除约束

约束的使用在一定程度上保证了数据的正确性和一致性，但约束的使用也会影响数据访问的性能或增加表间的数据耦合，因此实际开发中要根据业务需要进行权衡。

当使用 DROP TABLE 语句删除数据表时，数据表中所有的约束也随之被删除。使用 ALTER TABLE 语句可以删除指定的约束，语法格式如下。

```
ALTER TABLE 表名 DROP 约束类型 [约束名];
```

其中，"约束类型"的取值为 PRIMARY KEY、CHECK、FOREIGN KEY 等。

【例 3.44】删除 goods 表定义的 PRIMARY KEY 约束、FOREIGN KEY 约束 fk_goods_cid 和 CHECK 约束 ck_gprice，执行结果如下。

```
mysql> ALTER TABLE goods DROP PRIMARY KEY ;
mysql> ALTER TABLE goods DROP FOREIGN KEY fk_goods_cid;
mysql> ALTER TABLE goods DROP CHECK ck_gprice;
```

通过以上 3 条语句可以分别删除 goods 表中的 3 种约束。执行成功后，可以使用 SHOW CREATE TABLE 语句查看删除约束后的表定义。

学习提示：PRIMARY KEY 约束字段上若设置了自动增长，则需要先删除自动增长特性。另外，在 MySQL 中，数据表的约束信息由数据库 information_schema 中的 TABLE_CONSTRAINTS 表来维护，用户若需要查看数据表中的约束信息可以查看该表。

任务 5   添加、修改和删除系统数据

【任务描述】数据库是存放数据的仓库，对数据表进行数据的添加、修改和删除是最基本的操作。在实际开发中，众多业务都需要对系统数据进行更改。例如，在网上商城系统中，用户注册、将商品加到购物车、修改或删除购物车中的商品、提交订单等操作都会使系统数据发生更改。本任务将使用 INSERT 语句、UPDATE 语句和 DELETE 语句实现数据的添加、修改和删除。为了与网上商城系统数据保持一致，本任务中所有实例的表结构与附录 A 提供的表结构相同。

3.5.1 添加数据

在 MySQL 中，向数据表中添加数据的方式同样可以使用图形工具和 SQL 语句实现。

1. 使用 Navicat 添加数据

【例 3.45】为 category 表添加类别名称为"服饰"的数据。

操作步骤如下。

（1）打开 Navicat 中"onlinedb"数据库下的"表"节点，在导航窗格中双击"category"，或右键单击"category"在弹出的快捷菜单中选择"打开表"命令，打开数据添加界面，如图 3-14 所示。

（2）从图 3-14 可以看到，catagory 表中现有 5 行数据。单击底部工具栏中的"+"按钮，新增一行空数据，输入 cname 的值为"服饰"，按"Tab"键保存当前行，并自动生成 cid 字段的值为"6"（这时 cid 字段已被设置为自动增长字段），也可以按底部工具栏中的"✓"按钮，完成数据录入，如图 3-15 所示。

其中，底部工具栏中的"−"按钮用于删除数据，"×"按钮用于放弃更改。

图3-14　数据添加界面

图3-15　数据录入

MySQL 提供的 INSERT 或 REPLACE 语句可以向数据表中添加一行或多行数据，添加的数据可以给出每个字段的值，也可以只给出部分字段的值，还可以向数据表中添加其他数据表的数据。

［微课视频］

2. 使用 INSERT 语句添加单条数据

语法格式如下。

```
INSERT INTO 表名[(字段列表)] VALUES(值列表);
```

● 字段列表：指定需要添加的字段名，必须用圆括号将字段列表括起来，字段与字段间用逗号分隔；当向数据表中的每个字段都提供值时，字段列表可以省略。

● VALUES：指示要添加的值列表。值列表的顺序必须与字段列表中指定的字段一一对应。若字段列表缺省时，则按表结构中字段的顺序提供值。

【例 3.46】向 category 表中添加新数据，其中 cname 字段的值为"运动"，cid 字段的值为"7"。

```
mysql> INSERT INTO category VALUES(7,'运动');
```

若 cid 字段设置了自动增长，则 cid 字段的值可以用 NULL 表示，此时系统会根据该字段已有的值自动增长，语句改写如下。

```
mysql> INSERT INTO category VALUES(NULL,'运动');
```

执行上述 SQL 语句，然后使用 SELECT 语句查看 category 表中的数据，执行结果如下。

```
mysql> SELECT * FROM category WHERE cid = 7;
+-------+-------+
| cid   | came  |
+-------+-------+
| 7     | 运动  |
+-------+-------+
1 row in set (0.00 sec)
```

从上述结果可以看出，category 表中添加了一行数据，关于 SELECT 语句的详细内容将在项目四中介绍。本例中为 category 表的所有字段都提供了值，因此表名后的字段列表可以省略。

【例 3.47】为 users 表添加新数据，其中 ulogin 字段的值为"13978000000"，uname 字段的值为"李明"，upwd 字段的值为"123"。

在进行添加数据操作前，一般应该先查看该表结构，确认哪些字段为必填项，哪些字段有默认值，是否有自动增长字段等表结构信息。操作步骤如下。

（1）查看 users 表的表结构

```
mysql> DESC users;
```

执行结果如图 3-16 所示。

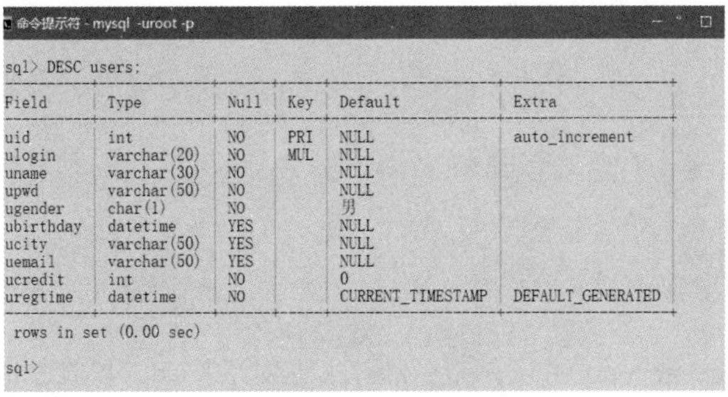

图3-16 users表的表结构

由图 3-16 可知，users 表共有 10 个字段，其中有 3 个字段允许为空，ugender 字段、ucredit 字段和 uregtime 字段有默认值，uid 字段是自动增长字段，因此仅提供 ulogin 字段、uname 字段和 upwd 字段数据的记录也能添加成功。

（2）添加数据

```
mysql> INSERT INTO users (ulogin,uname,upwd)
    -> VALUES('13978000000','李明','123');
Query OK, 1 row affected (0.05 sec)
```

（3）使用 SELECT 语句查看 users 表的数据

```
mysql> SELECT * FROM users \G
*************************** 1. row ***************************
      uid: 1
   ulogin: 13978000000
    uname: 李明
     upwd: 123
  ugender: 男
ubirthday: NULL
    ucity: NULL
   uemail: NULL
  ucredit: 0
 uregtime: 2021-08-16 19:35:14
1 row in set (0.00 sec)
```

从执行结果可以看出，成功添加了 1 行数据。其中，uid 字段自动编号为"1"，性别默认为"男"，ucredit 字段默认为"0"，uregtime 字段自动设置为系统时间，其余未提供值的字段均为"NULL"。

学习提示：向数据表中添加数据时，表定义中标识为 NOT NULL 且无默认值或自动增长的字段必须提供值，否则添加操作将失败。

【例 3.48】向 users 表中添加新数据，其中 uid 字段的值为 1，登录名为"13546780000"，用户名为"刘立"，密码为"111"，其余用默认值。

```
mysql> INSERT INTO users(uid,ulogin,uname,upwd)
    -> VALUES(1,'13546780000','刘立','111');
ERROR 1062 (23000): Duplicate entry '1' for key 'users.PRIMARY'
```

执行上述 SQL 语句出现错误，错误信息显示 uid 字段的值为"1"违反了 PRIMARY KEY 约束，说明该值在数据表中重复。也就是说当在数据表中建立约束时，插入的数据必须符合约束的定义。

3. 使用 REPLACE 语句添加单行数据

使用 REPLACE 语句也可以添加数据，其语法与 INSERT 语句相似，具体格式如下。

```
REPLACE INTO 表名[(字段列表)] VALUES(值列表);
```

【例 3.49】使用 REPLACE 语句，操作【例 3.48】。

```
mysql> REPLACE INTO users(uid,ulogin,uname,upwd)
    -> VALUES(1,'13546780000','刘立','111');
Query OK, 2 rows affected (0.04 sec)
```

从执行结果可以看出，有 2 行数据受到影响，使用 SELECT 语句查询数据表中的数据，执行结果如下。

```
mysql> SELECT * FROM users \G
*************************** 1. row ***************************
      uid: 1
   ulogin: 13546780000
    uname: 刘立
     upwd: 111
  ugender: 男
ubirthday: NULL
    ucity: NULL
   uemail: NULL
  ucredit: 0
 uregtime: 2021-08-16 19:50:30
1 row in set (0.04 sec)
```

从执行结果可以看出，数据表中并没有新增数据，而是对原来 uid 字段值为 1 的数据进行了替换。

学习提示：使用关键字 REPLACE 时，首先尝试将数据添加到数据表中，若检测到数据表中已经有主键值相同的数据，则执行替换数据操作。

[微课视频]

4. 使用 INSERT 语句添加多行数据

在 MySQL 中，使用 INSERT 关键字添加数据时，一次可以添加多行记录，语法格式如下。

```
INSERT INTO 表名[(字段列表)] VALUES(值列表1)[,(值列表2),…,(值列表n)];
```

其中，"[,(值列表 2),…,(值列表 n)]"为可选项，表示多行数据。每个值列表都必须用圆括号括起来，列表间用逗号分隔。

【例 3.50】向 users 表中添加 3 行新数据。执行结果如下。

```
mysql> INSERT INTO users(ulogin,uname,upwd)
    -> VALUES ('13123450000','郑霞','asd'),
    ->        ('15676540000','刘红','555'),
    ->        ('13456789000','朱小兰','123') ;
Query OK, 3 rows affected (0.04 sec)
Records: 3 Duplicates: 0 Warnings: 0
```

从执行结果看，3 行数据受到影响。使用 SELECT 语句查询数据表中的数据，执行结果如下。

```
mysql> SELECT uid,ulogin,uname,ugender,upwd FROM users ;
+-----+-------------+--------+---------+------+
| uid | ulogin      | uname  | ugender | upwd |
+-----+-------------+--------+---------+------+
|   1 | 13546780000 | 刘立   | 男      | 111  |
|   2 | 13123450000 | 郑霞   | 男      | asd  |
|   3 | 15676540000 | 刘红   | 男      | 555  |
|   4 | 13456789000 | 朱小兰 | 男      | 123  |
+-----+-------------+--------+---------+------+
4 rows in set (0.00 sec)
```

从执行结果可以看出，3 行数据都成功添加到 users 表中。与添加单行数据一样，若不指定字段列表，则必须为数据表的每个字段提供值。

5. 使用 REPLACE 语句添加多行数据

【例 3.51】向 user 表中添加 3 行新数据，如果数据有重复则进行替换。

```
mysql> REPLACE INTO users(uid,uname,ugender,upwd,ulogin)
    -> VALUES (2,'关关','女','qaz','13132540000'),
    ->        (4,'李兰','女','666','13154320000'),
    ->        (5,'张顺','男','333','13125430000');
```

```
Query OK, 5 rows affected (0.04 sec)
Records: 3  Duplicates: 2  Warnings: 0
```

从执行结果可以看出，5 行数据受影响，其中记录数为 3，重复的记录数为 2。使用 SELECT 语句查询数据表中的数据，执行结果如下。

```
mysql> SELECT uid,ulogin,uname,ugender,upwd FROM users;
+-----+-------------+--------+---------+------+
| uid | ulogin      | uname  | ugender | upwd |
+-----+-------------+--------+---------+------+
|   1 | 13546780000 | 刘立   | 男      | 111  |
|   2 | 13132540000 | 关关   | 女      | qaz  |
|   3 | 15676540000 | 刘红   | 男      | 555  |
|   4 | 13154320000 | 李兰   | 女      | 666  |
|   5 | 13125430000 | 张顺   | 男      | 333  |
+-----+-------------+--------+---------+------+
5 rows in set (0.04 sec)
```

从执行结果可以看出，对 uid 字段的值为"2"和"4"的数据执行了替换操作，对 uid 字段的值为"5"的数据执行了添加操作。从本例中还可以看出，字段列表中字段的顺序可以与数据表的字段顺序不相同。

6. INSERT 语句的其他语法格式

使用 INSERT 语句添加数据时，还可以使用赋值语句的形式，语法格式如下。

```
INSERT INTO 表名
SET 字段名1=值1[, 字段名2=值2,…]
```

【例 3.52】向 users 表中添加数据，其中 ulogin 字段的值为"15987650000"，uname 字段的值为"曲甜甜"，upwd 字段的值为"666"，ugender 字段的值为"女"。

```
mysql> INSERT INTO users
    -> SET ulogin = '15987650000',
    ->     uname = '曲甜甜',
    ->     upwd = '666',
    ->     ugender = '女';
Query OK, 1 row affected (0.04 sec)
```

通过 SELECT 语句查看 users 表，显示结果如下。

```
mysql> SELECT uid,ulogin,uname,ugender,upwd FROM users;
+-----+-------------+--------+---------+------+
| uid | ulogin      | uname  | ugender | upwd |
+-----+-------------+--------+---------+------+
|   1 | 13546780000 | 刘立   | 男      | 111  |
|   2 | 13132540000 | 关关   | 女      | qaz  |
|   3 | 15676540000 | 刘红   | 男      | 555  |
|   4 | 13154320000 | 李兰   | 女      | 666  |
|   5 | 13125430000 | 张顺   | 男      | 333  |
|   6 | 15987650000 | 曲甜甜 | 女      | 666  |
+-----+-------------+--------+---------+------+
6 rows in set (0.04 sec)
```

从执行结果可以看出，新数据添加成功。使用赋值语句形式插入数据时，对字段列表的顺序没有要求，只须提供的值和字段的数据类型与数据表中的原内容相同，同时数据表中不为空且无默认值的字段都提供了值。

3.5.2　修改数据

UPDATE 语句用于修改数据表中的数据。利用该语句可以修改数据表中的一行或多行数据。其语法格式如下。

```
UPDATE 表名
SET 字段名1=值1, 字段名2=值2,…, 字段名n=值n
[WHERE 条件表达式];
```

其中，"字段名 *n*"表示需要修改的字段名称；"值 *n*"表示为待修改的字段提供的新数据；关键字"WHERE"表示条件；"条件表达式"表示指定修改数据需满足的条件。当满足条件表达式的数据有多行时，所有满足该条件的数据都会被修改。

【例 3.53】修改 users 表，将用户"刘红"的性别修改为"女"。

[微课视频]

```
mysql> UPDATE users
    -> SET ugender= '女'
    -> WHERE uname= '刘红' ;
Query OK, 1 row affected (0.04 sec)
Rows matched: 1 Changed: 1 Warnings: 0
```

从执行结果可以看出，1 行数据受到影响，其中 "Rows matched: 1" 表示 1 行数据匹配成功，"Changed: 1" 表示 1 行数据被改变。读者可以自行查询数据修改情况。

【例 3.54】修改 users 表，将所有用户密码重置为 "888888"。

[微课视频]

```
mysql> UPDATE users
    -> SET upwd = '888888' ;
Query OK, 6 rows affected (0.04 sec)
Rows matched: 6 Changed: 6 Warnings: 0
```

从执行结果可以看出，6 行数据受到影响，6 行数据匹配成功，6 条记录发生改变。

学习提示：当不带条件表达式更新数据表时，数据表中所有的数据都会受到影响，操作前需慎重确认全部修改的必要性。

3.5.3　删除数据

删除数据是指删除数据表中不再需要的数据。在 MySQL 中使用 DELETE 或 TRUNCATE 语句来删除数据。

[微课视频]

1. 使用 DELETE 语句删除数据

使用 DELETE 语句删除数据的语法格式如下。

```
DELETE FROM 表名 [WHERE 条件表达式];
```

其中，关键字 "WHERE" 表示条件；"条件表达式" 表示指定删除满足条件的数据。当满足条件表达式的数据有多行时，所有满足该条件的数据都会被删除。

【例 3.55】删除 users 表中性别为 "男" 的用户。

```
mysql> DELETE FROM users
    -> WHERE ugender = '男';
Query OK, 2 rows affected (0.04 sec)
```

从执行结果可以看出，有 2 行数据受到影响。通过 SELECT 语句查看 users 表，结果如下。

```
mysql> SELECT uid,ulogin,uname,ugender,upwd FROM users;
+-----+-------------+--------+---------+------+
| uid | ulogin      | uname  | ugender | upwd |
+-----+-------------+--------+---------+------+
|   2 | 13132540000 | 关关   | 女      | 888  |
|   3 | 15676540000 | 刘红   | 女      | 888  |
|   4 | 13154320000 | 李兰   | 女      | 888  |
|   6 | 15987650000 | 曲甜甜 | 女      | 888  |
+-----+-------------+--------+---------+------+
```

在执行删除操作时，数据表中若有多行数据满足条件，则都会被删除。若删除语句不带条件表达式，则删除数据表中所有数据。

【例 3.56】删除 users 表中所有数据。

```
mysql> DELETE FROM users ;
Query OK, 4 row affected (0.00 sec)
```

通过 SELECT 语句查看 users 表，查看结果如下。

```
mysql> SELECT * FROM users;
Empty set (0.00 sec)
```

从执行结果可以看出，记录集为空，表示所有数据都被删除。

使用 DELETE 语句删除数据后，当用户向数据表中添加新数据时，标识为 AUTO_INCREMENT 的字段值会根据已经存在的 id 继续自动增长。

【例 3.57】向 users 表中添加 2 行新数据，执行结果如下。

```
mysql> INSERT INTO users(ulogin,uname,upwd)
    -> VALUES ('13123450000','郑霞','asd'),
    ->        ('15676540000','刘红','555');
Query OK, 2 row affected (0.00 sec)
```

执行上述 SQL 语句，并通过 SELECT 语句查看 users 表，结果如下。

```
mysql> SELECT uid,ulogin,uname,ugender,upwd from users ;
+-----+-------------+-------+---------+------+
| uid | ulogin      | uname | ugender | upwd |
+-----+-------------+-------+---------+------+
|   7 | 13123450000 | 郑霞  | 男      | asd  |
|   8 | 15676540000 | 刘红  | 男      | 555  |
+-----+-------------+-------+---------+------+
2 rows in set (0.00 sec)
```

从执行结果可以看出，2 行数据添加成功，uid 字段的值从原来存在的记录序号开始继续自动增长。

2. 使用 TRUNCATE 语句删除数据

使用 TRUNCATE 语句可以无条件删除数据表中所有数据，语法格式如下。

```
TRUNCATE [TABLE] 表名 ;
```

其中，"表名"是指待删除数据的数据表名称；关键字"TABLE"可以省略。

【例 3.58】使用 TRUNCATE 语句，删除 users 表中所有记录。

```
mysql> TRUNCATE users;
Query OK, 0 rows affected (0.09 sec)
```

从执行结果可以看出，TRUNCATE 语句执行成功。

通过 SELECT 语句查看 users 表，结果如下。

```
mysql> SELECT * FROM users;
Empty set (0.00 sec)
```

从执行结果可以看出，记录集为空，表示所有数据都被删除。读者可以尝试重新执行【例 3.56】，查看 uid 字段的值有何不同。

学习提示：使用 DELETE 语句完成的删除操作都会记录在系统操作日志中，而使用 TRUNCATE 语句完成的操作不会被记录到系统操作日志中。

习题

1. 单项选择题

（1）下列哪个选项不是 MySQL 中常用的数据类型（　　）。

    A. int　　　　　　　　B. var　　　　　　　　C. time　　　　　　　　D. char

（2）关于 datetime 与 timestamp 两种数据类型的描述，错误的是（　　）。

    A. 两者值的范围不一样

    B. 两者值的范围一样

    C. 两者占用的空间不一样

    D. timestamp 类型会自动将时间转换成 0 时区时间存储在数据库服务器上

（3）创建数据表时，如果不允许某个字段的值为空，则可以使用（　　）实现。

    A. NOT NULL　　　B. NOT BLANK　　　C. NO NULL　　　D. NO BLANK

（4）下列哪项不会导致输入数据无效（　　）。

    A. 列值的取值范围　　　　　　　　B. 列值所需的存储空间

    C. 列的精度　　　　　　　　　　　D. 设计者的习惯

（5）在 MySQL 中，删除一张数据表中的某个字段使用 SQL 语句是（　　）。

    A. ALTER TABLE …DELETE…　　　　B. ALTER TABLE …DELETE COLUMN…

    C. ALTER TABLE …DROP…　　　　　D. ALTER TABLE …DROP COLUMN…

（6）关于 TRUNCATE TABLE 语句描述不正确的是（　　）。

    A. TRUNCATE TABLE 语句将删除数据表中所有的数据

    B. 数据表中包含 AUTO_INCREMENT 字段，使用 TRUNCATE TABLE 语句可以重新设置序列值为初始值

C.   TRUNCATE 语句的操作比 DELETE 语句的操作占用的资源多

D.   TRUNCATE TABLE 语句可以删除数据表，然后重新创建数据表

（7）DELETE FROM adminUser 语句的作用是（   ）。

A.   删除当前数据库中整个 adminUser 表，包括表结构

B.   删除当前数据库中 adminUser 表内的所有行

C.   由于没有 where 子句，因此不删除任何数据

D.   删除当前数据库中 adminUser 表内的当前行

（8）关于 UPDATE 语句描述不正确的是（   ）。

A.   用 WHERE 子句指定需要更新的数据

B.   用 SET 子句指定新值

C.   被定义为 NOT NULL 的字段，不允许被更新为 NULL

D.   每次只能修改数据表中的一个数据

（9）修改管理员表中管理员名称为 admin1 的数据，将其密码修改为 888888，正确的语句是（   ）。

A.   UPDATE 管理员表 SET 密码=888888;

B.   UPDATE 管理员表 SET 密码=888888 WHERE 管理员名称='admin1';

C.   UPDATE SET 密码=888888;

D.   UPDATE 管理员表 密码=888888 WHERE 管理员名称='admin1';

（10）下列属于数据操作语言的 SQL 关键字是（   ）。

A.   CREATE   B.   DELETE   C.   TRUNCATE   D.   DROP

2. 思考题

（1）空值的处理。对于一个数值类型的字段，空值 NULL 和 0 值相同吗？对于一个字符串类型的字段，空值 NULL 和空字符串相同吗？请简述你对空值 NULL 的理解。

（2）在 MySQL 中 datetime 与 timestamp 两种数据类型都可以表示日期时间，那么这两种数据类型有什么区别呢？根据你的观点，在航空公司机票预定的数据库中，航班的起降时间应该用哪种数据类型来表达呢？请简述你的观点和理由。

（3）使用 TRUNCATE 语句清除数据表中的数据后，再向数据表中添加数据时，自动增长（设置了 AUTO–INCREMENT）的字段默认初始值重新从 1 开始；使用 DELETE 语句删除数据表中所有数据之后，再向数据表中添加数据时自动增长字段的值会从该字段最大值加 1 开始编号。这是什么原因呢？TRUNCATE 语句是如何快速清空数据的呢？请你简述你对这个问题的理解。

项目实践

1. 实践任务

（1）创建和管理数据库。

（2）创建和管理数据表。

（3）维护数据表中数据的完整性。

（4）添加和修改系统数据。

2. 实践目的

（1）会使用 SQL 语句创建和管理数据库。

（2）会使用 SQL 语句创建和管理数据表。

（3）能根据数据的存储需求，为数据表中字段选择合适的数据类型。

（4）能根据数据的存储需求，选择合适的数据约束。

（5）能使用 SQL 语句创建和管理约束。

（6）会使用 INSERT 语句向数据表中添加数据。

（7）会使用 UPDATE 语句更新数据表中的数据内容。

（8）会使用 DELETE 语句删除数据表中的数据。

（9）会使用 TRUNCATE 语句清空数据表中的数据。

3. 实践内容

（1）创建名称为 onlinedb 的数据库，默认字符集设置为 uft8mb4。

（2）根据网上商城系统的数据库设计，在 onlinedb 数据库中添加用户信息表（users）、商品类别表（category）、商品表（goods）、购物车信息表（cart）、订单信息表（orders）、订单详情表（ordersitem）。表结构具体见附录 A。

（3）根据网上商城系统的数据库设计，为 onlinedb 数据库中的数据表添加如下约束。

- 根据物理模型，为 goods、orders、ordersItem、cart 表添加相应的外键。
- 为 users 表中的 ulogin 字段添加 UNIQUE 约束。
- 为 goods 表中的 gcode 字段添加 UNIQUE 约束。
- 为 users 表中的 uregtime 字段、goods 表中的 gaddtime 字段添加 DEFAULT 约束，默认值为当前系统时间。
- 为 goods 表中的 gsale_qty 字段添加 DEFAULT 约束，默认值 0。
- 为 goods 表中的 gprice、gquantity 字段添加约束，不允许负值（小于零的值）出现。

（4）向 category 表中添加新的商品类别，类别名称为"玩具"。

（5）向 goods 表中添加新的商品，商品类别为"玩具"，商品编号为"G0601"，商品名称为"乐高 科技组 51515MINDSTORMS 编程机器人"，价格为 3999，数量为 100。

（6）修改 goods 表中商品编号为"G0601"的商品销量为 1，库存数量相应减少。

（7）删除 goods 表中"玩具"商品类别中的所有商品。

拓展实训

根据项目二拓展实训中的诗词飞花令游戏的数据模型，完成以下练习。

（1）创建名称为 PoemGameDB 的数据库，默认字符集设置为 utf8mb4。

（2）根据诗词飞花令游戏数据库的物理模型，在 PoemGameDB 数据库中添加诗词表（poem）、诗人表（poet）、飞花令表（feihualing）、诗词飞花令关联表（poemling）、诗词类别表（poemType）、诗词分类表（poemIndex）。。

（3）根据飞花令游戏的数据库设计，为 PoemGameDB 数据库中数据表添加如下约束。

- 根据物理模型，为 poem、poemling、poemIndex 表添加相应的外键。
- 为 poem 表中的 pmHot 字段、poet 中的 pHot 字段添加 DEFAULT 约束，默认值为 0。
- 为 poem 表中的 pmHot 字段、poet 中的 pHot 字段添加约束，不允许负值（小于零的值）出现。

（4）向 poem 表中添加一首你喜欢的诗词，并完善诗词相应信息。若该诗词的作者未记录在本数据库中，同时在 poet 表中添加诗人的相应数据。

（5）向 poemling 表及 poemIndex 表中添加相应的数据，为步骤（4）中所添加的诗词完成分类及飞花令关联信息。

（6）修改步骤（4）中在 poem 表中所添加诗词的诗词热度，将热度值改为 10，同时该诗词作者的热度相应增加 10。

（7）删除步骤（4）中在 poem 表中所添加的数据，同时将 poemling 表及 poemIndex 表中相应的数据删除。

常见问题

扫描二维码查阅常见问题。

项目四

查询网上商城系统数据

数据查询是数据库应用中最基本也是最为重要的操作。为了满足用户对数据的查看、计算、统计和分析等要求，应用程序需要从数据表中提取有效的数据。在网上商城系统中，用户的每一个操作都离不开数据查询，例如用户登录、浏览商品、查看订单、计算订单金额等。此外网上商城管理员还需要查看和分析商品数据等。

SQL 提供的 SELECT 语句用于查询数据，该语句功能强大，使用灵活。本项目将通过查询单表数据、查询多表数据、子查询多表数据等任务，由浅入深地详细介绍使用 SELECT 语句查询数据的具体方法。

学习目标

★ 会使用 SELECT 语句查询数据列
★ 会根据条件筛选指定的数据行
★ 会使用聚合函数分组统计数据
★ 会使用内连接、外连接、交叉连接和联合查询查询多表数据
★ 会使用比较运算符及 IN、ANY、EXISTS 等运算符查询多表数据

拓展阅读

名言名句

锲而舍之，朽木不折，锲而不舍，金石可镂。—— 荀子《劝学》

任务 1　查询单表数据

【任务描述】单表数据查询是最基本的数据查询，其查询的数据源只涉及数据库中的一张表。本任务详细介绍 SELECT 语句的基本语法，以实现在数据表中查询数据列和数据行、限制返回结果数以及更改查询结果等操作。

4.1.1　SELECT 语句

查询操作用于从数据表中筛选出符合需求的数据，查询得到的结果集也是关系模式，按照表的形式组织并显示。查询的结果集通常不被存储，每次查询都会从数据表中提取数据，也可以进行计算、统计和分析等操作。

[微课视频]

MySQL 使用 SELECT 语句实现对数据表按列、行和连接等方式进行数据查询，SELECT 语句的基本语法格式如下。

```
SELECT [ALL | DISTINCT ] * | 列名1 [[AS] 别名] [,列名2,...,列名n]
FROM 表名
[WHERE 条件表达式]
[GROUP BY 列名 [ASC | DESC] [HAVING 条件表达式]]
[ORDER BY 列名 [ASC | DESC] , ...]
[LIMIT [OFFSET] 记录数];
```

上述语法格式说明如下。

- SELECT 子句：指定查询结果集返回的列，当使用"*"时，可以显示表中所有的列；关键字 DISTINCT 为可选参数，用于消除查询结果集中的重复记录。
- FROM 子句：指定查询的数据源，可以是表或视图。
- WHERE 子句：指定查询的筛选条件。
- GROUP BY 子句：指定查询的分组列名；关键字 HAVING 为可选参数，用于指定分组后的筛选条件。
- ORDER BY 子句：指定查询结果集的排序列名。排序方式由参数 ASC 或 DESC 控制，其中 ASC 表示按升序排列，DESC 则表示按降序排列，当不指定排序参数时，默认为升序。
- LIMIT 子句：用于限制查询结果集的行数。参数 OFFSET 为偏移量，当 OFFSET 为 0 时（默认），表示查询结果从第 1 条记录开始返回，若 OFFSET 为 1，查询结果会从第 2 条记录开始返回，依此类推；记录数则表示查询结果集中包含的记录行数。

学习提示：在 SELECT 语句中，用"[]"表示的部分均为可选项，语句中的各子句必须以适当的顺序书写。

4.1.2 选择列

[微课视频]

选择列是指从表中选出由指定的字段值组成的查询结果集，是关系代数中投影运算的具体实现。通过 SELECT 子句的列名项组成查询结果集的列。

1. 查询所有列

在 SELECT 子句中，关键字"*"表示选择指定表中的所有列。查询结果集中列的排列顺序与源表中列的顺序相同。

【例 4.1】查询 onlinedb 数据库中 category 表中的所有商品类别信息。

```
USE onlinedb ;
SELECT * FROM category ;
```

执行上述代码，查询结果集中列出了 category 表的所有数据，如图 4-1 所示。

学习提示：除非需要使用表中所有列的数据，一般不建议使用"*"查询数据，以免由于获取的数据列过多降低查询性能。在本项目的所有实例中，如无特殊说明，都在 onlinedb 数据库中进行，同时为方便查看结果，本项目所有实例都在 Navicat 窗口中测试。

2. 查询指定的列

使用 SELECT 语句查询表中的指定列，列名与列名之间用逗号隔开。

【例 4.2】查询 goods 表中所有的商品编号、商品名称、价格和销售量。

```
SELECT gcode, gname, gprice, gsale_qty
FROM goods ;
```

执行结果如图 4-2 所示。

cid	cname
▶ 1	图书
2	乐器
3	蔬菜水果
4	电脑及配件
5	家用电器

图4-1 查询category表中的所有数据

gcode	gname	gprice	gsale_qty
▶ G0101	林清玄启悟人生系列：愿你，归来仍是少年	29.00	4
G0102	平凡的世界：全三册（激励青年的不朽经典）	94.00	53
G0103	曾国藩全集（全六卷 绸面精装插盒珍藏版）	255.00	2
G0104	中外文化文学经典系列 红岩 导读与赏析	29.00	5
G0201	古琴 老杉木琴器伏羲式 七弦琴	3299.00	2
G0202	专业演奏级乐器洞箫 8孔正手G调	549.00	1
G0301	密园小农 当地新鲜园生菜 约500g	8.00	41
G0302	寻真水果 山东烟台栖霞红富士苹果 5kg	98.00	11
G0303	密园小农 新鲜自然成熟 西红柿 500g	6.00	15
G0401	三星 500GB SSD固态硬盘 SATA3.0接口	400.00	2
G0402	爱国者 128GB Type-C USB3.1 手机U盘	86.00	41

图4-2 查询goods表中的指定列

在使用 SELECT 语句查询列时，列的顺序可以根据用户数据呈现需要进行更改。

【例 4.3】查询 goods 表，列出商品编号、商品名称、价格、销售量、上架时间和是否热销，并将上架时间列放到查询结果集的最后一列。

```
SELECT gcode, gname, gprice, gsale_qty, gishot, gaddtime
FROM goods ;
```

执行结果如图 4-3 所示。

gcode	gname	gprice	gsale_qty	gishot	gaddtime
▶ G0101	林清玄启悟人生系列：愿你，归来仍是少年	29.00	4	0	2021-06-07 10:21:38
G0102	平凡的世界：全三册（激励青年的不朽经典）	94.00	53	1	2021-06-07 10:21:38
G0103	曾国藩全集（全六卷 绸面精装盒珍藏版）	255.00	2	0	2021-06-07 10:21:38
G0104	中外文化文学经典系列 红岩 导读与赏析	29.00	5	0	2021-07-07 16:33:22
G0201	古琴 老杉木乐器伏羲式 七弦琴	3299.00	1	0	2021-07-07 10:21:38
G0202	专业演奏级乐器洞箫 8孔正手G调	549.00	3	0	2021-07-07 10:21:38
G0301	密园小农 当地新鲜圆生菜 约500g	8.00	41	1	2021-08-07 16:31:12
G0302	寻真水果 山东烟台栖霞红富士苹果 5kg	98.00	11	0	2021-08-23 15:47:10
G0303	密园小农 新鲜自然成熟 西红柿 500g	6.00	15	0	2021-08-30 12:25:55
G0401	三星 500GB SSD固态硬盘 SATA3.0接口	400.00	2	0	2021-09-01 10:21:38
G0402	爱国者 128GB Type-C USB3.1 手机U盘	86.00	41	1	2021-09-01 08:26:05

图4-3　查询goods表并指定列的排列顺序

3. 计算列值

在使用 SELECT 语句进行查询时，可以使用表达式作为查询的结果列。

【例 4.4】查询 goods 表，列出商品名称和销售额，其中销售额=单价×销售量。

```
SELECT gname, gprice*gsale_qty
FROM goods ;
```

执行结果如图 4-4 所示。

从图 4-4 的第 2 列数据可以看出，SELECT 语句中的表达式 gprice*gsale_qty 对 goods 表中每一条记录都进行了计算。

除能使用表中的列进行表达式计算外，还可以通过函数、常量、变量等来计算。

【例 4.5】查询 users 表，列出用户名和用户年龄。

从 users 表的表结构可以看到，表中存在"出生年月（ubirthday）"列，其可以结合当前日期计算出用户年龄，具体程序代码如下。

```
SELECT uname, year(now())-year(ubirthday)
FROM users ;
```

其中，函数 year() 的功能是返回指定日期的年份；函数 now() 的功能是返回系统当前的日期时间。执行结果如图 4-5 所示。

gname	gprice*gsale_qty
▶ 林清玄启悟人生系列：愿你，归来仍是少年	116.00
平凡的世界：全三册（激励青年的不朽经典）	4982.00
曾国藩全集（全六卷 绸面精装盒珍藏版）	510.00
中外文化文学经典系列 红岩 导读与赏析	145.00
古琴 老杉木乐器伏羲式 七弦琴	3299.00
专业演奏级乐器洞箫 8孔正手G调	1647.00
密园小农 当地新鲜圆生菜 约500g	328.00
寻真水果 山东烟台栖霞红富士苹果 5kg	1078.00
密园小农 新鲜自然成熟 西红柿 500g	90.00
三星 500GB SSD固态硬盘 SATA3.0接口	800.00
爱国者 128GB Type-C USB3.1 手机U盘	3526.00

图4-4　计算商品的销售额

uname	year(now())-year(ubirthday)
▶ 郭辉	16
蔡静	23
段湘林	21
盛伟刚	27
李小莉	32
罗湘萍	36
柴宗文	21
冯玲珍	27
陈郭	20
韩明	19
罗松	19
李全	20

图4-5　计算用户年龄

学习提示：在数据库设计过程中，为减少数据冗余，凡能通过已知列计算得到的数据一般不再提供列存储。

4. 为查询结果集中的列指定列标题

默认情况下，查询结果集显示的列标题就是查询列的名称，当希望查询结果集中显示的列使用自定义的列标题时，可以使用关键字 AS 更改查询结果集中的列标题（列的别名）。

【例 4.6】查询 goods 表，列出商品名称、价格和销售量，指定查询结果集中各列的标题为商品名称、价格和销售量。

```
SELECT gname AS 商品名称, gprice AS 价格, gsale_qty AS 销售量
FROM goods ;
```

执行结果如图4-6所示。

此外，从【例4.4】和【例4.5】的结果可以看出，当查询结果列为计算列时，列标题默认为表达式。为提高代码的可读性，更好地为应用程序服务，有必要为计算列更改列标题。

【例4.7】 修改【例4.4】，为销售额指定列标题为"sales_figures"。

```
SELECT gname, gsale_qty*gprice AS sales_figures
FROM goods ;
```

执行结果如图4-7所示。

商品名	价格	销售量
▶ 林清玄启悟人生系列：愿你，归来仍是少年	29.00	4
平凡的世界：全三册（激励青年的不朽经典）	94.00	53
曾国藩全集（全六卷 绸面精装插盒珍藏版）	255.00	2
中外文化文学经典系列 红岩 导读与赏析	29.00	5
古琴 老杉木乐器伏羲式 七弦琴	3299.00	1
专业演奏级乐器洞箫 8孔正手G调	549.00	3
密园小农 当地新鲜圆生菜 约500g	8.00	41
寻真水果 山东烟台栖霞红富士苹果 5kg	98.00	11
密园小农 新鲜自然成熟 西红柿 500g	6.00	15
三星 500GB SSD固态硬盘 SATA3.0接口	400.00	2
爱国者 128GB Type-C USB3.1 手机U盘	86.00	41

gname	sales_figures
▶ 林清玄启悟人生系列：愿你，归来仍是少年	116.00
平凡的世界：全三册（激励青年的不朽经典）	4982.00
曾国藩全集（全六卷 绸面精装插盒珍藏版）	510.00
中外文化文学经典系列 红岩 导读与赏析	145.00
古琴 老杉木乐器伏羲式 七弦琴	3299.00
专业演奏级乐器洞箫 8孔正手G调	1647.00
密园小农 当地新鲜圆生菜 约500g	328.00
寻真水果 山东烟台栖霞红富士苹果 5kg	1078.00
密园小农 新鲜自然成熟 西红柿 500g	90.00
三星 500GB SSD固态硬盘 SATA3.0接口	800.00
爱国者 128GB Type-C USB3.1 手机U盘	3526.00

图4-6　为查询结果集中的列指定列标题　　　　图4-7　为销售额指定列标题

学习提示： 当指定的列标题中包含空格时，需要使用单引号将列标题括起来。

4.1.3 选择行

[微课视频]

在实际应用中，应用程序只需获取满足用户需求的数据，因而在查询数据时通常会指定查询条件，以筛选出用户所需的数据，这种查询方式称为选择行，是关系代数中选择运算的具体实现。

在 SELECT 语句中，查询条件由 WHERE 子句指定。其语法格式如下。

```
WHERE 条件表达式
```

[微课视频]

上述代码中，"条件表达式"通过运算符将列名、常量、函数、变量和子查询进行组合。使用的运算符包括比较运算符、逻辑运算符、BETWEEN AND 运算符、IN 运算符、LIKE 运算符、REGEXP 运算符、IS NULL 运算符等。

1. 使用比较运算符

比较运算符是查询条件中常用的运算符。使用比较运算符可以比较两个表达式的大小，常用的比较运算符如表4-1所示。

表4-1　常用的比较运算符

运算符	含义	运算符	含义
=、<=>	等于	<>、!=	不等于
>	大于	<	小于
>=	大于等于	<=	小于等于

比较运算符中提供的等于和不等于均有两种表现形式，其中"="和"<=>"运算符的区别是，"<=>"运算符可与 NULL 比较；"! ="和"<>"运算符完全等价。使用比较运算符限定查询条件时，语法格式如下：

```
WHERE 表达式1 比较运算符 表达式2
```

【例4.8】 查询 goods 表，找出热销商品（gishot 值为1）的商品编号和商品名称。

```
SELECT gcode, gname
FROM goods
WHERE gishot = 1 ;
```

执行结果如图 4-8 所示。

【例 4.9】查询 goods 表，找出销售量在 40 及以上商品的商品名称、价格和销售量。

```
SELECT gname, gprice, gsale_qty
FROM goods
WHERE gsale_qty >= 40 ;
```

执行结果如图 4-9 所示。

gcode	gname
▶ G0102	平凡的世界: 全三册 (激励青年的不朽经典)
G0301	密园小农 当地新鲜圆生菜 约500g
G0402	爱国者 128GB Type-C USB3.1 手机U盘

图4-8　查询热销商品的商品编号和商品名称

gname	gprice	gsale_qty
▶ 平凡的世界: 全三册 (激励青年的不朽经典)	94.00	53
密园小农 当地新鲜圆生菜 约500g	8.00	41
爱国者 128GB Type-C USB3.1 手机U盘	86.00	41

图4-9　查询销售量在40及以上的商品

2. 使用逻辑运算符

逻辑运算符可以将多个条件表达式组合起来形成逻辑表达式，参与逻辑运算的操作数和逻辑结果都只有 3 种，分别为 1（TRUE，逻辑真）、0（TRUE，逻辑假）或 NULL（不确定），常用的逻辑运算符如表 4-2 所示。

表 4-2　常用的逻辑运算符

运算符	说明
AND 或&&	逻辑与，双目运算符。操作数全为真，结果为 1，否则为 0；当一个操作数为 NULL 时，NULL AND 1 结果为 1，NULL AND 0 结果为 0
OR 或||	逻辑或，双目运算符。操作数全为假，结果为 0，否则为 1；当一个操作数为 NULL 时，NULL OR 1 结果为 NULL，NULL OR 0 结果为 NULL
NOT 或!	逻辑非，单目运算符。操作数为 0，结果为 1，操作数为 1，结果为 0；当操作数为 NULL 时，结果为 NULL
XOR	逻辑异或，双目运算符。操作数逻辑相反，结果为 1；操作逻辑相同，结果为 0；当一个操作数为 NULL 时，NULL XOR 1 和 NULL XOR 0 的值均为 NULL

使用逻辑运算符实现查询条件限定时，语法格式如下。

```
WHERE [NOT] 表达式1 逻辑运算符 表达式2
```

【例 4.10】查询 goods 表，找出价格在 100 以下且销售额在 3 000 元及以上商品的商品名称、价格、销售量和销售额，销售额的列标题为 sales_figures。

```
SELECT gname, gprice, gsale_qty, gprice*gsale_qty as sales_figures
FROM goods
WHERE gprice < 100 AND gprice*gsale_qty >= 3000 ;
```

执行结果如图 4-10 所示。

OR 表示逻辑或运算，用来连接两个或多个查询条件，参与运算的表达式只要有一个值为 TRUE，结果就为 TRUE。

【例 4.11】查询 goods 表，找出销售量在 40 及以上或价格在 3 000 元及以上商品的商品名称、价格和销售量。

```
SELECT gname, gprice, gsale_qty
FROM goods
WHERE gsale_qty >= 40 OR gprice >= 3000 ;
```

执行结果如图 4-11 所示。

gname	gprice	gsale_qty	sales_figures
▶ 平凡的世界: 全三册 (激励青年的不朽经典)	94.00	53	4982.00
爱国者 128GB Type-C USB3.1 手机U盘	86.00	41	3526.00

图4-10　AND查询示例

gname	gprice	gsale_qty
▶ 平凡的世界: 全三册 (激励青年的不朽经典)	94.00	53
古琴 老杉木乐器伏羲式_七弦琴	3299.00	1

图4-11　OR查询示例

【例 4.12】查询 goods 表，找出非热销商品（gishot 值为 0）的商品编号和商品名称。

```
SELECT gcode, gname
FROM goods
WHERE NOT gishot ;
```

执行结果如图 4-12 所示。

学习提示：当 WHERE 语句中有 NOT 运算符时，应将 NOT 运算符放在表达式的前面。

【例 4.13】查询 goods 表，找出 6 月或 7 月上架且销量在 40 及以上商品的商品名称、销售量和上架时间。

```
SELECT gname, gsale_qty, gaddtime
FROM goods
WHERE (MONTH(gaddtime) = 6 OR MONTH(gaddtime) = 7)  AND gsale_qty >= 40 ;
```

其中，函数 MONTH() 的功能是返回指定日期的月份，执行结果如图 4-13 所示。

gcode	gname
▶ G0101	林清玄启悟人生系列：愿你，归来仍是少年
G0103	曾国藩全集（全六卷 绸面精装插盒珍藏版）
G0104	中外文化文学经典系列 红岩 导读与赏析
G0201	古琴 老杉木乐器伏羲式_七弦琴
G0202	专业演奏级乐器洞箫_8孔正手G调
G0302	寻真水果 山东烟台栖霞红富士苹果 5kg
G0303	密园小农 新鲜自然成熟 西红柿 500g
G0401	三星 500GB SSD固态硬盘 SATA3.0接口

gname	gsale_qty	gaddtime
▶ 平凡的世界：全三册（激励青年的不朽经典）	53	2021-06-07 10:21:38

图4-12　NOT查询示例　　　　　　　　　图4-13　AND和OR组合查询示例

学习提示：AND 的运算符优先级高于 OR，当 AND 和 OR 一起使用时，会先运算 AND 两侧的条件表达式，然后再运算 OR 两侧的条件表达式。读者可尝试修改【例 4.13】，删除条件表达式中 OR 表达式两侧的括号，查看运行结果的变化。

当条件表达式中的逻辑运算符都为 AND 时，且各表达式都精确比较时，MySQL 8.0 提供了元组等值的比较方法。其语法格式如下。

```
WHERE (字段值1,字段值2,[字段值3...]) = (数值1,数值2,[数值3...])
```

【例 4.14】查询 users 表，找出所在城市为"长沙"、用户名为"段湘林"的登录名。

```
SELECT ulogin FROM users WHERE (uname,ucity) = ('段湘林','长沙');
```

执行结果如图 4-14 所示。

ulogin
▶ 18974521635

图4-14　元组比较法示例

该比较结果等价于以下查询语句。

```
SELECT ulogin FROM users WHERE uname = '段湘林' AND ucity = '长沙';
```

3. 使用 BETWEEN…AND 运算符

在 WHERE 子句中，可使用 BETWEEN…AND 运算符来限制查询数据的范围，其语法格式如下。

```
WHERE 表达式 [NOT] BETWEEN 初始值 AND 终止值
```

【例 4.15】查询 goods 表，找出价格在 200~400 元商品的商品名称和价格。

```
SELECT gname, gprice
FROM goods
WHERE gprice BETWEEN 200 AND 400 ;
```

执行结果如图 4-15 所示。

学习提示：使用 BETWEEN…AND 运算符的表达式，等价于由 AND 运算符连接两个由比较运算符组成的表达式，其中限制的初始值不能大于终止值。

4. 使用 IN 运算符

IN 运算符与 BETWEEN…AND 运算符类似，用来限制查询数据的范围，其语法格式如下。

```
WHERE 表达式 [NOT] IN (值1,值2,…,值N)
```

【例 4.16】查询 goods 表，找出类别 id（cid）为 1、2、4 的商品，列出类别 id 和商品名称。

```
SELECT cid, gname
FROM goods
WHERE cid IN (1, 2, 4) ;
```

执行结果如图 4-16 所示。

gname	gprice
▶ 曾国藩全集 (全六卷 绸面精装插盒珍藏版)	255.00
三星 500GB SSD固态硬盘 SATA3.0接口	400.00

图4-15　BETWEEN...AND运算符使用示例

cid	gname
▶ 1	林清玄启悟人生系列：愿你，归来仍是少年
1	平凡的世界：全三册 (激励青年的不朽经典)
1	曾国藩全集 (全六卷 绸面精装插盒珍藏版)
1	中外文化文学经典系列 红岩 导读与赏析
2	古琴 老杉木乐器伏羲式_七弦琴
2	专业演奏级乐器洞箫_8孔正手G调
4	三星 500GB SSD固态硬盘 SATA3.0接口
4	爱国者 128GB Type-C USB3.1 手机U盘

图4-16　IN运算符使用示例（1）

【例 4.17】查询 goods 表，找出 2021 年 6 月—7 月上架商品的商品名称、销售量和上架时间。

```
SELECT gname, gsale_qty, gaddtime
FROM goods
WHERE DATE_FORMAT(gaddtime, '%y-%m') IN ('21-06','21-07') ;
```

上述代码中，DATE_FORMAT() 函数用于以不同的格式显示日期/时间数据。本例中%y 表示用 2 位数表示年份；%m 表示月，取值为 "00 ~ 12"。执行结果如图 4-17 所示。

gname	gsale_qty	gaddtime
▶ 林清玄启悟人生系列：愿你，归来仍是少年	4	2021-06-07 10:21:38
平凡的世界：全三册 (激励青年的不朽经典)	53	2021-06-07 10:21:38
曾国藩全集 (全六卷 绸面精装插盒珍藏版)	2	2021-06-07 10:21:38
中外文化文学经典系列 红岩 导读与赏析	5	2021-07-07 16:33:22
古琴 老杉木乐器伏羲式_七弦琴	1	2021-07-07 10:21:38
专业演奏级乐器洞箫_8孔正手G调	3	2021-07-07 10:21:38

图4-17　IN运算符使用示例（2）

学习提示：使用 IN 运算符的表达式，等价于由 OR 运算符连接多个表达式，但使用 IN 运算符构建搜索条件的语法更简洁。使用时不允许在值列表中出现 NULL。

5. 使用 LIKE 运算符

运算符 "=" 可以判断两个字符串是否完全相同，而实际中当需要查询的条件只能提供部分信息时，就需要使用 LIKE 运算符实现字符串的模糊查询。使用 LIKE 运算符实现对查询条件限定时，其语法格式如下。

```
WHERE 列名 [NOT] LIKE '字符串常量' [ESCAPE '转义字符']
```

上述代码中，与 LIKE 运算符同时使用的字符称为通配符，通配符释义如表 4-3 所示。ESCAPE 关键字用于指定转义字符，默认转义字符为 "/"。

表4-3　通配符释义

通配符	说明	示例
%	任意字符串	s%：表示查询以 s 开头的任意字符串，例如 small %s：表示查询以 s 结尾的任意字符串，例如 address %s%：表示查询包含 s 的任意字符串，例如 super、course
—	任何单个字符	_s：表示查询以 s 结尾且长度为 2 的字符串，例如 as s_：表示查询以 s 开头且长度为 2 的字符串，例如 sa

【例 4.18】查询 users 表，找出用户名（uname）以 "李" 开头的用户名、性别和登录名。

```
SELECT uname, ugender, ulogin
FROM users
WHERE uname like '李%' ;
```

执行结果如图 4-18 所示。

[微课视频]

【例 4.19】查询 users 表，找出 uname 第 2 个字为"湘"的用户名、性别和所在城市。

```
SELECT uname, ugender, ucity
FROM users
WHERE uname like '_湘%' ;
```

执行结果如图 4-19 所示。

uname	ugender	ulogin
▶ 李小莉	女	14752369842
李全	男	17652149635

图4-18　通配符 % 使用示例

uname	ugender	ucity
▶ 段湘林	男	长沙
罗湘萍	女	长沙

图4-19　通配符 _ 和 % 混合使用示例

学习提示：MySQL 中字符的比较不区分大小写。当 LIKE 运算符比较的字符串不含通配符时，则建议使用"="运算符进行精确匹配，而"<>"则可以替代 NOT LIKE 运算符进行运算，表示不等于。

当比较的字符串中含通配符时，MySQL 采用转义字符来实现比较操作。

【例 4.20】查询 goods 表，找出含有"伏羲式_七弦琴"的商品，列出商品名称和价格。

```
SELECT gname, gprice
FROM goods
WHERE gname like '%伏羲式\_七弦琴%' ;
```

执行结果如图 4-20 所示。

【例 4.21】修改【例 4.20】的查询，模糊查询时指定转义字符为"|"。

```
SELECT gname, gprice
FROM goods
WHERE gname like '%伏羲式|_七弦琴%' ESCAPE '|' ;
```

上述代码中，ESCAPE 关键字后指定的"|"为转义字符。执行结果如图 4-21 所示。

gname	gprice
▶ 古琴 老杉木乐器伏羲式_七弦琴	3299.00

图4-20　默认转义字符"\"示例

gname	gprice
▶ 古琴 老杉木乐器伏羲式_七弦琴	3299.00

图4-21　ESCAPE 关键字指定转义字符示例

从运行结果可以看出，【例 4.20】和【例 4.21】查询结果相同，它们都将"_"转义成普通字符使用。

6. 使用 REGEXP 运算符

除了使用 LIKE 运算符实现模糊匹配外，MySQL 还支持正则表达式的匹配。正则表达式通常用来检索或替换符合某个模式的文本内容，根据指定的匹配模式匹配文本中符合要求的字符串。例如，从一个文本中提取电话号码，或是查找一篇文章中重复的单词或替换用户输入的某些字符等。正则表达式功能强大且灵活，可应用于复杂的查询。

在 MySQL 中使用 REGEXP 运算符来进行正则表达式匹配，其语法格式如下。

```
WHERE 列名 REGEXP '模式串'
```

REGEXP 运算符常用的字符匹配模式如表 4-4 所示。

表 4-4　REGEXP 运算符常用的字符匹配模式

模式	说明	示例
^	匹配字符串的开始位置	'^d'：匹配以字母 d 开头的字条串，例如 dear, do
$	匹配字符串的结束位置	'st$'：匹配以 st 结束的字符串，例如 test, resist
.	匹配除 "\n" 之外的任何单个字符	'h.t'：匹配任何 h 和 t 间的一个字符，例如 hit, hot
[...]	匹配字符集合中的任意一个字符	'[ab]'：匹配 ab 中的任意一个字符，例如 plain, hobby
[^...]	匹配非字符集合中的任意一个字符	'[^ab]'：匹配任何不包含 a 或 b 的字符串
p1|p2|p3	匹配 p1 或 p2 或 p3	'z|food'：匹配"z"或"food"；'(z|f)ood' 则匹配"zood"或"food"
*	匹配零个或多个在它前面的字符	'zo*'：匹配"z"及"zoo"，其中"*"等价于{0,}
+	匹配前面的字符 1 次或多次	'zo+'：匹配"zo"及"zoo"，但不能匹配"z"，其中+等价于{1,}

（续表）

模式	说明	示例
{n}	匹配前面的字符串至少 n 次，n 是一个非负整数	'o{2}'：匹配 "food" 中的两个 o，但不能匹配 "Bob" 中的 o
{n,m}	匹配前面的字符串至少 n 次，至多 m 次，m 和 n 均为非负整数，其中 n <= m	'o{2,4}'：匹配至少 2 个 o、最多 4 个 o 的字符串，例如 oo，oooo

【例 4.22】查询 goods 表，找出商品名称中含有"乐器"的商品，列出商品名称、价格和销售量。

```
SELECT gname, gprice, gsale_qty
FROM goods
WHERE gname REGEXP '乐器' ;
```

执行结果如图 4-22 所示。

【例 4.23】查询 users 表，找出登录名以"13、14、15、19"开头的用户，列出登录名和用户名。

```
SELECT ulogin, uname, ugender
FROM users
WHERE ulogin REGEXP '^1[3-59]' ;
```

上述代码中，[3-5]表示 3~5 范围内的连续数值，执行结果如图 4-23 所示。

gname	gprice	gsale_qty
▶ 古琴 老杉木乐器伏羲式_七弦琴	3299.00	1
专业演奏级乐器洞箫_8孔正手G调	549.00	3

图4-22　正则表达式模式示例

ulogin	uname	ugender
▶ 14786593245	蔡静	女
13598742685	盛伟刚	男
14752369842	李小莉	女
15874269513	陈郭	女
19875236942	罗松	女

图4-23　正则表达式模式组合使用示例

7. 使用 IS NULL 运算符

若需要判断数据是否为 NULL，MySQL 专门提供了 IS NULL 运算符实现与 NULL 的比较。其语法格式如下。

```
WHERE 列名 IS [NOT] NULL
```

【例 4.24】查询 users 表，找出未填写邮箱的用户，列出登录名和用户名。

```
SELECT ulogin, uname, ugender
FROM users
WHERE uemail IS NULL OR uemail = '' ;
```

执行结果如图 4-24 所示。

学习提示：NULL 表示不确定，不等同于数值 0 或空字符，除"<=>"运算符能与 NULL 比较外，不能使用其他比较运算符或者 LIKE 运算符对 NULL 进行判断。

8. 使用 DISTINCT 关键字消除重复记录

当查询结果集的记录重复时，可使用 DISTINCT 关键字消除重复记录。

【例 4.25】查询 users 表，列出用户来源的城市。

```
SELECT DISTINCT ucity
FROM users ;
```

执行结果如图 4-25 所示。

ulogin	uname	ugender	uemail
▶ 14752369842	李小莉	女	(Null)
17632954782	冯玲珍	女	

图4-24　IS NULL 运算符使用示例

ucity
▶ 长沙
深圳
北京
广州

图4-25　DISTINCT关键字使用示例

4.1.4　使用 LIMIT 关键字限制返回记录数

实际应用中，查询通常只需要返回满足条件的部分记录，这样既便于阅读和查看，也不浪费系统资源。

SELECT 语句中的 LIMIT 子句可以限制返回记录的数量，并能指定查询结果从哪一条记录开始。其语法格式如下。

```
LIMIT [OFFSET,] 记录数
```

上述代码中，参数 OFFSET 表示偏移量。若 OFFSET 为 0，查询结果从第 1 条记录开始返回，偏移量为 1 时则从查询结果的第 2 条记录开始返回，依次类推。OFFSET 为可选项，默认值为 0。记录数则表示返回记录的数据。

【例 4.26】查询 goods 表，列出前 3 行商品的 id、商品名称、销售量。

```
SELECT gid, gname, gprice, gsale_qty
FROM goods
LIMIT 3 ;
```

由于没有指定 OFFSET，则记录从第 1 行开始返回 3 行。执行结果如图 4-26 所示。

【例 4.27】查询 goods 表，列出第 4~6 行商品的 id、名称、价格和销售量。

```
SELECT gid, gname, gprice, gsale_qty
FROM goods
LIMIT 3, 3 ;
```

根据查询需求，需设定 OFFSET 为 3，表示从第 4 行记录开始返回；设置记录数为 3，表示结果集返回 3 条记录。执行结果如图 4-27 所示。

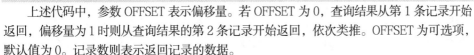

gid	gname	gprice	gsale_qty
1	林清玄启悟人生系列：愿你，归来仍是少年	29.00	4
2	平凡的世界：全三册（激励青年的不朽经典）	94.00	53
3	曾国藩全集（全六卷 绸面精装插盒珍藏版）	255.00	2

图 4-26　LIMIT 关键字（不指定 OFFSET）使用示例

gid	gname	gprice	gsale_qty
4	中外文化文学经典系列 红岩 导读与赏析	29.00	5
5	古琴 老杉木乐器伏羲式_七弦琴	3299.00	1
6	专业演奏级乐器洞箫_8孔正手G调	549.00	3

图 4-27　LIMIT 关键字限定查询结果范围示例

4.1.5　使用 CASE 表达式更改查询结果

在实际应用中，通常需要对查询结果数据进行变更处理，例如，可以根据会员的积分设定会员等级。在 MySQL 中，可以将 CASE 表达式嵌在 SELECT 语句中，实现对查询结果数据的变更，主要有 CASE 简单结构和 CASE 搜索结构两种形式。

1. CASE 简单结构

CASE 简单结构将表达式与一组确切的数值进行比较并返回相应结果，其语法格式如下。

```
CASE 表达式
    WHEN 数值 1 THEN 结果值 1
    WHEN 数值 2 THEN 结果值 2
    ……
    ELSE 结果值 n
END AS 新列名
```

从上述语法格式看，当表达式的值与数值 1 相等时，返回结果值 1，语句结束；当表达式的值与数值 2 相等时，返回结果值 2，语句结束；若在 WHEN 列出的数值中没有找到匹配项，则返回结果值 n。也就是说，CASE 简单结构会根据表达式的取值返回对应的结果值。该语句类似 C 或 Java 语言中的 SWITCH…CASE 结构。由于 CASE 表达式嵌套在 SELECT 语句中，因而使用时必须指定新列名。

【例 4.28】查询 goods 表，列出所有商品的商品名称和销售情况（goods_status），其中销售情况值根据 gishot 的值确定，当 gishot 为 1 时值为"热销"，当 gishot 为 0 时值为"非热销"。

```
SELECT gname, gsale_qty, CASE gishot
                         WHEN 1 THEN '热销'
                         ELSE '非热销'
                         END AS goods_status
FROM goods
```

在执行查询时，会逐条读取记录，并根据每一条记录的 gishot 取值，在 CASE 表达式中进行变更处理。执行结果如图 4-28 所示。

2. CASE 搜索结构

CASE 搜索结构语法格式如下。

```
CASE
     WHEN 条件1 THEN 结果值1
     WHEN 条件2 THEN 结果值2
     ……
     ELSE 结果值n
END AS 新列名
```

该结构在执行时会从条件 1 开始判断，当条件 1 成立，返回结果值 1，语句结束；若条件 1 不成立，判断条件 2，若条件 2 成立，返回结果值 2，语句结束；若 WHEN 列出的所有条件都不成立时，返回结果值 n。

【例 4.29】查询 users 表，列出前 5 名用户的用户名和积分，并根据积分的取值生成新的列"grade"以标识用户的等级，当积分在 100 分及以上时为钻石会员，当积分在 50 及以上时为黄金会员，其余为普通会员。

```
SELECT uname, ucredit, CASE
                            WHEN ucredit >= 100  THEN '钻石会员'
                            WHEN ucredit >= 50  THEN '黄金会员'
                            ELSE '普通会员'
                            END AS grade
FROM users
LIMIT 5 ;
```

执行结果如图 4-29 所示。

gname	gsale_qty	goods_status
▶ 林清玄启悟人生系列：愿你，归来仍是少年	4	非热销
平凡的世界：全三册（激励青年的不朽经典）	53	热销
曾国藩全集（全六卷 绸面精装插盒珍藏版）	2	非热销
中外文化文学经典系列 红岩 导读与赏析	5	非热销
古琴 老杉木乐器伏羲式_七弦琴	1	非热销
专业演奏级乐器洞箫_8孔正手G调	3	非热销
密园小农 当地新鲜圆生菜 约500g	41	热销
寻真水果 山东烟台栖霞红富士苹果 5kg	11	热销
密园小农 新鲜自然成熟 西红柿 500g	15	热销
三星 500GB SSD固态硬盘 SATA3.0接口	2	热销
爱国者 128GB Type-C USB3.1 手机U盘	41	热销

uname	ucredit	grade
▶ 郭辉	72	黄金会员
蔡静	139	钻石会员
段湘林	0	普通会员
盛伟刚	58	黄金会员
李小莉	8	普通会员

图4-28 CASE简单结构使用示例　　　　　图4-29 CASE搜索结构使用示例

任务 2 排序和统计分析单表数据

【任务描述】在实际应用中，除查询基本数据外，还需要对数据做排序、统计和分析等操作，以方便用户对数据进行基本的分析。本任务主要阐述在 SELECT 语句中，如何实现查询结果集的排序、分组统计和数据分析等操作。

4.2.1 数据排序

默认情况下，查询结果集的记录按表中记录存储的物理顺序排列。在实际应用中，需要让查询结果集按一定的顺序输出，例如，按商品的价格从低到高、按商品的销售量从高到低排序后输出。

[微课视频]

在 SELECT 语句中，使用 ORDER BY 子句实现对查询结果集的排序，其语法格式如下。

```
ORDER BY {列名 | 表达式 | 正整数} [ASC | DESC] [,…n]
```

上述代码中，列名、表达式或正整数为排序关键列，正整数表示排序列在选择列表中所处位置的序号；ASC 为升序，指按关键列的值从低到高排序，默认为 ASC；DESC 为降序，指从高到低对关键列中的值进行排序。当指定的排序关键列不止一个时，列名间用逗号分隔，其排序方式需分别指定。

【例 4.30】查询 goods 表, 找出类别 id (cid) 为 1 的商品名称、价格和销售量, 并按价格升序排列。

```
SELECT gname, gprice, gsale_qty
FROM goods
WHERE cid = 1
ORDER BY gprice ;
```

执行结果如图 4-30 所示。

【例 4.31】查询 goods 表, 找出类别 id (cid) 为 1 的商品名称、价格和销售量, 并按价格升序排列, 当价格相同时按销量降序排列。

```
SELECT gname, gprice, gsale_qty
FROM goods
WHERE cid = 1
ORDER BY gprice, gsale_qty DESC ;
```

执行结果如图 4-31 所示。

gname	gprice	gsale_qty
▶ 林清玄启悟人生系列：愿你，归来仍是少年	29.00	4
中外文化文学经典系列 红岩 导读与赏析	29.00	5
平凡的世界：全三册（激励青年的不朽经典）	94.00	53
曾国藩全集（全六卷 绸面精装插盒珍藏版）	255.00	2

图4-30 单列排序使用示例

gname	gprice	gsale_qty
▶ 中外文化文学经典系列 红岩 导读与赏析	29.00	5
林清玄启悟人生系列：愿你，归来仍是少年	29.00	4
平凡的世界：全三册（激励青年的不朽经典）	94.00	53
曾国藩全集（全六卷 绸面精装插盒珍藏版）	255.00	2

图4-31 多列排序使用示例

4.2.2 数据分组统计

对表进行数据查询时, 通常需要对查询结果集进行计算和统计。例如, 要统计用户的平均年龄、最大最小年龄、商品的销售量和商品的销售总额等。

在 SELECT 语句中, 使用聚合函数、GROUP BY 子句能够实现对查询结果集进行分组和统计等操作。

[微课视频]

1. 使用聚合函数

聚合函数能够实现对数据表中指定列的值进行统计计算, 并返回单个数值。聚合函数主要应用在 GROUP BY 子句中, 用来对查询结果集进行分组、筛选或统计。

MySQL 提供的常用聚合函数如表 4-5 所示。

表 4-5 常用聚合函数

函数名	说明	函数名	说明
SUM	返回组中所有值的和	AVG	返回组中各值的平均值
MAX	返回组中的最大值	MIN	返回组中的最小值
COUNT	返回组中值的个数	GROUPING	标识每个分组的汇总行
GROUP_CONCAT	返回由分组中的值连接组合而成字符串		

（1）SUM、AVG、MAX 和 MIN 函数

SUM、AVG、MAX 和 MIN 函数语法格式如下。

```
SUM/AVG/MAX/MIN ( [ ALL | DISTINCT ] 列名|常量|表达式 )
```

上述代码中, ALL 表示对整个查询数据进行聚合运算; DISTINCT 表示去除重复值后再进行聚合运算, 默认值为 ALL。

【例 4.32】查询 goods 表, 统计所有商品的总销售量。

```
SELECT SUM(gsale_qty) FROM goods ;
```

执行结果如图 4-32 所示。

【例 4.33】查询 goods 表, 统计商品的最高价格和最低价格。

```
SELECT MAX(gprice), MIN(gprice) FROM goods ;
```

执行结果如图 4-33 所示。

SUM(gsale_qty)
▶　　　178

图4-32　函数SUM使用示例

MAX(gprice)	MIN(gprice)
▶　3299.00	6.00

图4-33　函数MAX和MIN使用示例

（2）COUNT 函数

COUNT 函数语法格式如下。

```
COUNT ( { [ [ ALL | DISTINCT ] 列名|常量|表达式] | * } )
```

上述代码中，DISTINCT 指定 COUNT 返回唯一非空值的数量；"*"则指定应该计算所有行并返回表中记录的总数；其他参数同 SUM 函数说明。

【例 4.34】查询 users 表，统计用户总人数。

```
SELECT COUNT(*) FROM users ;
```

执行结果如图 4-34 所示。

【例 4.35】查询 orders 表，统计购买过商品的用户人数。

```
SELECT COUNT(DISTINCT uid) FROM orders ;
```

由于一个用户可能会有多个订单，因此需要去除 uid 的重复值。执行结果如图 4-35 所示。

COUNT(*)
▶　　12

COUNT(DISTINCT uID)
▶　　　10

图4-34　COUNT函数使用示例　　　　　　　　图4-35　COUNT函数去重复值使用示例

学习提示：COUNT(*)不能与 DISTINCT 一起使用。

2. GROUP BY 子句

聚合函数对查询结果集进行聚合后只返回单个汇总数据。使用 GROUP BY 子句则可以按指定的列对查询结果集进行分组，并使用聚合函数为查询结果集中的每个分组产生一个汇总值。GROUP BY 子句的语法格式如下。

[微课视频]

```
GROUP BY [ ALL ] 列名1,列名2 [ ,...,n ] [ WITH ROLLUP ] [HAVING 条件表达式]
```

上述代码中，ALL 将显示所有组，是默认值，列名为分组依据列，不能使用在 SELECT 列表中定义的别名来指定组和列；使用 WITH ROLLUP 关键字指定的查询结果集不仅包含由 GROUP BY 子句提供的行，而且还包含汇总行；HAVING 用来指定分组后的数据筛选条件。

学习提示：实际应用中，GROUP BY 子句使用时都会与聚合函数一起。

（1）GROUP BY 子句和聚合函数一起使用

GROUP BY 子句和聚合函数一起使用，可以统计出某个分组中的项数、最大值和最小值等。

【例 4.36】查询 users 表，统计各城市的用户人数。

```
SELECT ucity, COUNT(*)
FROM users
GROUP BY ucity ;
```

执行结果如图 4-36 所示。

【例 4.37】查询 users 表，按性别统计年龄的最小值，列名为 min_age。

```
SELECT ugender, min(year(CURRENT_DATE)-year(ubirthday)) AS min_age
FROM users
GROUP BY ugender ;
```

执行结果如图 4-37 所示。

ucity	COUNT(*)
▶长沙	5
深圳	1
北京	3
广州	3

ugender	min_age
▶男	16
女	19

图4-36　GROUP BY子句和COUNT函数使用示例　　　　图4-37　GROUP BY子句和MIN函数使用示例

（2）使用 GROUP BY 子句实现多列交叉分组

使用 GROUP BY 子句进行数据分组时，还可以同时对多列进行交叉分组。

【例4.38】查询 users 表，按城市统计各性别的用户数，列名为 city_nums，并按城市排序。

```
SELECT ucity, ugender, count(*) AS city_nums
FROM users
GROUP BY ucity, ugender
ORDER BY ucity;
```

执行结果如图 4-38 所示。

从结果可以看出，查询对用户表中的城市和性别两列进行了交叉统计，分别统计出了每个城市男性和女性的人数。GROUP BY 子句后面多列的顺序不会影响交叉统计的结果，读者可以尝试将 GROUP BY 子句后的 ucity 和 ugender 调换顺序，并查看结果。

ucity	ugender	city_nums
▶北京	女	1
北京	男	2
广州	女	3
深圳	女	1
长沙	女	1
长沙	男	4

图4-38　GROUP BY子句按
多列分组使用示例

（3）GROUP BY 子句和 GROUP_CONCAT 一起使用

GROUP BY 子句和 GROUP_CONCAT 一起使用，能实现在同一分组中将某个列的数值用指定的分隔符连接起来。

```
GROUP_CONCAT([DISTINCT] 表达式 [ORDER BY 列名] [SEPARATOR 分隔符])
```

上述代码中，DISTINCT 可以消除重复值；若希望对结果中的值进行排序，可以使用 ORDER BY 子句；SEPARATOR 指定用于分隔的字符串，它被插入到结果值中，默认分隔符为逗号 (,)，若指定分隔字符串为""，表示不使用分隔符。

【例4.39】查询 users 表，将同一城市的 uid 值用逗号","连接起来，列名为 uids。

```
SELECT ucity, GROUP_CONCAT(uid) as uids
FROM users
GROUP BY ucity ;
```

执行结果如图 4-39 所示。

从结果可以看出，查询按 ucity 列进行了分组，GROUP_CONCAT 将同一分组的 uid 的值使用分隔符","进行了连接。

【例4.40】查询 users 表，将同一城市的 uid 值用下画线"_"连接起来，列名为 uid。

```
SELECT ucity, GROUP_CONCAT(uid ORDER BY uid SEPARATOR '_') as uid
FROM users
GROUP BY ucity ;
```

执行结果如图 4-40 所示。

ucity	uids
▶北京	4,7,9
广州	5,8,11
深圳	2
长沙	1,3,6,10,12

图4-39　使用默认分隔符的分组值连接示例

信息	结果 1	剖析	状态
uCity	uid		
▶北京	4_7_9		
广州	5_8_11		
深圳	2		
长沙	1_3_6_10_12		

图4-40　使用指定分隔符的排序分组值连接示例

从结果可以看出，查询按 ucity 列进行了分组，GROUP_CONCAT 将同一分组的 uid 的值使用分隔符"_"进行了连接，且分组值按 uid 升序进行了排列。

学习提示：GROUP_CONCAT 必须跟 GROUP BY 子句一起使用。

（4）GROUP BY 子句和 WITH ROLLUP 一起使用

GROUP BY 和 WITH ROLLUP 一起使用时，除统计每个分组值外，还额外增加了汇总行。

【例4.41】修改【例4.36】，为查询结果添加汇总行。

```
SELECT ucity, COUNT(*)
FROM users
GROUP BY ucity
WITH ROLLUP ;
```

执行结果如图 4-41 所示。

从查询结果可以看到，增加一行汇总数据，表示所有城市的总人数为 12 人。

当查询提供给应用程序时，需要标明这行数据是汇总数据行还是分组数据行。MySQL 8.0 提供新的聚合函数 GROUPING，可以完成此功能。其语法格式如下。

```
GROUPING (列名)
```

【例 4.42】修改【例 4.38】，为查询结果添加汇总行，并标识该行是对哪一列数据的汇总。

```
SELECT ucity, ugender, count(*) AS city_nums,
              GROUPING(ucity) as grp_city,
              GROUPING(ugender) as grp_gender
FROM users
GROUP BY ucity, ugender
WITH ROLLUP ;
```

GROUPING(ucity)为 1 时表示是 ucity 列的汇总数据，GROUPING(ugender)为 1 时表示是 ugender 列的汇总数据。执行结果如图 4-42 所示。

ucity	COUNT(*)
北京	3
广州	3
深圳	1
长沙	5
(Null)	12

图4-41　GROUP BY子句和WITH ROLLUP使用示例

ucity	ugender	city_nums	grp_city	grp_ugender
北京	女	1	0	0
北京	男	2	0	0
北京	(Null)	3	0	1
广州	女	3	0	0
广州	(Null)	3	0	1
深圳	女	1	0	0
深圳	(Null)	1	0	1
长沙	女	1	0	0
长沙	男	4	0	0
长沙	(Null)	5	0	1
(Null)	(Null)	12	1	1

图4-42　GROUPING函数使用示例

从查询结果可以看出，除最后汇总行外，每个城市还增加了一行汇总数据，且该 grp_ugender 列的值为 1，表示是对每个城市用户性别数据的汇总，也就是每个城市的总人数。读者可以尝试将 GROUP BY 子句后的 ucity 和 ugender 调换顺序，并查看与本例的区别。

学习提示： GROUPING 函数必须跟 WITH ROLLUP 一起使用。

（5）GROUP BY 子句和 HAVING 一起使用

HAVING 用来指定筛选条件，但它只能跟 GROUP BY 子句一起使用，用于对分组后的结果集进行筛选。

【例 4.43】查询 users 表，统计各城市的用户人数，显示人数在 3 人及以上的城市。

```
SELECT ucity, COUNT(*)
FROM users
GROUP BY ucity
HAVING COUNT(*) >= 3 ;
```

执行结果如图 4-43 所示。

【例 4.44】查询 goods 表，统计每类商品的总销售额，列出总销售额在 3 000 及以上的商品的类别 id 和总销售额（列名为 sale_total）。

```
SELECT cid, SUM(gprice * gsale_qty) as sale_total
FROM goods
GROUP BY cid
HAVING sale_total >= 3000 ;
```

其中，每个商品类别的总销售额等于该商品类别下每件商品单价乘以销售量之和。HAVING 后的条件表达式使用计算列的别名 sale_total，执行结果如图 4-44 所示。

ucity	COUNT(*)
长沙	5
北京	3
广州	3

图4-43　HAVING筛选记录示例

cid	sale_total
1	5753.00
2	4946.00
4	4326.00

图4-44　HAVING使用别名记录示例

4.2.3　使用窗口函数分析数据

窗口函数也称为 OLAP（Online Anallytical Processing，联机分析处理）函数，能对查询结

[微课视频]

果集进行实时分析处理，是 MySQL 8.0 新增内容。

窗口函数包括专用窗口函数和表 4-5 中列举的常用聚合函数。MySQL 提供的专用窗口函数又包括序号函数、分布函数、前后函数、头尾函数及其他函数，本小节仅介绍序号函数，常用的序号函数如表 4-6 所示。

表 4-6 常用的序号函数

函数名	说明
ROW_NUMBER	为查询结果集增加行序号，例如：1，2，3…自然数行序
RANK	对指定值在分组的排名设置排位序号，例如：1，1，3，5…
DENSE_RANK	密集排名，对指定值在分组的排名设置排位序号，例如：1，1，2，3，3…

窗口函数主要功能是对查询结果集进行数据分析处理，原则上只能写在 SELECT 子句中。其语法格式如下。

```
<窗口函数> OVER(PARTITION BY <分组列名>
              ORDER BY <排序列名>) [[AS] 别名]
```

上述代码说明如下。

● OVER 关键字用来指定函数执行的窗口范围。

● PARTITION BY 子句：窗口按指定列进行分组，窗口函数在不同的分组上分别执行。

● ORDER BY 子句：指定排序列，窗口函数将按照排序后的记录顺序进行编号。

学习提示： 使用窗口函数分析数据与使用 GROUP BY 子句进行分组聚合不同，它不会对结果产生额外的分组行，统计分析中输出的记录数与输入的记录数相同。

【例 4.45】 查询 goods 表，按商品 id 顺序分析商品销售累计量，列出商品 id、商品名称和累计销量（列名为 acc_num）。

```
SELECT gid, gname, gsale_qty,
     SUM(gsale_qty) OVER (ORDER BY gid) as acc_num
FROM goods ;
```

执行结果如图 4-45 所示。

从执行结果可以看出，窗口函数按 gid 累计各商品的销售量。最后一行 acc_num 值为 178，则表示所有商品的销售总量。

【例 4.46】 查询 goods 表，按商品 id 顺序给每条记录加行号（列名为 row_no）。

```
SELECT ROW_NUMBER() OVER (ORDER BY gid) as row_no,
     cid, gname, gsale_qty
FROM goods ;
```

执行结果如图 4-46 所示。

gid	gname	gsale_qty	acc_num
1	林清玄启悟人生系列：愿你，归来仍是少年	4	4
2	平凡的世界：全三册（激励青年的不朽经典）	53	57
3	曾国藩全集（全六卷 绸面精装插盒珍藏版）	2	59
4	中外文化文学经典系列 红岩 导读与赏析	5	64
5	古琴 老杉木乐器伏羲式 七弦琴	1	65
6	专业演奏级乐器洞箫_8孔正手G调	3	68
7	密园小农 当地新鲜圆生菜 约500g	41	109
8	寻真水果 山东烟台栖霞红富士苹果 5kg	11	120
9	密园小农 新鲜自然成熟 西红柿 500g	15	135
10	三星 500GB SSD固态硬盘 SATA3.0接口	2	137
11	爱国者 128GB Type-C USB3.1 手机U盘	41	178

图4-45 聚合函数作为窗口函数使用示例

row_no	cid	gname	gsale_qty
1	1	林清玄启悟人生系列：愿你，归来仍是少年	4
2	1	平凡的世界：全三册（激励青年的不朽经典）	53
3	1	曾国藩全集（全六卷 绸面精装插盒珍藏版）	2
4	1	中外文化文学经典系列 红岩 导读与赏析	5
5	2	古琴 老杉木乐器伏羲式 七弦琴	1
6	2	专业演奏级乐器洞箫_8孔正手G调	3
7	3	密园小农 当地新鲜圆生菜 约500g	41
8	3	寻真水果 山东烟台栖霞红富士苹果 5kg	11
9	3	密园小农 新鲜自然成熟 西红柿 500g	15
10	4	三星 500GB SSD固态硬盘 SATA3.0接口	2
11	4	爱国者 128GB Type-C USB3.1 手机U盘	41

图4-46 ROW_NUMBER函数使用示例

从执行结果可以看出，查询返回的结果集中为每一行标识了行号。

【例 4.47】 查询 goods 表，分析每件商品的销售量排名（列名为 ranking），列出类别 id、商品名称和销售量排名。

```
SELECT cid, gname, gsale_qty,
     RANK() OVER (ORDER BY gsale_qty DESC ) as ranking,
```

```
        DENSE_RANK() OVER (ORDER BY gsale_qty DESC ) as desc_rank
FROM goods ;
```

其中，RANK()函数和 DENSE_RANK()函数均按 gsale_qty 降序排列，执行结果如图 4-47 所示。

cid	gname	gsale_qty	ranking	desc_rank
1	平凡的世界: 全三册 (激励青年的不朽经典)	53	1	1
3	密园小农 当地新鲜圆生菜 约500g	41	2	2
4	爱国者 128GB Type-C USB3.1 手机U盘	41	2	2
3	密园小农 新鲜自然成熟 西红柿 500g	15	4	3
3	寻真水果 山东烟台栖霞红富士苹果 5kg	11	5	4
1	中外文化文学经典系列 红岩 导读与赏析	5	6	5
1	林清玄启悟人生系列: 愿你, 归来仍是少年	4	7	6
2	专业演奏级乐器洞箫_8孔正手G调	3	8	7
1	曾国藩全集 (全六卷 绸面精装插盒珍藏版)	2	9	8
4	三星 500GB SSD固态硬盘 SATA3.0接口	2	9	8
2	古琴 老杉木乐器伏羲式_七弦琴	1	11	9

图4-47　排名函数使用示例

从执行结果可以看出，使用 RANK()函数排名时会返回当前值在数据范围中的位序，而使用 DENSE_RANK()函数则返回名次的序号值。

【例 4.48】查询 goods 表，分析每类商品中各商品的销售量排名（列名为 ranking），列出类别 id、商品名称和销售量排名。

```
SELECT cid, gname, gsale_qty,
       RANK() OVER (PARTITION BY cid ORDER BY gsale_qty DESC ) as ranking
FROM goods ;
```

其中，指定分组列为 cid，并按 gsale_qty 降序排列。执行结果如图 4-48 所示。

cid	gname	gsale_qty	ranking
1	平凡的世界: 全三册 (激励青年的不朽经典)	53	1
1	中外文化文学经典系列 红岩 导读与赏析	5	2
1	林清玄启悟人生系列: 愿你, 归来仍是少年	4	3
1	曾国藩全集 (全六卷 绸面精装插盒珍藏版)	2	4
2	专业演奏级乐器洞箫_8孔正手G调	3	1
2	古琴 老杉木乐器伏羲式_七弦琴	1	2
3	密园小农 当地新鲜圆生菜 约500g	41	1
3	密园小农 新鲜自然成熟 西红柿 500g	15	2
3	寻真水果 山东烟台栖霞红富士苹果 5kg	11	3
4	爱国者 128GB Type-C USB3.1 手机U盘	41	1
4	三星 500GB SSD固态硬盘 SATA3.0接口	2	2

组内排名

图4-48　分组排名使用示例

从执行结果可以看出，针对每一个 cid 值，RANK()函数在每个分组内部进行了排名。

任务 3　查询多表数据

【任务描述】在实际应用开发中，业务逻辑所关联的数据通常会涉及两张以上的数据表。连接是多表数据查询的一种有效手段，本任务阐述连接查询中的交叉连接、内连接和外连接，以及联合查询等方式，灵活构建多表查询，以满足实际应用需要。

4.3.1　连接查询简介

连接查询是关系型数据库中重要的查询类型之一，通过数据表间的相关列，可以追踪各个表之间的逻辑关系，从而实现多表的连接查询。

连接查询由 SELECT 语句中 FROM 子句的 JOIN 关键字来实现。其基本语法格式如下。

［微课视频］

```
SELECT [ALL | DISTINCT ] * | 列名1[,列名2,…,列名n]
FROM 表1 [别名1] [CROSS | INNER | LEFT | RIGHT] JOIN 表2 [别名2]
[ON 表1.关系列=表2.关系列 | USING(列名)] ;
```

上述代码说明如下。

- JOIN：泛指各类连接操作的关键字，具体含义如表 4-7 所示。
- ON 连接条件表达式：指定连接的条件。交叉连接中无该子句。

表 4-7　JOIN 关键字的含义

连接类型	连接符号	说明
交叉连接	CROSS JOIN	两张表的笛卡尔积
内连接	INNER JOIN	INNER 可省略，连接同一张表时也称为自连接
左外连接	LEFT JOIN	外连接
右外连接	RIGHT JOIN	

4.3.2　交叉连接

交叉连接返回的结果集是被连接的两张表的笛卡尔积。查询执行时，会将左表中的每一行记录与右表中的所有记录进行连接，返回的记录数是两张表行数的乘积，返回的列是两张表的所有列。在标准 SQL 中，该连接方式不能使用 ON 指定连接条件。

【例 4.49】查询会员可能购买的所有商品，列出用户名和商品名称。

```
SELECT uname, gname
FROM users CROSS JOIN goods;
```

由于查询需求关联会员和商品信息，因而数据来源于 users 和 goods 两张表，执行结果如图 4-49 所示。

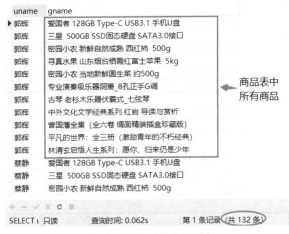

图4-49　交叉连接使用示例

从执行结果可以看出，共查询出 132 条记录（users 表的记录数为 12，goods 表中的记录数为 11，12×11=132），其中线框中是 goods 表中所有商品，users 表中的每一条记录都会与 goods 表中的每件商品逐行匹配，生成新的记录。

学习提示：在一个规范化的数据库中使用交叉连接无太多应用价值和实际意义，但可以利用它为数据库生成测试数据，帮助理解连接查询的运算过程。

4.3.3　内连接

内连接是多表连接查询的最常用操作。内连接常用比较运算符比较两个表共有的列，返

[微课视频]

回满足条件的记录。在关系型数据库系统中，主从关系表之间连接时，通常将主表的主键列和从表的外键列进行等值比较，作为连接条件。

【例 4.50】查询 goods 表，列出所有商品的商品 id、商品名称、类别 id 和类别名称。

```
SELECT gid, gname, category.cid, cname
FROM category JOIN goods
     ON category.cid= goods.cid ;
```

由于类别名称在 category 表中，因此数据来源于 goods 和 category 两张表，且只有 goods.cid 与 category.cid 相等的返回结果才有意义，执行结果如图 4-50 所示。

从查询结果可以看到，只有符合连接条件的商品才会被显示；由于连接的两张表中都有 cid 列，在使用 SELECT 语句列举列名时，需要指明该 cid 列属于哪张表，这里选择的是 category 表。

除了能为查询的列指定别名外，还可以为查询的数据表指定别名，以使连接条件更简洁。

【例 4.51】查询 goods 表，列出所有“图书”类商品的商品 id、商品名称、类别 id 和类别名称。

```
SELECT gid, gname, g.cid, cname
FROM category c JOIN goods g  -- category表的别名为c，goods 表的别名指定为g
     ON c.cid= g.cid
WHERE cname = '图书' ;
```

执行结果如图 4-51 所示。

gid	gname	cid	cname
1	林清玄启悟人生系列：愿你，归来仍是少年	1	图书
2	平凡的世界：全三册（激励青年的不朽经典）	1	图书
3	曾国藩全集（全六卷 绸面精装插盒珍藏版）	1	图书
4	中外文化文学经典系列 红岩 导读与赏析	1	图书
5	古琴 老杉木乐器伏羲式_七弦琴	2	乐器
6	专业演奏级乐器洞箫_8孔正手G调	2	乐器
7	密园小农 当地新鲜圆生菜 约500g	3	蔬菜水果
8	寻真水果 山东烟台栖霞红富士苹果 5kg	3	蔬菜水果
9	密园小农 新鲜自然成熟 西红柿 500g	3	蔬菜水果
10	三星 500GB SSD固态硬盘 SATA3.0接口	4	电脑及配
11	爱国者 128GB Type-C USB3.1 手机U盘	4	电脑及配

图4-50 内连接使用示例（1）

gid	gname	cid	cname
1	林清玄启悟人生系列：愿你，归来仍是少年	1	图书
2	平凡的世界：全三册（激励青年的不朽经典）	1	图书
3	曾国藩全集（全六卷 绸面精装插盒珍藏版）	1	图书
4	中外文化文学经典系列 红岩 导读与赏析	1	图书

图4-51 内连接使用示例（2）

学习提示：两张表在进行连接时，连接列的名称可以不同，但要求必须具有相同数据类型、长度和精度，且表达同一范畴的意义，通常连接列是数据表的主键和外键。使用连接查询时，单表数据查询中使用的选择列、选择行、排序、统计和分析的方法都适用。

当连接的表超过两张表时，需要分别为每个 JOIN 指定连接条件。

【例 4.52】查询用户名（uname）为“段湘林”的购物车信息，列出购物车中商品的商品 id、商品名称、价格和购买数量。

```
SELECT g.gid, gname, gprice, cnum
FROM users s JOIN cart c ON s.uid = c.uid
             JOIN goods g ON g.gid = c.gid
WHERE uname = '段湘林';
```

执行结果如图 4-52 所示。

在多张表进行连接时，查询的连接可以先使用 JOIN 将所有表连接起来，再使用 ON 关键字写出多个连接条件。将【例 4.52】改写成如下语句。

```
SELECT g.gid, gname, gprice, cnum
FROM users s JOIN cart c JOIN goods g
             ON s.uid = c.uid AND g.gid = c.gid
WHERE uname = '段湘林' ;
```

在 JOIN 连接中，当两张表连接的列完全相同（列名、数据类型和语义都相同）时，可以使用 USING（列名）来连接。【例 4.52】还可以改写成如下语句。

```
SELECT g.gid, gname, gprice, cnum
FROM users JOIN cart USING(uid)
```

```
          JOIN goods g USING(gid)
WHERE uname = '段湘林' ;
```

4.3.4 自连接

[微课视频]

在一个连接查询中，当连接的两边是同一张表时，称为自连接。自连接是一种特殊的内连接，它是指相互连接的表在物理上为同一个表，但逻辑上分为两个表。

【例4.53】查询与用户"段湘林"在同一城市的用户，列出用户名、邮箱和城市名。

```
SELECT u1.uname, u1.uemail, u1.ucity
FROM users u1 JOIN users u2
        ON u1.ucity = u2.ucity
WHERE u2.uname = '段湘林' AND u1.uname != '段湘林';
```

为了从逻辑上区分自连接中的两张表，必须为表指定别名。执行结果如图4-53所示。

uname	uemail	ucity
▶ 郭辉	214896335@qq.com	长沙
罗湘萍	2157596@qq.com	长沙
韩明	2459632@qq.com	长沙
李全	2225478@qq.com	长沙

	gid	gname	gprice	cnum
▶	2	平凡的世界：全三册 (激励青年的不朽经典)	94.00	1
	6	专业演奏级乐器洞箫_8孔正手G调	549.00	1

图4-52 多表内连接使用示例   图4-53 自连接使用示例

从执行结果看，用户"段湘林"所在的城市还有4个用户。

4.3.5 外连接

[微课视频]

内连接只返回符合连接条件的记录，不满足条件的记录不会被显示。而在实际应用的连接查询时需要显示某个表的全部记录，即使这些记录并不满足连接条件。例如，查询每个用户的订单数量、所有教师的开课信息、所有学生的选课情况等业务。

外连接返回的查询结果集除了包括符合连接条件的记录外，还会返回FROM子句中至少一个表中的所有记录，不满足条件的数据列显示为NULL。根据外连接引用的方向不同，分为左外连接和右外连接。

● 左外连接（LEFT JOIN）：查询结果集中除了包括满足连接条件的记录外，还包括左表中不满足条件的记录。当左表中不满足条件的记录与右表记录进行组合时，右表相应列的值为NULL。

● 右外连接（RIGHT JOIN）：查询结果集中除了包括满足连接条件的记录外，还包括右表中不满足条件的记录。当右表中不满足条件的记录与左表记录进行组合时，左表相应列的值为NULL。

【例4.54】查询每个用户的订单信息，列出用户id、用户名和订单金额。

```
SELECT u.uid, uname, oamount
FROM users u LEFT JOIN orders o
        ON u.uid = o.uid ;
```

执行结果如图4-54所示。

从执行结果可以看出，查询结果有28条记录，说明在数据库中所有用户共有28个订单，其中，显示结果中用户"段湘林"对应的oamount值为NULL，说明该用户暂没有订单记录；另外用户"郭辉"有4条记录，说明该用户有4个订单。

【例4.55】查询每个用户的订单数，列出用户id、用户名和订单数（order_num）。

```
SELECT u.uid, uname, count(o.uid) as order_num
FROM orders o RIGHT JOIN users u
            ON o.uid = u.uid
GROUP BY u.uid, uname ;
```

执行结果如图4-55所示。

从执行结果可以看出，orders表放置在连接操作的左边，也就是当在orders表中找不到uid的匹配项时，orders表中的显示的列为NULL。此外，使用count(t.uID)只能统计非空值的数据。

学习提示：左外连接和右外连接的操作相同，区别在于表相对于JOIN关键字的位置不同。

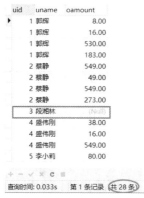

图4-54　左外连接使用示例

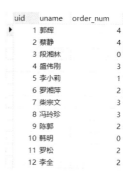

图4-55　右外连接使用示例

4.3.6　联合查询

[微课视频]

联合查询是多表查询的一种形式，它从垂直方向组合多张表，而连接查询是从水平方向组合多张表。因此进行联合查询时，要保证参与联合的多个 SELECT 语句的列及对应列的数据类型必须兼容，查询结果集包含联合查询中的每一个查询结果集的全部行。其语法格式如下。

```
SELECT 语句 1
UNION[ALL]
SELECT 语句 2
[UNION [ALL]< SELECT 语句 3>][...n]
```

其中，UNION 为联合查询关键字；关键字 ALL 表示显示结果集所有行；省略 ALL 时，则系统自动删除结果集中的重复行。当使用 ORDER BY 或 LIMIT 子句时，只能在联合查询的最后一个查询后指定，且使用第一个查询的列名作为查询结果集的列名。

【例 4.56】联合查询用户 id 值为 1 和 2 的用户信息，列出用户 id、用户名和性别。

```
SELECT uid, uname, ugender
FROM users
WHERE uid = 1
UNION
SELECT uid, uname, ugender
FROM users
WHERE uid = 2 ;
```

执行结果如图 4-56 所示。

【例 4.57】联合查询类别 id 值为 1 和 2 的商品信息，列出类别 id、商品名称和商品价格，并按价格从高到低排序。

```
SELECT cid, gname, gprice
FROM goods
WHERE cid = 1
UNION
SELECT cid, gname, gprice
FROM goods
WHERE cid = 2
ORDER BY gprice DESC ;
```

执行结果如图 4-57 所示。

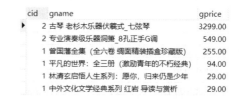

图4-56　联合查询使用示例

图4-57　联合查询排序使用示例

任务4 子查询多表数据

【任务描述】子查询是多表数据查询的另一种有效方法，当数据查询的条件依赖于其他查询的结果时，使用子查询可以有效解决此类问题。本任务阐述了子查询作为表达式、子查询作为相关数据、子查询作为派生表、子查询作为数据更改条件和子查询作为数据删除条件等查询技巧。

4.4.1 子查询简介

子查询又称为嵌套查询，子查询也是一个 SELECT 语句，它可以嵌套在一个 SELECT 语句、INSERT 语句、UPDATE 语句或 DELETE 语句中。包含子查询的 SELECT 语句称为外层查询或父查询。子查询可以把一个复杂的查询分解成一系列的逻辑步骤，通过使用单个查询命令来解决复杂的查询问题。

子查询的执行过程可以描述为：首先执行子查询中的语句，并将返回的结果作为外层查询的过滤条件，然后再执行外层查询。在子查询中通常要使用比较运算符及 IN、ANY 和 EXISTS 等运算符。下面通过一个实例剖析子查询的执行过程。

【例 4.58】查询 goods 表，列出所有"图书"类商品的商品 id、商品名称、价格和销售量。

第1步：先在 category 表中，查出类别名称为"图书"的类别 id（cid）。

```
SELECT cid
FROM category
WHERE cname = '图书' ;
```

执行上述代码，可以查看到 cid 值为 1。

第2步：在 goods 表中筛选类别 id 为 1 的商品信息。

```
SELECT gid, gname, gprice, gsale_qty
FROM goods
WHERE cid = 1 ;
```

第3步：合并两个查询语句，将第2步中的数值"1"用第1步中的查询语句替换。

```
SELECT gid, gname, gprice, gsale_qty
FROM goods
WHERE cid = ( SELECT cid
              FROM category
              WHERE cname = '图书' ) ;
```

从以上分析可以看出，子查询的查询结果作为外层查询的条件来筛选记录，其中第2步和第3步查询的结果相同，执行结果如图 4-58 所示。

gid	gname	gprice	gsale_qty
1	林清玄启悟人生系列：愿你，归来仍是少年	29.00	4
2	平凡的世界：全三册 (激励青年的不朽经典)	94.00	53
3	曾国藩全集 (全六卷 绸面精装插盒珍藏版)	255.00	2
4	中外文化文学经典系列 红岩 导读与赏析	29.00	5

图4-58 子查询使用示例

子查询的运用使得多表查询变得更为灵活，通常可以将子查询用作派生表、关联数据或将子查询用作表达式等。

学习提示：子查询是一个 SELECT 语句，必须用圆括号括起来；子查询可以嵌套更深一级的子查询，至多可嵌套 32 层。

4.4.2 子查询作为表达式

在 SQL 中，凡能使用表达式的地方，均可以用子查询来替代，此时子查询的返回结果集必须是单个值或单列值。

[微课视频]

1. 使用比较运算符的子查询

当子查询的结果返回为单值时，通常可以用比较运算符为外层查询提供比较操作。其语法格式如下。

表达式 比较运算符（*子查询*）

其中比较运算符为表 4-1 中列出的运算符。

【例 4.59】查询用户名为"郭辉"的订单信息，列出订单编号、订单金额和下单时间。

```
SELECT ocode, oamount, ordertime
FROM orders
WHERE uid = ( SELECT uid
              FROM users
              WHERE uname = '郭辉' ) ;
```

执行结果如图 4-59 所示。

【例 4.60】查询比"乐器"类商品销售总价高的商品类别，列出类别 id 和销售总价（sale_total）。

```
SELECT cid, SUM(gprice*gsale_qty) as sale_total
FROM goods
GROUP BY cid
HAVING sale_total > ( SELECT SUM(gprice*gsale_qty)
                      FROM goods g JOIN category c
                          on c.cid = g.cid
                      WHERE cname = '乐器' ) ;
```

上述代码中，外层查询按 cid 分组统计每个商品类别中商品的销售总价，在子查询中查找出"乐器"类商品的销售总价，子查询结果作为外查询分组统计后的筛选依据。执行结果如图 4-60 所示。

ocode	oamount	ordertime
▶ O210912082615101	183.00	2021-09-12 08:26:15
O210912065632109	530.00	2021-09-12 18:56:32
O210913102745114	16.00	2021-09-13 10:27:45
O210914043320125	8.00	2021-09-14 16:33:20

图 4-59　比较运算符"="使用示例

cid	sale_total
▶ 1	5753.00

图 4-60　比较运算符">"使用示例

从执行结果看，只有类别 id 值为 1 的商品类别的销售总价超过了"乐器"类商品的销售总价。

2. 使用 IN 运算符的子查询

当子查询的结果返回为单列集合时，可以使用 IN 运算符来判断外层查询中某个列是否在子查询的结果集中。其语法格式如下。

表达式 [NOT] IN（*子查询*）

【例 4.61】查询未购买过商品的会员，列出用户 id、用户名、性别和出生年月。

```
SELECT uid, uname, ugender, ubirthday
FROM users
WHERE uid NOT IN (SELECT uid FROM orders) ;
```

若用户未购买过商品，说明用户 id 在订单表中没有记录，因此不在 orders 订单表中的用户即为所求。此处使用 NOT IN 表示不在集合中。执行结果如图 4-61 所示。

【例 4.62】查询消费金额在 3 000 元以上的用户，列出用户 id、用户名、性别和出生年月。

```
SELECT uid, uname, ugender, ubirthday
FROM users
WHERE uid IN (SELECT uid
             FROM orders
             GROUP BY uid
             HAVING SUM(oamount) >= 3000) ;
```

在子查询中分组统计找出消费金额在 3 000 元以上的 uid 集合，并作为外查询的条件。执行结果如图 4-62 所示。

uid	uname	ugender	ubirthday
▶ 3	段湘林	男	2000-03-01 00:00:00
10	韩明	男	2002-12-23 00:00:00

图 4-61　IN 运算符使用示例（1）

uid	uname	ugender	ubirthday
▶ 6	罗湘萍	女	1985-09-24 00:00:00
8	冯玲珍	女	1994-01-24 00:00:00

图 4-62　IN 运算符使用示例（2）

学习提示： 当子查询的返回结果为单值时，建议使用 "=" 运算符替代 IN 运算符。

3. 使用ANY或ALL运算符的子查询

当子查询的结果返回为单列集合时，还可以使用 ANY 或 ALL 运算符对子查询的返回结果进行比较。其语法格式如下。

表达式 比较运算符{ANY|SOME|ALL}(*子查询*)

上述代码中，使用 ANY 运算符表示外层查询的表达式只要与子查询结果集中的值有一个相匹配，则返回外层查询的结果，SOME 与 ANY 的使用方法完全相同；ALL 则表示外层查询的表达式要与子查询的结果集中的所有值比较，且比较结果都为 TRUE 时才返回外层查询的结果。

【例4.63】 查询比"电脑及配件"类某一商品价格高的商品信息，包括商品 id、商品名称和价格。

```
SELECT gid, gname, gprice
FROM goods
WHERE gprice > ANY( SELECT gprice
                    FROM goods
                    WHERE cid = (SELECT cid
                                 FROM category
                                 WHERE cname = '电脑及配件')) ;
```

执行结果如图 4-63 所示。

本例查询在执行过程中，首先子查询会将 goods 表中"电脑及配件"类商品的价格查询出来，分别是 400 和 86，然后将 goods 表中每一条记录中 gprice 的值与之比较，只要大于 400 和 86 中的最小值，就是符合条件的记录。

【例4.64】 查询比"电脑及配件"类商品价格都高的商品信息，包括商品编号、商品名称和价格。

```
SELECT gid, gname, gprice
FROM goods
WHERE gprice > ALL( SELECT gprice
                    FROM goods
                    WHERE cid = (SELECT cid
                                 FROM category
                                 WHERE cname = '电脑及配件')) ;
```

执行结果如图 4-64 所示。

gid	gname	gprice
2	平凡的世界：全三册（激励青年的不朽经典）	94.00
3	曾国藩全集（全六卷 绸面精装插盒珍藏版）	255.00
5	古琴 老杉木乐器伏羲式_七弦琴	3299.00
6	专业演奏级乐器洞箫_8孔正手G调	549.00
8	寻真水果 山东烟台栖霞红富士苹果 5kg	98.00
10	三星 500GB SSD固态硬盘 SATA3.0接口	400.00

图4-63 ANY运算符使用示例

gid	gname	gprice
5	古琴 老杉木乐器伏羲式_七弦琴	3299.00
6	专业演奏级乐器洞箫_8孔正手G调	549.00

图4-64 ALL运算符使用示例

本例查询的执行过程与【例 4-63】相似，其区别在于商品的 gprice 值要大于 400 和 86 中的最大值。

学习提示： ANY 或 ALL 运算符必须与比较运算符一起使用。

4.4.3 子查询作为派生表

由于 SELECT 语句查询的结果集是关系表，因此子查询的结果集也可放置在 FROM 子句后作为查询的数据源表，这种表称为派生表。在查询语句中需要使用别名来引用派生表。

[微课视频]

【例4.65】 查询年龄在 20 以下的用户名、性别和年龄。

```
SELECT *
FROM ( SELECT uname, ugender, year(now())-year(ubirthday) as age
       FROM users ) AS tb
WHERE age < 20 ;
```

本例中，子查询通过计算求出用户的 age 列，并作为外层查询的数据源表 tb，执行结果如图 4-65 所示。

学习提示： FROM 后的子查询得到的是一张虚表，需要用 AS 子句为虚表定义一个表名。此外，列的别名不能用作 WHERE 子句后的条件表达式，当需要使用列的别名作为过滤条件时，可以使用子查询作为派生表。

uname	ugender	age
▶ 郭辉	男	16
韩明	男	19
罗松	女	19

图4-65　子查询用作派生表示例

4.4.4　相关子查询

相关子查询又称为重复子查询，子查询的执行依赖于外层查询，即子查询依赖外层查询的某个字段来获取查询结果集。派生表或表达式的子查询只执行一次，而相关子查询则要反复执行其执行过程。

[微课视频]

（1）子查询为外层查询的每一条记录执行一次，外层查询将子查询引用的列传递给子查询中引用列进行比较。

（2）若子查询中有记录与其匹配，外层查询则取出该记录放入结果集。

（3）重复执行（1）～（2），直至所有外层查询的表的每一条记录都处理完。

1. 使用 EXISTS 运算符的子查询

在相关子查询中，经常使用 EXISTS 运算符，EXISTS 表示存在量词。使用 EXISTS 运算符的子查询不需要返回任何实际数据，而仅返回一个逻辑值，其语法格式如下。

```
[NOT] EXISTS (子查询)
```

EXISTS 运算符的作用是在 WHERE 子句中测试子查询是否存在结果集，若存在结果集则返回 TRUE，否则返回 FALSE。

【例 4.66】 使用 EXISTS 运算符实现【例 4.60】，查询未购买过商品的会员，列出用户 id、用户名、性别和出生年月。

```
SELECT uid, uname, ugender, ubirthday
FROM users
WHERE NOT EXISTS (SELECT *
                  FROM orders
                  WHERE uid = users.uid) ;
```

本例由于使用 EXISTS 运算符的子查询不需要返回实际数据，所以这种子查询的 SELECT 子句中的结果列表达式通常用 "*" 表示，给出列名没有意义。同时该子查询依赖于外层的某个列值，在本例中子查询依赖外层查询 users 表的 uid。执行结果如图 4-66 所示。

2. 计算相关子查询

相关子查询还可以嵌套在 SELECT 子句的目标列中，通过子查询计算出关联数据的目标列。

【例 4.67】 修改【例 4.60】，查询比 "乐器" 类商品销售总价高的商品类别，列出类别名称和销售总价（sale_total）。

```
SELECT (SELECT cname
        FROM category
        WHERE cid = goods.cid) as cname,
       SUM(gprice*gsale_qty) as sale_total
FROM goods
GROUP BY cid
HAVING sale_total > ( SELECT SUM(gprice*gsale_qty)
                      FROM goods g JOIN category c
                      on c.cid = g.cid
                      WHERE cname = '乐器' ) ;
```

其中，根据外层查询的 goods.cid 在子查询中计算其对应的类别名称 cname。执行结果如图 4-67 所示。

uid	uname	ugender	ubirthday
▶ 3	段湘林	男	2000-03-01 00:00:00
10	韩明	男	2002-12-23 00:00:00

图4-66　EXISTS运算符子查询示例

cname	sale_total
▶ 图书	5753.00

图4-67　计算相关子查询示例

学习提示：相关子查询是动态执行的子查询，可与外层查询进行非常有效的连接查询。

[微课视频]

4.4.5　子查询用于更新数据

子查询不仅可以简化复杂的查询逻辑，当数据更新需要依赖某一个查询的结果集，使用子查询更是一种有效方法。

1. 查询结果集作为插入的数据源

在实际开发或测试过程中，经常会遇到需要表复制的情况，例如将一个表中满足条件的数据的部分列复制到另一个表中。使用 INSERT…SELECT 语句可以把查询结果集添加到现有表中，这种方式比使用多个单行的 INSERT 语句效率要高得多。其语法格式如下。

```
INSERT [INTO] 表名[(列名1,列名2,…,列名n)]
SELECT 列名1[,列名2,…,列名n]
FROM 表名
WHERE 条件表达式
```

SELECT 语句的格式与 4.1.1 小节中介绍的语法格式相同。

【例 4.68】创建商品历史表（goods_history），并将销售量小于等于 2 且上架时间超过 60 天的商品下架处理，并将这些商品添加到 goods_history 表中。

```
#创建商品历史表goods_history, 其结构与商品表goods 相同
CREATE TABLE goods_history LIKE goods ;
#将满足条件的商品插入到goodsHistory 表中
INSERT INTO goods_history
SELECT *
FROM goods
WHERE gsale_qty <= 2 AND DATEDIFF(NOW(), gaddtime) >= 60 ;
```

上述代码中，DATEDIFF()用来计算两个日期间的天数差。本例中先通过表复制语句创建 goods_history 表，其表结构与 goods 表相同。然后再使用 INSERT…SELECT 语句将查询结果集插入 goods_history 表中。执行结果如图 4-68 所示。

```
信息  剖析  状态

INSERT INTO goods_history
SELECT *
FROM goods
WHERE gsale_qty <= 2 AND DATEDIFF(CURRENT_TIME, gaddtime) >= 60
> Affected rows: 2
> 时间: 0.013s
```

图4-68　查询结果集作为INSERT语句的数据源

从查询结果看，有 2 条符合条件的记录插入到了 goods_history 表中。

学习提示：在使用 INSERT…SELECT 语句时，必须保证目标表中列的数据类型与源表中相应列的数据类型一致；必须确定目标表中的列是否存在默认值，或所有被忽略的列是否允许为空，如果不允许为空，就必须为这些列提供值。

2. 子查询用于修改数据

当数据的更新需要依赖于其他查询结果时，可以使用子查询作为 UPDATE 语句的更新条件。

【例 4.69】为消费金额在 3 000 元以上的用户赠送 50 积分。

```
UPDATE users
SET ucredit = ucredit + 50
WHERE uid IN (SELECT uid
              FROM orders
              GROUP BY uid
              HAVING SUM(oamount) >= 3000) ;
```

修改 users 表，当 uid 在消费金额在 3 000 元以上的用户集合的，则进行数据更新。执行结果如图 4-69 所示。

3. 子查询用于删除数据

当删除需要依赖于其他查询结果时，可以使用子查询作为 DELETE 语句的条件。

【例 4.70】将已经下架的商品从 goods 表中删除，其中下架商品是指已经存放在 goods_history 表（goods_history 表在【例 4.68】中创建）中的商品。

```
DELETE FROM goods
WHERE gcode IN (SELECT gcode
                FROM goods_history);
```

由于删除的数据依赖其他表，因而要使用 gcode 列作为商品删除的依据，执行结果如图 4-70 所示。

图4-69　子查询作为UPDATE语句的更新条件　　　图4-70　子查询作为DELETE语句的删除条件

从执行结果看，有 2 条记录被删除。读者可以查看 goods 表中的商品数据，看有哪些变化。

习题

1. 单项选择题

（1）关于 SELECT 语句，以下描述错误的是（　　）

　　A. SELECT 语句用于查询一个表或多个表的数据。

　　B. SELECT 语句属于数据操作语言。

　　C. SELECT 语句查询的结果列必须是基于表中的列。

　　D. SELECT 语句用于查询数据库中一组特定的数据记录。

（2）在 SELECT 语句中，用于去除重复行的关键字是（　　）。

　　A. DISTINCT　　　　　　B. LIMIT　　　　　　C. HAVING　　　　　　D. REGEXP

（3）模糊查询中条件语句中使用的关键字是（　　）。

　　A. NOT　　　　　　　　B. AND　　　　　　　C. LIKE　　　　　　　D. OR

（4）在 SELECT 语句中，符号（　　）表示选择表中所有的列。

　　A. *　　　　　　　　　B. #　　　　　　　　C. @　　　　　　　　D. %

（5）下列聚合函数中用于统计最大值的是（　　）。

　　A. SUM(列名)　　　　　B. MAX(列名)　　　　C. COUNT(列名)　　　D. MIN(列名)

（6）联合查询使用的关键字是（　　）。

　　A. UNION　　　　　　　B. JOIN　　　　　　　C. ALL　　　　　　　D. FULL ALL

（7）有三个表，它们的记录行数分别是 10 行、2 行和 6 行，三个表进行交叉连接后，结果集中共有（　　）行数据。

　　A. 18　　　　　　　　　B. 26　　　　　　　　C. 120　　　　　　　　D. 不确定

（8）关于连接查询说法不正确的是（　　）。

　　A. 内连接是查询结果集返回与连接条件匹配的记录。

　　B. 外连接是查询结果集除返回与连接条件匹配的记录外，还包括左表或右表的任何记录。

　　C. 交叉连接是查询结果集返回两个表的任何记录的笛卡尔积，查询结果集的列为各关系表的列之和，记录行数为各关系表行数的乘积。

　　D. 数据库中的表不能自己与自己建立连接。

（9）在图书管理系统中，有如下 3 张表。

- 图书表（总编号，分类号，书名，作者，出版单位，单价）。
- 读者表（借书证号，单位，姓名，性别，地址）。
- 借阅表（借书证号，总编号，借书日期）。

在该系统数据库中，若要查询借阅了《数据库技术》一书的借书证号的 SQL 语句如下。

```
SELECT 借书证号 FROM 借阅 WHERE 总编号=_____ ;
```

在横线处填写下面哪个子查询语句可以实现上述功能（　　）。

A. (SELECT 借书证号 FROM 图书 WHERE 书名='数据库技术')

B. (SELECT 总编号 FROM 图书 WHERE 书名='数据库技术')

C. (SELECT 借书证号 FROM 借阅 WHERE 书名='数据库技术')

D. (SELECT 总编号 FROM 借阅 WHERE 书名='数据库技术')

（10）在学生选课系统中，有如下 3 张表。

- 学生表（学号，姓名，性别，年龄，所在院系）。
- 课程表（课程编号，课程名称，选修课编号，学分）。
- 选修表（选修编号，学生学号，课程编号，成绩）。

在该系统中，若要查询每位学生选修的课程数目，正确的 SQL 语句是（　　）。

A. SELECT 学生学号，SUM(*) FROM 选修表 GROUP BY 学生学号

B. SELECT 学生学号，SUM(*) FROM 选修表 GROUP BY 课程编号

C. SELECT 学生学号，COUNT(*) FROM 选修表 GROUP BY 课程编号

D. SELECT 学生学号，COUNT(*) FROM 选修表 GROUP BY 学生学号

2. 思考题

（1）HAVING 和 WHERE 都可以用于对查询结果进行筛选，它们的作用有何不同？为什么会产生这种不同？在什么时候 HAVING 的条件可以用 WHERE 条件来取代而结果不变？请谈谈你的理解。

（2）当查询的数据涉及多张数据表时，可以使用连接查询或者子查询（嵌套查询）来实现。那么子查询和连接查询是否可以相互替代呢？是不是所有使用了连接查询的 SQL 语句都可以用子查询来实现？通过子查询来实现的查询业务是否又都可以写成连接查询呢？请简述你的理解。

项目实践

1. 实践任务

根据用户需求，查询 onlinedb 数据库中的数据。

2. 实践目的

（1）会查询使用 SELECT 语句查询单表或多表数据。

（2）会使用 ORDER BY 子句对查询结果排序。

（3）会使用 GROUP BY 子句实现数据分组统计。

（4）会使用窗口函数统计分析数据。

3. 实践内容

- 单表查询

（1）查询 users 表，列出用户的所有信息。

（2）查询 goods 表，列出商品编号、商品名称和进货量（库存数量+销售数量，列名为 purchases）。

（3）查询 users 表，找出 2000 年以后出生的用户，列出用户名、性别和所在城市。

（4）查询 users 表，找出使用 QQ 邮箱的用户，列出登录名、用户名和邮箱地址。

（5）查询 users 表，找出来自北京、广州和深圳三个城市的用户，列出用户名、性别和所在城市。

（6）查询单笔订单金额在 5 000 元以上的订单号。

● 排序、分组统计与分析

（7）查询 users 表，列出积分排名前 5 的用户名和积分。

（8）查询 users 表，按性别统计用户的平均年龄，列出性别和平均年龄（avg_age）。

（9）查询 users 表，统计各城市的用户人数（num），并按用户人数从高到低排序。

（10）查询 users 表，列出积分排名前 5 的用户名、积分和名次（ranking）。

● 多表查询或子查询

（11）查询 goods 表，列出所有乐器类商品的 id、商品名称、类别 id 和类别名称。

（12）查询图书类商品的总销售量（sale_count）。

（13）查询用户"段湘林"的购物车信息，列出商品 id、商品名称、价格和数量。

（14）查询用户"郭辉"的订单信息，列出订单 id、订单编号、订单金额和下单日期。

（15）查询订单号为"O210912082615101"的订单详情，列出商品名称、价格和购买量。

（16）查询购买过"平凡的世界"商品的用户信息，列出用户名、性别和出生日期

（17）使用联合查询，查询来自北京、广州和深圳三个城市的用户，列出用户名、性别和所在城市。

拓展实训

在诗词飞花令游戏数据库 poemGameDB 中，完成下列查询操作。

（数据库脚本文件可在课程网站下载）

● 单表查询

（1）查询 poet 表，列出所有诗人的所有信息。

（2）查询 poem 表，列出诗歌标题、内容和诗词热度。

（3）查询 poet 表，找出所有唐朝诗人的姓名、性别和字号。

（4）查询 poem 表，找出所有热度大于 100 的诗词，列出诗词标题、诗词内容和诗词热度。

（5）查询 poemType 表，找出所有根据诗词主题进行分类的类别名称。

（6）查询 poet 表，列出诗人的姓名、生活的朝代和享年岁数（逝世年份-出生年份，列名为 Age）

● 排序、分组统计与分析

（7）查询 poem 表，列出热度排名前 5 的诗词的标题和内容。

（8）查询 poet 表，统计各朝代诗人的平均热度，列出朝代和平均热度，并按热度从高到低排序。

（9）查询 poet 表，统计各朝代诗人的数量。

● 多表查询或子查询

（10）查询 poem 表中唐代诗人所创作的诗词，列出诗词标题、作者、朝代和诗词内容。

（11）查询包含地名令的所有诗词的诗词标题、内容和注解。

（12）查询记录了所有爱国主义诗词的诗词标题、内容和诗词热度。

（13）查询诗人李清照所创作的所有诗词的总热度。

（14）查询所有以"边塞征战"为主题的诗词中热度最高的诗词的标题、内容和作者。

（15）查询诗词《破阵子·为陈同甫赋壮词以寄之》所包含的所有飞花令，列出诗词标题和飞花令名称。

（16）使用联合查询，查询出生于山东、四川和浙江的诗人，列出诗人姓名、朝代和出生地。

常见问题

扫描二维码查阅常见问题。

【高级应用篇】
项目五
优化查询网上商城系统数据

在数据库的开发和应用中，如何方便快捷地从数据库中查询所需数据是至关重要的。然而默认情况下，数据的查询是根据搜索条件进行全表扫描，并将符合条件的记录添加到结果集中。在数以千万计的数据海洋中，对全表进行扫描和数据优化需要花费较长的时间。若不进行查询性能的优化，必将影响应用程序的性能和用户体验，严重时将会制约应用系统的正常运行。MySQL 提供的视图和索引等机制可以有效地提高数据访问的效率。

本项目主要介绍视图和索引对象的使用，以及优化查询的基本方法和策略。

学习目标

★ 了解什么是索引、视图
★ 会创建和管理视图
★ 会创建和管理索引
★ 了解各种写出高效查询语句的方法

拓展阅读

名言名句

知之愈明，则行之愈笃；行之愈笃，则知之愈益明。——朱熹《朱子语类》

任务1　使用视图优化查询操作

【任务描述】使用 SQL 语句查询数据时，查询结果会直接输出到客户端并且不会被保存。若需要多次查询相同的数据，可以将查询的定义封装成视图，以简化查询操作。视图是虚表，存储的内容是 SQL 语句，其关联的数据在视图被使用时动态生成，数据随着基本表的变化而变化。视图就像一个窗口，用户只需要关心视图窗口提供的数据即可。本任务主要讲解如何利用视图查询数据，使数据库开发人员能够有效、灵活地管理多个数据表，以及简化数据操作、提高数据的安全性。

5.1.1　视图简介

视图是从数据库中一个或多个表（或视图）中导出来的表，其关联的数据由 SQL 语句定义。视图与表（为了区分视图，物理定义的表也称基本表）一样由行和列组成，但它不存储

[微课视频]

实际的数据内容，当使用视图查询数据时，数据库系统会从视图引用的表中提取相应的数据。因此，视图中的数据依赖原始数据表中的数据，一旦表中的数据发生改变，显示在视图中的数据也会发生改变。因此，视图永远依赖与之相关的基本表。

视图定义后，可以像操作基本表一样进行查询、添加、修改和删除操作。视图具有以下优点。

（1）简单性。视图可以将多个表的数据集中在一起，简化了用户对数据的查询和处理，同时也屏蔽了数

据库中表与表之间的复杂性。

（2）安全性。通过视图可以更方便地进行权限控制，能够使特定的用户只能查询和修改能看到的数据。视图权限设置与其关联的基本表的权限设置互不影响。

（3）逻辑数据独立性。视图可以屏蔽基本表的表结构变化带来的影响。若应用程序直接操作基本表，当基本表的表结构发生更改时，对应的应用程序也需要随之更改。若应用程序使用视图，当基本表的表结构发生更改时，只需要修改视图对应的 SQL 语句即可，无须修改应用程序。通过视图可以将应用程序与数据库的基本表分隔开。

5.1.2　创建和查看视图

可以使用图形工具或 CREATE VIEW 语句两种方式创建视图。

［微课视频］

1. 使用 Navicat 创建视图

【例 5.1】使用 Navicat 创建名为 view_users_orders 的视图，用于查询会员的订单和订单详情。列出用户 id、用户名、订单编号、下单日期、订单金额、商品 id、商品名称、购买数量和单价。

操作步骤如下。

（1）打开 Navicat 中的"onlinedb"数据库，单击"视图"节点，如图 5-1 所示。

（2）单击图 5-1 中"新建视图"按钮，打开视图编辑区，如图 5-2 所示。

图5-1　视图对象　　　　　　　　　　　　　　图5-2　视图编辑区

（3）在图 5-2 中，单击"视图创建工具"，打开视图设计器。根据需求，本例的数据来自 4 张表，分别是 users、orders、ordersitem 和 goods 表，这时需将这 4 张表从对象浏览区拖曳到主设计区中，如图 5-3 所示。

图5-3　视图设计器

设计者可以编辑主设计区和子句编辑区，选择所需要显示的列，编辑视图条件、分组、排序并限制返回的数据行数，在 SQL 脚本预览区会实时更新视图定义的 SQL 语句。

（4）根据本例需求，需在主设计区的各表中勾选要查询的字段，同时根据 onlinedb 数据库的物理模型，构建表间连接。例如构建 users 表与 orders 表的表间连接，只需单击 users 表的 uid 列，并按住鼠标左键将其拖曳到 orders 表的 uid 列上即可，如图 5-4 所示。

图5-4 在视图设计器中构建表间连接

（5）表间连接建立好后，用同样方式构建其他表的表间连接。表间连接建立好后，双击或右键单击连接可以对其进行编辑，如图 5-5 所示。

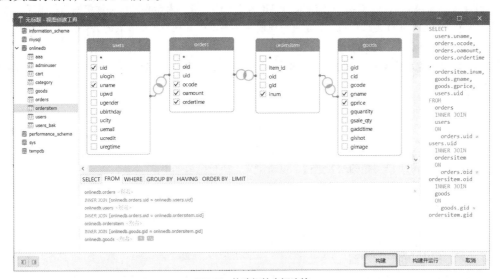

图5-5 构建好的表间连接

从图 5-5 所示的 SQL 脚本可以看出，采用拖曳方式构建的连接，默认使用内连接。

（6）单击"构建"按钮，回到视图编辑区，单击"美化 SQL"按钮，Navicat 会按最优化格式对生成的 SQL 脚本进行排版，如图 5-6 所示。

（7）单击"保存"按钮，在弹出的输入视图名窗口中输入 view_users_orders。确定后返回到视图对象窗口，可以看到视图对象下存在名为 view_users_orders 的视图对象，如图 5-7 所示。

若想查看视图数据结果集，只需在对象浏览窗口中双击视图名即可。

学习提示：视图的命名必须遵循命名规则，且不能与表同名，视图命名建议以"view_"开头。

2. 使用 SQL 语句创建视图

使用 CREATE VIEW 语句可以创建视图对象，其语法格式如下。

图5-6　编辑视图

图5-7 视图对象

```
CREATE [OR REPLACE] VIEW [数据库名.]视图名[(列名列表)]
AS
SELECT 语句
[WITH [CASCADED|LOCAL] CHECK OPTION]
```

上述代码语法说明如下。

● OR REPLACE：当指定 OR REPLACE 子句时，若视图存在则修改定义，否则创建新视图。

● 列名列表：视图自定义的列名，该列表中的列名必须与视图定义的 SELECT 语句查询的结果列一一对应，若使用与源表或视图中相同的列名，则可以省略列名列表。

● SELECT 语句：视图定义的 SELECT 语句。

● WITH [CASCADED | LOCAL] CHECK OPTION：可选参数，表示要保证在该视图的权限范围之内更新视图。其中 CASCADED 是默认值，表示更新视图时要满足所有相关视图和表的条件，LOCAL 表示更新视图时要满足该视图本身定义的条件。

【例 5.2】创建名为 view_cart 的视图，用来显示购物车信息，列出用户 id、用户名、商品 id、商品名称、商品价格和购买数量。

```
CREATE VIEW view_cart(uid, uname, gid, gname, price, num)
AS
SELECT u.uid, u.uname, g.gid, g.gname, g.gprice, c.cnum
FROM users u JOIN cart c JOIN goods g
ON u.uid=c.uid AND c.gid=g.gid ;
```

上述代码对 SELECT 语句中的列名进行了重新定义，执行结果如下。

```
Query OK, 0 rows affected (0.01 sec)
```

3. 查看视图

查看视图的方法与查看表的方法基本相似。在查看视图之前确定用户是否有查看视图的权限（可以查询系统数据库 mysql 中 user 表的 show_view_priv 列的值），默认值为 "Y"，表示允许。

（1）查看数据库中的所有视图

在 MySQL 中，information_schema 数据库中的 views 表存储了所有视图的定义。

【例 5.3】查看 onlinedb 数据库中所有的视图信息。

```
SELECT *
FROM information_schema.views
WHERE table_schema = 'onlinedb';
```

其中，table_schema 为指定的表集合，这里可以看成表所属的数据库。执行上述代码，结果如图 5-8 所示。

TABLE_CATALOG	TABLE_SCHEMA	TABLE_NAME	VIEW_DEFINITION	CHECK_OPTION	IS_UPDATABLE	DEFINER	SECURITY_TYPE	CHARACTER_SET_CL	COLLATION_CONNE
▶ def	onlinedb	view_users_orders	select `onlinedb`.`users`.`uname` AS `una	NONE	YES	root@localhost	DEFINER	utf8mb4	utf8mb4_0900_ai_ci
def	onlinedb	view_cart	select `u`.`uid` AS `uid`,`u`.`uname` AS `un	NONE	YES	root@localhost	DEFINER	utf8mb4	utf8mb4_0900_ai_ci

图5-8　查看指定数据库下的视图信息

学习提示：schema 在数据库中表示数据库对象的集合，它可以包含各种对象，例如表、视图、存储过程、索引等。

（2）使用 SHOW TABLE STATUS 语句查看视图

使用 SHOW TABLE STATUS 语句可以查看指定视图的基本信息，其语法格式如下。

```
SHOW TABLE STATUS LIKE '视图名' ;
```

【例 5.4】使用 SHOW TABLE STATUS 语句查看名为 view_cart 的视图。

```
SHOW TABLE STATUS LIKE 'view_cart' \G
```

执行结果如图 5-9 所示。

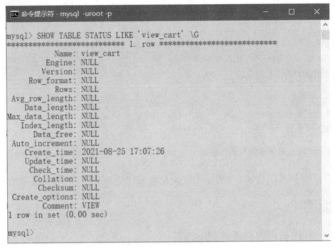

图5-9　查看视图基本信息

从执行结果看，Name 的值为 view_cart；Comment 的值为 VIEW，说明该表为视图；其他关于数据的信息均为 NULL，说明该表为虚表。

（3）使用 DESCRIBE 语句查看视图

与查看表结构一样，使用 DESCRIBE 语句可以查看视图的结构信息，其语法格式如下。

```
DESCRIBE 视图名
```

【例 5.5】使用 DESCRIBE 语句查看名为 view_cart 的视图。

```
DESCRIBE view_cart ;
```

执行结果如图 5-10 所示。查看结果显示了视图的字段定义、字段的数据类型、是否为 NULL、是否为键、默认值和其他信息。

Field	Type	Null	Key	Default	Extra
uid	int	NO		0	
uname	varchar(30)	NO		(Null)	
gid	int	NO		0	
gname	varchar(200)	NO		(Null)	
price	decimal(20,2)	NO		0.00	
num	int	NO		0	

图5-10　查看视图的结构信息

使用 SHOW CREATE VIEW 语句可以查看指定视图的定义文本，其方法与查看数据库和表的定义文本方法一样。读者可以自行尝试使用该语句查看视图定义的文本。

5.1.3　通过视图查询数据

视图定义好后，可以像使用基本表查询数据一样通过视图查询数据。

【例 5.6】查询用户"段湘林"购物车中商品的商品 id、商品名称、价格和购买数量。

由于视图 view_cart 中包含了所需数据内容，因此数据可以直接从该视图中获取。

[微课视频]

```
SELECT gid, gname, price, num
FROM view_cart
WHERE uname = '段湘林' ;
```

执行上述代码，结果如图 5-11 所示。

学习提示：通过视图能查询到的数据列一定是在视图定义时 SELECT 语句所包含的列或计算列。例如，视图 view_cart 中不包含商品是否热销，因此通过该视图就查询不到商品的热销状态。

【例 5.7】查询用户"蔡静"在 2021 年全年的总销费金额，列名为 total_2021。

视图 view_users_orders 中包含了用户的订单和订单详情信息，只需对该视图进行简单的统计和筛选即可查询到所需数据。

```
SELECT  SUM(gprice*inum) AS total_2021
FROM view_users_orders
WHERE uname = '蔡静' AND year(ordertime) = 2021;
```

执行上述代码，结果如图 5-12 所示。

gid	gname	price	num
2	平凡的世界：全三册 (激励青年的不朽经典)	94.00	1
6	专业演奏级乐器洞箫_8孔正手G调	549.00	1

total_2021
1429.00

图5-11　简单查询视图示例　　　　　　　　图5-12　统计查询视图示例

从【例 5.6】和【例 5.7】可以看出，使用视图极大地简化了查询，使原本复杂的查询变得简单。

5.1.4　维护视图

当需求发生变更时，程序员可以修改或删除视图。

1. 修改视图

当视图依赖的基本表发生改变，或需要通过视图查询更多的信息时，可以对定义好的视图进行修改。修改视图可以使用图形工具也可以使用 SQL 语句，图形工具的使用方法与创建视图时的方法相同，这里仅介绍使用 SQL 语句修改视图的方法。

[微课视频]

（1）使用 CREATE OR REPLACE VIEW 语句修改视图

在 MySQL 中，CREATE OR REPLACE VIEW 语句的使用非常灵活，当要操作的视图不存在时，可以创建视图；当视图已存在时，可以修改视图。

【例 5.8】修改名为 view_cart 的视图，在原有查询的基础上增加用户的邮箱。

```
CREATE OR REPLACE VIEW view_cart(uid,uname,uemail,gid,gname,price,num)
AS
SELECT u.uid, u.uname, u.uemail, g.gid, g.gname, g.gprice, c.cnum
FROM users u JOIN cart c JOIN goods g
ON u.uid=c.uid AND c.gid=g.gid ;
```

由于视图 view_cart 存在，上述语句对该视图进行了定义修改。使用 DESC 语句查看该视图的结构，代码如下。

```
DESC view_cart
```

执行结果如图 5-13 所示。

Field	Type	Null	Key	Default	Extra
uid	int	NO		0	
uname	varchar(30)	NO		(Null)	
uemail	varchar(50)	YES		(Null)	
gid	int	NO		0	
gname	varchar(200)	NO		(Null)	
price	decimal(20,2)	NO		0.00	
num	int	NO		0	

图5-13　查看view_cart视图的结构

对比图 5-10 所示的结果可以看出，视图 view_cart 的字段中增加了 uemail 字段，说明修改视图成功。

【例5.9】创建名为 view_users 的视图，列出用户 id、登录名、用户名、密码和性别。

```
CREATE OR REPLACE VIEW view_users
AS
SELECT uid, ulogin, uname, upwd, ugender
FROM users ;
```

上述语句创建了名为 view_users 的视图。查询系统数据库 information_schema 中的 views 表，查看 onlinedb 数据库中已定义的视图，具体代码如下。

```
SELECT *
FROM information_schema.views
WHERE table_schema = 'onlinedb' ;
```

其中，table_schema 用于指定待查询的对象名称，查询结果如图 5-14 所示。

信息	结果1	剖析	状态							
TABLE_CAT	TABLE_SCHEMA	TABLE_NAME	VIEW_DEFINITION	CHECK_OPTION	IS_UPDATABLE	DEFINER	SECURITY_TYPE	CHARACTER_SET_CL	COLLATION_CONNECTION
▶ def	onlinedb	view_cart	select `u`.`uid` AS `uid`,`u`.`uname` AS `un	NONE	YES	root@localhost	DEFINER	utf8mb4	utf8mb4_0900_ai_ci
def	onlinedb	view_users	select `onlinedb`.`users`.`uid` AS `uid`,`on	NONE	YES	root@localhost	DEFINER	utf8mb4	utf8mb4_0900_ai_ci
def	onlinedb	view_users_orders	select `onlinedb`.`users`.`uid` AS `uid`,`on	NONE	YES	root@localhost	DEFINER	utf8mb4	utf8mb4_0900_ai_ci

图5-14　查看onlinedb下所有的视图

从查询结果可以看出，视图 view_users 创建成功。

（2）使用 ALTER VIEW 语句修改视图

ALTER VIEW 语句用于修改已存在的视图，其语法格式如下。

```
ALTER VIEW [数据库名.]视图名[(列名列表)]
AS
select 语句
[WITH [CASCADED|LOCAL] CHECK OPTION]
```

上述语句语法说明与创建视图相同。

【例5.10】使用 ALTER VIEW 语句实现【例5.8】。

```
ALTER VIEW view_cart(uid,uname,uemail,gid,gname,price,num)
AS
SELECT u.uid, u.uname, u.uemail, g.gid, g.gname, g.gprice, c.cnum
FROM users u JOIN cart c JOIN goods g
ON u.uid=c.uid AND c.gid=g.gid ;
```

执行上述语句，视图修改成功。读者可以使用 DESC 语句查看 view_cart 视图的结构与【例5.8】执行的结果是否相同。

2. 删除视图

当不再需要视图时，使用图形工具和 SQL 语句都可以删除视图。使用图形工具删除视图只需要在对象浏览器窗口右键单击待删除视图名，在弹出的快捷菜单中选择"删除视图"命令即可。使用 SQL 语句中的 DROP VIEW 语句删除视图。删除视图时，只会删除视图的定义，并不会删除视图关联的数据。其语法格式如下。

```
DROP VIEW [IF EXISTS] 视图名
```

上述代码中，IF EXISTS 为可选参数，用于判断视图是否存在，如果存在则执行该语句，不存在则不执行该语句。

【例5.11】删除视图 view_users_orders。

```
DROP VIEW view_users_orders ;
```

执行上述语句，并执行视图定义查看语句。

```
SHOW CREATE VIEW view_users_orders ;
```

执行结果如图 5-15 所示。

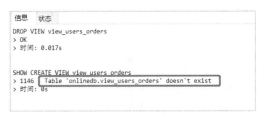

图5-15　删除视图示例

执行结果显示不存在名为 view_users_orders 的视图，表示删除视图成功。

5.1.5　更新视图

［微课视频］

在 MySQL 中，视图不仅可以查询数据，而且可以更新数据。由于视图是一张虚表，因此可以使用 INSERT 或 UPDATE 语句通过更新视图插入或更新基本表中的数据，并可以使用 DELETE 语句通过更新视图删除基本表中的数据。

1. 通过视图修改数据

可以通过使用 UPDATE 语句通过更新视图来更新基本表。其语法格式如下。

```
UPDATE 视图名
SET 列名1=值1, 列名2=值2,…, 列名n=值n
WHERE 条件表达式
```

上述代码中的参数与 UPDATE 语句参数相同。

【例 5.12】通过视图 view_cart 修改会员"李小莉"的邮箱为 lixiaoli@qq.com。

```
UPDATE view_cart
SET uemail = 'lixiaoli@qq.com'
WHERE uname = '李小莉' ;
```

执行上述语句，结果如图 5-16 所示。并使用 SELECT 语句查看用户"李小莉"的邮箱地址。

```
SELECT uemail FROM users WHERE uname = '李小莉' ;
```

执行结果如图 5-17 所示。

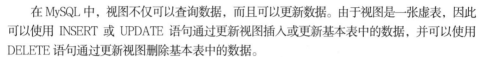

图5-16　更新视图关联的数据　　　　图5-17　查询表数据

从结果可以看到，users 表中会员"李小莉"的"uemail"已经修改为"lixiaoli@qq.com"，表示通过视图更新数据成功。

需要注意的是，并不是所有的视图都可以用来更新数据，若视图的定义包含以下情况中的任何一种，则该视图就不可更新。

- 包含聚合函数。
- 包含 DISTINCT、UNION、ORDER BY、GROUP BY 和 HAVING 等关键字或子句。
- 包含子查询。
- 由不可更新的视图导出的视图。
- 视图对应的基本表中存在没有默认值且不为空的列，而该列没有包含在视图里。

学习提示： 虽然可以通过更新视图操作基本表的数据，但是限制较多。实际情况下，最好将视图仅作为查询数据的虚表，而不要通过视图更新数据。

2. 通过视图向基本表插入数据

可以通过使用 INSERT 语句更新视图向基本表插入数据，其语法格式如下。

```
INSERT [INTO] 视图名[(列名列表)]
VALUES(值列表1)[,(值列表2),…,(值列表n)]
```

上述代码中的参数与 INSERT 语句参数相同。

【例 5.13】通过视图 view_users，向 users 表中插入一行数据。

```
INSERT INTO view_users(ulogin, uname, upwd, ugender)
VALUES('13876431290', '周鹏', '123', '男') ;
```

执行上述语句，并查询 users 表，结果如图 5-18 所示。

从结果集可以看到，用户"周鹏"的数据通过视图 view_users 成功插入 users 表中。

uid	ulogin	uname	upwd	ugender	ubirthday	ucity	uemail	ucredit	uregtime
1	13546780000	刘立	111	男	(Null)	(Null)	liuli@qq.com	0	2021-08-16 19:48:16
2	14786593245	蔡静	202cb962ac59075b	女	1998-10-28 00:00:00	深圳	258269775@qq.com	139	2021-09-10 00:00:00
3	18974521635	段湘林	202cb962ac59075b	男	2000-03-01 00:00:00	长沙	127582934@qq.com	0	2021-09-10 00:00:00
4	13598742685	盛伟刚	202cb962ac59075b	男	1994-04-20 00:00:00	北京	24596325@qq.com	58	2021-09-10 00:00:00
5	14752369842	李小莉	202cb962ac59075b	女	1989-09-03 00:00:00	广州	lixiaoli@qq.com	8	2021-09-10 00:00:00
6	16247536915	罗湘萍	202cb962ac59075b	女	1985-09-24 00:00:00	长沙	2157596@qq.com	591	2021-09-10 00:00:00
7	18245739214	柴宗文	202cb962ac59075b	男	2000-02-19 00:00:00	北京	225489365@qq.com	104	2021-09-10 00:00:00
8	17632954782	冯玲珍	202cb962ac59075b	女	1994-01-24 00:00:00	广州		399	2021-09-10 00:00:00
9	15874269513	陈郭	202cb962ac59075b	女	2001-07-02 00:00:00	北京	2159635874@qq.co	65	2021-09-10 00:00:00
10	17654289375	韩明	202cb962ac59075b	男	2002-12-23 00:00:00	长沙	2459632@qq.com	0	2021-09-10 00:00:00
11	19875236942	罗松	202cb962ac59075b	女	2002-09-12 00:00:00	广州	25578963@qq.com	237	2021-09-10 00:00:00
12	17652149635	李全	202cb962ac59075b	男	2001-04-29 00:00:00	长沙	2225478@qq.com	62	2021-09-10 00:00:00
13	13876431290	周鹏	123	男	(Null)	(Null)	(Null)	0	2021-09-10 11:44:28

图5-18　查询执行插入操作后的结果集

3. 通过视图删除基本表中的数据

可以通过 DELETE 语句更新视图来删除基本表中的数据，其语法格式如下。

```
DELETE FROM 视图名
[WHERE 条件表达式]
```

上述代码中的参数与 DELETE 语句参数相同。

【例 5.14】通过视图 view_users，删除 users 表中用户名为“周鹏”的数据。

```
DELETE FROM view_users
WHERE uName='周鹏'
```

执行上述语句，并查询 users 表，结果集如图 5-19 所示。

uid	ulogin	uname	upwd	ugender	ubirthday	ucity	uemail	ucredit	uregtime
1	13546780000	刘立	111	男	(Null)	(Null)	liuli@qq.com	0	2021-08-16 19:48:16
2	14786593245	蔡静	202cb962ac59075b	女	1998-10-28 00:00:00	深圳	258269775@qq.com	139	2021-09-10 00:00:00
3	18974521635	段湘林	202cb962ac59075b	男	2000-03-01 00:00:00	长沙	127582934@qq.com	0	2021-09-10 00:00:00
4	13598742685	盛伟刚	202cb962ac59075b	男	1994-04-20 00:00:00	北京	24596325@qq.com	58	2021-09-10 00:00:00
5	14752369842	李小莉	202cb962ac59075b	女	1989-09-03 00:00:00	广州	lixiaoli@qq.com	8	2021-09-10 00:00:00
6	16247536915	罗湘萍	202cb962ac59075b	女	1985-09-24 00:00:00	长沙	2157596@qq.com	591	2021-09-10 00:00:00
7	18245739214	柴宗文	202cb962ac59075b	男	2000-02-19 00:00:00	北京	225489365@qq.com	104	2021-09-10 00:00:00
8	17632954782	冯玲珍	202cb962ac59075b	女	1994-01-24 00:00:00	广州		399	2021-09-10 00:00:00
9	15874269513	陈郭	202cb962ac59075b	女	2001-07-02 00:00:00	北京	2159635874@qq.co	65	2021-09-10 00:00:00
10	17654289375	韩明	202cb962ac59075b	男	2002-12-23 00:00:00	长沙	2459632@qq.com	0	2021-09-10 00:00:00
11	19875236942	罗松	202cb962ac59075b	女	2002-09-12 00:00:00	广州	25578963@qq.com	237	2021-09-10 00:00:00
12	17652149635	李全	202cb962ac59075b	男	2001-04-29 00:00:00	长沙	2225478@qq.com	62	2021-09-10 00:00:00

图5-19　查询删除数据后的结果集

从结果集可以看到，表中不存在用户“周鹏”的数据，表明已通过视图成功删除基本表中的数据。

学习提示：当视图所依赖的基本表有多个时，不能通过视图插入和删除数据。

任务 2　使用索引优化查询性能

【任务描述】索引是 MySQL 中的重要对象，是数据库实现数据快速定位和提高数据访问效率的关键技术。在 MySQL 中，所有数据类型都可以被索引。本任务将介绍与索引相关的内容，包括索引的定义、索引的分类、创建和查看索引、维护索引和索引的设计原则。

5.2.1　索引简介

[微课视频]

1. 索引的定义

索引，也称作“键（key）”，是存储引擎用于快速查找记录的一种数据结构，用来快速查询数据库表中的特定记录。索引如同书的目录，若想在一本书中查找某个内容，一般会先看书的目录（索引），从而根据页码快速找到相关内容。在 MySQL 中，存储引擎用类似的方法使用索引，先在索引中找到对应值，然后根据匹配的索引找到相对应的数据。

【例 5.15】查询类别编号为 3 的商品编号和名称。

SQL 语句如下。

```
SELECT gcode, gname
FROM goods
WHERE cid = 3 ;
```

执行上述语句时，假定在 cid 列上建有索引，则 MySQL 会为 cid 列建立一张有序的索引表 index，数据查询时将会直接在 index 表中检索，如图 5-20 所示。当系统扫描到 cid 为 3 的索引后，会提取索引所指向的数据，并结束查询。由此可见，使用索引提高查找速度的做法是找到索引匹配行在什么位置结束，从而忽略其余数据。

index		goods表			
cid		gid	cid	gcode	gname
1		1	2	G0201	古琴 老杉木乐器伏羲式_七弦琴
1		2	2	G0202	专业演奏级乐器洞箫_8孔正手G调
1		3	4	G0401	三星 500GB SSD固态硬盘 SATA3.0接口
1		4	1	G0103	曾国藩全集（全六卷 绸面精装插盒珍藏版）
2		5	3	G0302	寻真水果 山东烟台栖霞红富士苹果 5kg
2		6	1	G0102	平凡的世界：全三册（激励青年的不朽经典）
3		7	4	G0402	爱国者 128GB Type-C USB3.1 手机U盘
3		8	1	G0101	林清玄启悟人生系列：愿你，归来仍是少年
3		9	1	G0104	中外文化文学经典系列 红岩 导读与赏析
4		10	3	G0301	密园小农 当地新鲜园生菜 约500g
4		11	3	G0303	密园小农 新鲜自然成熟 西红柿 500g

图5-20　index表

此外，在扫描 index 表时，MySQL 也会采用快速查找算法（如二分法），可以在 index 表中快速定位到第 1 个匹配值，从而大大节省搜索时间，提高查询效率。从本质上说，设计索引就是以空间换取时间。

使用索引的优点如下。

（1）可以提高查询数据的速度。

（2）通过创建唯一索引，可以保证数据库表中每一行数据的唯一性。

（3）在实现数据的参照完整性方面，可以加速表和表之间的连接。

（4）在使用分组和排序子句进行数据查询时，可以减少分组和排序的时间。

使用索引的缺点如下。

（1）创建和维护索引需要耗费时间，并且随着数据量的增加所耗费的时间也会增加。

（2）索引需要占用磁盘空间。

（3）当对表进行数据的增、删、改操作时，索引也需要动态维护，这会降低数据的维护速度。

2. 索引的分类

索引作为一种特殊的数据结构，由 MySQL 的存储引擎实现，不同存储引擎支持的索引类型不同。InnoDB 存储引擎的索引采用 BTREE（平衡二叉树，B 树）实现。根据表中列的特性，逻辑上将索引分为主键索引和辅助索引两类。

（1）主键索引

主键索引是由 PRIMARY KEY 约束定义的一种特殊的唯一性索引，用于根据主键自身的唯一性标识每条记录，防止添加主键索引的字段值重复或为 NULL。InnoDB 存储引擎中数据的保存顺序与主键索引的顺序一致，这类索引也被称为聚簇索引，一张表只能有一个聚簇索引。在项目三中已对主键的创建和维护做了详细阐述，这里不再举例。

（2）辅助索引

从性能来说，主键索引的性能相对来说最好，但查询优化更多的是对辅助索引进行建立和维护。MySQL 提供的常用辅助索引如表 5-1 所示。

根据创建索引的字段个数，可以将它们分为单列索引和复合索引。单列索引是指在表的单个字段上创建索引；而复合索引则是在表的多个字段上创建一个索引且只有在查询条件中使用了这些字段的左边字段时，该索引才会被使用。若创建的索引只截取某一字段的左边部分数据，这种索引被称为前缀索引。

表 5-1　MySQL 提供的常用辅助索引

索引名称	说明
普通索引	普通索引是 MySQL 中的基本索引，允许在定义索引的列中插入重复值和空值
唯一索引	唯一索引，索引列的值必须唯一，但允许有空值
全文索引	全文索引是一种特殊类型的索引，它查找的是文本中的关键词，而不是直接比较索引中的值。全文索引可以在 char、varchar 或者 text 类型的列上创建
空间索引	空间索引是定义在空间数据类型上的索引，且索引字段不能为空

5.2.2　创建和查看索引

[微课视频]

创建索引可以使用图形工具和 SQL 语句实现。

1. 使用 Navicat 创建索引

【例 5.16】在 Navicat 中，为 orders 表的 ocode 列创建名为 ix_ocode 的普通索引。

操作步骤如下。

（1）打开 Navicat，右键单击对象资源浏览器中表对象下的 orders 表，选择"设计表菜单"选项，在打开的 orders 表设计器中选择索引选项卡，如图 5-21 所示。

图5-21　索引选项卡

（2）在索引选项卡的"名"中输入 ix_ocode，"字段"中选择 ocode，"索引类型"选择 NORMAL，"索引方法"选择 BTREE，如图 5-22 所示。

图5-22　设计索引

（3）单击索引设计工具栏中的"保存"按钮。

学习提示："索引类型"可以选择 NORMAL、UNIQUE、FULLTEXT、SPATIAL 四个选项，"索引方法"可以选择 BTREE 或 HASH 选项，由于 InnoDB 存储引擎只支持 BTREE 索引，因此本书选择的"索引方法"为 BTREE。

2. 使用 CREATE TABLE 语句创建索引

使用 CREATE TABLE 语句在创建表时创建索引，该方法比较直接和方便，其语法格式如下。

```
CREATE TABLE 表名
( 字段定义1 ,
  字段定义2 ,
  ……
  字段定义n,
  [UNIQUE|FULLTEXT|SPATIAL] INDEX|KEY
  索引名(字段名 [(长度)][ASC|DESC]) [VISIBLE | INVISIBLE]
);
```

上述代码的语法说明如下。

- 索引名：索引的名称，在表中索引名称必须唯一。
- 字段名：表示索引创建的列名，可以是多列；长度：表示在字段左边多少个字符上创建索引。
- UNIQUE：表示唯一索引；FULLTEXT：表示全文索引；SPATIAL：表示空间索引。
- INDEX 和 KEY：表示索引关键字，只选其一即可。
- ASC|DESC：分别表示升序排列和降序排列。
- VISIBLE | INVISIBLE：MySQL 8.0 的新增功能，标识索引的可见性。VISIBLE 为可见，是缺省该项时的默认值。当创建索引时设置为 INVISIBLE，则表示该索引为不可见索引，在数据查询时，优化器会忽略不可见索引。

【例 5.17】创建 goods_ bak 表，并在 gcode 列上创建名为 ix_gcode 的唯一索引。

```
CREATE TABLE goods_bak
( gid int NOT NULL PRIMARY KEY AUTO_INCREMENT,
  cid int,
  gcode varchar(50) NOT NULL,
  gname varchar(100) NOT NULL,
  gprice decimal(10,2),
  gsale_qty int,
  ginfo varchar(20000),        #商品详情
  UNIQUE INDEX ix_gcode(gcode)
);
```

执行上述语句，成功在 gcode 列上创建唯一索引，当向表中插入数据时，要保证 gcode 列上数据的唯一性。

3. 使用 ALTER TABLE 语句创建索引

使用 ALTER TABLE 语句创建索引的语法格式如下。

```
ALTER TABLE 表名
ADD [UNIQUE|FULLTEXT|SPATIAL] [INDEX|KEY]
索引名(字段名 [(长度)][ASC|DESC]))
```

上述代码中，关键字 ADD 表示向表中添加索引，其他参数与使用 CREATE TABLE 语句创建索引时相同。

【例 5.18】在 users 表的 ulogin、uname 和 uemail 三列上创建名为 ix_users 的复合索引。

```
ALTER TABLE users
ADD INDEX ix_users (ulogin, uname, uemail) ;
```

创建复合索引时，索引列按照从左至右的顺序进行排序，只有在查询条件中使用了这些列左边的列时，索引才会被使用，也就是索引的使用要遵从最左前缀原则。

在本例中，索引可以搜索的字段组合包括（ulogin, uname, uemail）、（ulogin, uname）或（ulogin）。如果选择列不包含索引左边列，MySQL 则不会使用局部索引。

4. 使用 CREATE INDEX 语句创建索引

使用 CREATE INDEX 语句创建索引的语法格式如下。

```
CREATE [UNIQUE|FULLTEXT|SPATIAL] INDEX 索引名
ON 表名(字段名[(长度)][ASC|DESC])
```

上述代码的语法说明与使用 CREATE TABLE 语句创建索引相同。

【例 5.19】在 goods_bak 表的 gname 列上创建名为 ix_gname 的前缀索引，取 gname 列的前 10 个字符。

```
CREATE INDEX ix_gname
ON goods_bak(gname(10)) ;
```

【例 5.20】在 goods_bak 表的 ginfo 列上创建名为 ix_ft_ginfo 的全文索引。

```
CREATE FULLTEXT INDEX ix_ft_ginfo
ON goods_bak(ginfo);
```

学习提示： 使用 CREATE INDEX 语句不能创建主键索引。

5. 查看索引信息

索引创建好后，可以通过 SHOW INDEX FROM/SHOW KEYS FROM 语句查看指定表的索引信息，其语法格式如下。

```
SHOW {INDEX | KEYS} FROM 表名 ;
```

【例 5.21】使用 SHOW INDEX FROM 语句查看 goods_bak 表的索引信息。

```
SHOW INDEX FROM goods_bak ;
```

执行上述语句，运行结果如图 5-23 所示。

信息	结果1	剖析	状态											
Table	Non_unique	Key_name	Seq_in_index	Column_name	Collation	Cardinality	Sub_part	Packed	Null	Index_typ	Commer	Index_con	Visible	Expression
goods_bak	0	PRIMARY	1	gid	A	0	(Null)	(Null)		BTREE			YES	(Null)
goods_bak	0	ix_gcode	1	gcode	A	0	(Null)	(Null)		BTREE			YES	(Null)
goods_bak	1	ix_gname	1	gname	A	0	10	(Null)		BTREE			YES	(Null)
goods_bak	1	ix_ft_ginfo	1	ginfo	(Null)	0	(Null)	(Null)	YES	FULLTEXT			YES	(Null)

图5-23　查看goods_bak表的索引信息（1）

图 5-23 显示在该表中建立有 4 个索引。表中各字段具体说明如下。

- Table：表示建立索引的表名。
- Non_unique：表示索引是否包含重复值，不能包含为 0，否则为 1。
- Key_name：表示索引的名称，当该值为 PRIMARY 时，表示为主键索引。
- Seq_in_index：表示索引的序列号，从 1 开始。
- Column_name：表示建立索引的列名称。
- Collation：表示列以什么方式存储在索引中，值为 A（升序）或 Null（无分类）。
- Cardinality：表示索引中唯一值的数目的估计值。其基数根据被存储为整数的统计数据来计数，该估计值越大，在进行联合查询时，MySQL 使用该索引的机会就越大。
- Sub_part：表示如果只有部分列被编入索引，则为被编入索引的字符的数目；如果整列被编入索引，则为 Null。
- Packed：表示关键字如何被压缩。如果没有被压缩，则为 Null。
- Null：表示如果列含有 Null，则为 YES。如果没有，则该列为 NO。
- Index_type：表示索引类型。
- Visible：表示索引是否可见，YES 为可见。
- Comment：表示注释。

学习提示： 使用 SHOW CREATE TABLE 语句查看表定义时也可查看到索引信息。

5.2.3　维护索引

创建索引之后，对数据的添加、修改、删除等操作会使索引页出现碎片，影响数据查询性能。为了提高查询效率，数据库管理员需要定期对索引进行相应的维护，其中包括删除和修改索引。

1. 删除索引

可以使用 ALTER TABLE 语句或者 DROP INDEX 语句删除索引。

（1）使用 ALTER TABLE 语句删除索引

使用 ALTER TABLE 语句删除索引的基本语法格式如下。

```
ALTER TABLE 表名
DROP INDEX 索引名;
```

【例 5.22】删除 goods_bak 表上名为 ix_ft_ginfo 的索引。

```
ALTER TABLE goods_bak
DROP INDEX ix_ft_ginfo ;
```

执行上述语句，并查看 goods_bak 表的索引信息。

```
SHOW INDEX FROM goods
```

运行结果如图 5-24 所示。

Table	Non_unique	Key_name	Seq_in_index	Column_name	Collation	Cardinality	Sub_part	Packed	Null	Index_typ	Commer	Index_com	Visible	Expression
▶ goods_bak	0	PRIMARY	1	gid	A	0	(Null)	(Null)		BTREE			YES	(Null)
goods_bak	0	ix_gcode	1	gcode	A	0	(Null)	(Null)		BTREE			YES	(Null)
goods_bak	1	ix_gname	1	gname	A	0	10	(Null)		BTREE			YES	(Null)

图5-24　查看goods_bak表的索引信息（2）

从查询结果可以看到，goods_bak 表中的 ix_ft_ginfo 索引被删除了。

（2）使用 DROP INDEX 语句删除索引

使用 DROP INDEX 语句删除索引的语法格式如下。

```
DROP INDEX 索引名 ON 表名
```

【例 5.23】删除 goods_bak 表中名为 ix_gname 的索引。

```
DROP INDEX ix_gname ON goods_bak ;
```

执行上述语句，goods_bak 表中名为 ix_gname 的索引将被删除。

学习提示： 删除表中的列时，会删除与该列相关的索引信息。若待删除的列为索引的组成部分，则该列也会从索引中删除。若组成索引的所有列都被删除，则整个索引将被删除。

2. 修改索引

一般情况下，随着数据的增、删、改会造成索引碎片的产生，当需要验证索引的有效性时，可修改索引为不可见索引。MySQL 使用 ALTER TABLE 语句修改索引，其语法格式如下。

```
ALTER TABLE 表名
ALTER INDEX 索引名 [VISIBLE | INVISIBLE];
```

【例 5.24】设置 goods_bak 表中 ix_gcode 索引为不可见索引。

```
ALTER TABLE goods_bak
ALTER INDEX ix_gcode INVISIBLE ;
```

执行上述语句，并查看 goods_bak 表的索引信息。运行结果如图 5-25 所示。

Table	Non_unique	Key_name	Seq_in_index	Column_name	Collation	Cardinality	Sub_part	Packed	Null	Index_typ	Commer	Index_com	Visible	Expression
▶ goods_bak	0	PRIMARY	1	gid	A	0	(Null)	(Null)		BTREE			YES	(Null)
goods_bak	0	ix_gcode	1	gcode	A	0	(Null)	(Null)		BTREE			NO	(Null)

图5-25　查看goods_bsk表的索引信息

从图 5-25 可以看到，索引 ix_gcode 其可见性设置为 NO，当查询 goods_bak 表时，查询优化器会忽略该索引。

学习提示： 当使用索引不能有效提高查询效率时，一般建议删除该索引，再重建一个相同索引，从而提高查询效率。

5.2.4　索引的设计原则

高效的索引有利于快速查找数据，而设计不合理的索引可能会对数据库和应用程序的性能产生影响。因此创建索引时应尽量考虑以下原则，以提升索引的使用效率。

（1）不要建立过多的索引。索引并非越多越好，一个表中如有大量的索引，不仅占用磁盘空间，而且会降低写操作的性能。在修改表时，索引必须进行更新，有时可能还需要重构，因此，索引越多，所花的时间也就越长。

（2）为用于搜索、排序或分组的列创建索引，而用于显示输出的列则不宜创建索引。最适合创建索引的列是频繁出现在 WHERE 子句中的列，或出现在连接子句、分组子句和排序子句中的列，而不是出现在 SELECT 关键字后面的选择列表中的列。

（3）使用唯一索引，需考虑列的基数。列的基数是指它所容纳的所有非重复值的个数。相对于表中行的总数来说，列的基数越高（也就是说，它包含的唯一值多，重复值少），索引的使用效果越好。

（4）使用短索引，应尽量选用长度较短的数据类型。因为将较短值选为索引，可以加快索引的查找速度，也可以减少对磁盘 I/O 的请求。另外对于较短的键值，索引高速缓存中的块能容纳更多的键值，这样就可以直接从内存中读取索引块，提高查找键值的效率。

（5）当创建索引的字符串过长时要考虑使用前缀索引，在保证高效查询的同时避免浪费空间。在设置前缀索引时，字段长度的设定需要通过一定的计算和测试以选取最合适的字符长度范围。

（6）利用最左前缀。在创建一个包含 n 列的复合索引时，实际是创建了 MySQL 可利用的 n 个索引。复合索引相当于建立多个索引，因为可利用索引中最左边的列集来匹配行。

任务 3　编写高效的数据查询

【任务描述】数据查询是应用系统中最频繁的操作，当要访问的数据量很大时，查询不可避免地需要筛选大量的数据，造成查询性能低下。要提高数据查询的性能，需要对查询语句进行必要的优化。本任务将从优化数据访问、分析 SQL 的执行计划、记录查询执行的精确时间、添加索引、LIMIT 分页和覆盖索引等方面分析查询优化的策略。

5.3.1　优化数据访问

查询性能低下的最基本的原因是访问的数据量太多，大部分性能低下的查询都可以通过减少访问的数据量进行优化。

1. 向数据库请求不需要的数据

在实际应用中，有时编写的查询会请求超过实际需要的数据，然而这些多余的数据都会被应用程序丢弃，这无形中给 MySQL 带来不必要的负担，消耗了应用服务器的 CPU 和内存资源，并增加数据库服务器和应用服务器之间的网络开销。主要体现在以下三个方面。

（1）查询不需要的记录

在编写查询时，常常会误以为 MySQL 只返回需要的数据，而实际上 MySQL 却是先返回全部结果集再进行计算。例如在应用程序的分页显示中，用户会从数据库中提取满足条件的记录，并取出前 N 行显示在页面上，这种情况下除了显示的 N 条记录外，其余的记录会被丢弃。最简单有效的方法就是分页，在查询语句中通过 LIMIT 子句完成。

（2）多表关联时返回全部列

如果想查询会员"蔡静"购买的所有商品信息，一定不能编写如下的查询。

```
SELECT *
FROM users join cart USING(uid)
          join goods USING(gid)
WHERE uname = '蔡静' ;
```

这个查询将返回三个表的全部列。正确的方式是只取所需要的列，具体代码如下。

```
SELECT goods.*
FROM users join cart USING(uid)
          join goods USING(gid)
WHERE uname = '蔡静' ;
```

（3）总是取出全部列

在应用程序没有使用相关的缓存机制时，数据库程序员在编写 SELECT *的查询时，应该充分考虑是否需要返回表中的所有列。在取出全部列时，会让优化器无法使用索引覆盖扫描这类的优化，并且会为服务器带来额外的 I/O、内存和 CPU 的消耗。

2. 查询的开销

在 MySQL 中，通常衡量查询开销的指标为查询响应时间、扫描的行数和返回的行数。这三个指标大致反映了 MySQL 在内部执行查询时需要访问的数据量，并可以推算出查询运行的时间。

（1）查询响应时间

查询响应时间一般认为是服务时间和查询队列排队时间。其中，服务时间是指数据库处理这个查询真正花费的时间，而查询队列排队时间是指服务器因为等待某些资源而没有真正执行的时间。在不同类型的应用下，该时间受存储引擎的锁、高并发资源竞争、硬件响应等因素影响，与查询的编写无关。

（2）扫描的行数和返回的行数

最理想的查询是扫描的行数和返回的行数相同，但实际中这种情况并不多见。在某些关联查询中，服务器需要扫描多行才能返回一行有效数据。因此分析查询的执行计划，查看扫描的行数，以提高扫描行数与返回行数的比例具有实际意义。在 MySQL 中，分析查询计划通常使用 EXPLAIN 语句，该语句将在 5.3.2 小节中详细介绍。

5.3.2 MySQL 的执行计划

[微课视频]

要编写高效的查询语句，需要了解查询语句执行情况，找出查询语句执行的瓶颈，从而优化查询。MySQL 提供了查询计划分析工具，该工具提供的信息显示查询优化器如何决定执行查询，这有助于数据库程序员找到查询执行的瓶颈，从而去优化查询。

执行查看计划的语法格式如下。

```
EXPLAIN | DESCRIBE | DESC [ANALYZE] SELECT 语句 ;
```

语法说明。

- EXPLAIN | DESCRIBE | DESC：任选其一可以分析 SELECT 语句的执行情况，并且能够分析出所查询表的相关特征。DESCRIBE 多用于查看表结构，这里建议使用 EXPLAIN。
- ANALYZE：该关键字是 MySQL 8.0 新增的，向用户详细显示查询语句执行过程中，查询的具体时间、花费和原因。

为了帮助用户更好地理解查询优化的重要性，这里构造了一张近 95 万条记录的会员数据表 users_bg，其中字段 id 为主键，其表结构如表 5-2 所示。

表 5-2 users_bg 表的表结构

序号	字段名	数据类型	标识	主键	允许空	说明
1	id	int	是	是	否	id
2	card	char(25)			否	登录号
3	gender	char(1)			否	性别
4	age	int			是	年龄

【例 5.25】使用 EXPLAIN 语句分析查询 users_bg 表的执行计划。

```
EXPLAIN SELECT * FROM users_bg WHERE card = 'HS395964JA39';
```

执行结果如图 5-26 所示。

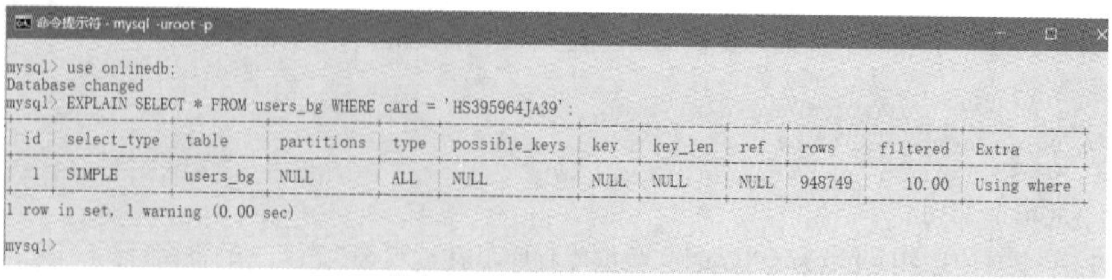
命令提示符 - mysql -uroot -p

```
mysql> use onlinedb;
Database changed
mysql> EXPLAIN SELECT * FROM users_bg WHERE card = 'HS395964JA39';
```

id	select_type	table	partitions	type	possible_keys	key	key_len	ref	rows	filtered	Extra
1	SIMPLE	users_bg	NULL	ALL	NULL	NULL	NULL	NULL	948749	10.00	Using where

```
1 row in set, 1 warning (0.00 sec)

mysql>
```

图5-26 查询users_bg表的执行计划

从执行结果看，MySQL 的执行计划提供了非常丰富的内容，输出结果中各列具体说明如下。

- id：用于标识执行计划中查询的序号，从 1 开始编号。
- select_type：显示查询的类型，查询类型及说明如表 5-3 所示。

表 5-3　查询分析器的查询类型及说明

类型名	说明
SIMPLE	表示简单查询，不包括子查询和 UNION 查询
PRIMARY	表示主查询，或者是最外层的查询语句
SUBQUERY	表示包含在 SELECT 查询列表中的子查询
DERIVED	表示包含在 FROM 子句中的子查询即派生表
UNION	在联合查询中的第 2 个或后面的查询
UNION RESULT	联合查询的结果
DEPENDENT SUBQUERY	依赖于外层查询的第 1 个子查询
DEPENDENT UNION	在 UNION 查询中的第 2 个或后面的查询，依赖于外层查询

- table：显示查询访问的表，可以是表的名称或是表的别名。若查询含有派生表时，值为 derivedN；若含有子查询，值为 subqueryN；若查询中含有 UNION 查询时，值为 unionN，N 为生成的序号。
- type：显示查询的关联类型有无使用索引，也可以说是 MySQL 决定如何查找表中的行。查询分析器的关联类型及说明如表 5-4 所示。

表 5-4　查询分析器的关联类型及说明

关联类型	说明
ALL	全表扫描，也就是从头到尾扫描整张表
index	同 ALL，只是 MySQL 扫描的是索引表，若在 Extra 列中显示 using index 说明使用的是覆盖索引，只扫描索引数据
range	有限制地索引扫描，开始于索引中的某一点，返回匹配这个值范围的行
ref	索引查找，使用非唯一性索引或者唯一性索引的非唯一性前缀，索引值需跟某一个参考值进行比较
index_subquery	表示可以使用 index_subquery 替换子查询具有非唯一索引的 IN 子查询
unique_subquery	表示可以使用 unique_subquery（即索引查找函数）替换 IN 子查询的表
index_merge	表示使用了索引合并优化的表
ref_or_null	同 ref，但是添加了 MySQL 可以专门搜索包含 NULL 的行
eq_ref	索引查找，使用主键或唯一性索引查找时使用，索引值需跟某一个参考值进行比较
const	表示最多只有一个匹配行的数据表，它将在查询开始时被读取，并在余下的查询优化中作为常量对待。const 关联类型查询速度很快，因为它们只读取一次
system	是 const 关联类型的一个特例，表中仅有一行满足条件

在表 5-4 中，关联类型的查询性能从最优到最差的顺序为 system、const、eq_ref、ref、range、index 和 ALL。一般来说查询至少要达到 range 级别，否则就可能出现性能问题。

- possible_keys：指搜索记录时可能使用哪个索引。若值为 NULL，则没有相关的索引。
- key：查询优化器从 possible_keys 中选择使用的索引。如果没有可选择的索引，值为 NULL。
- key_len：表示 MySQL 选择的索引字段按字节计算的长度，例如 int 类型长度为 4 字节。字符串则根据编码确定，例如 char(10)使用 uft8mb4 字符编码时长度为 30 字节。
- ref：表示使用哪个列或常数与 key 记录的索引一起来查询记录。
- rows：查询优化器通过统计信息估算出需要读取的行数。它不是 MySQL 认为最终要从表里取出的行数，而是必须读取行的平均数。

- filtered：估算表中符合某个条件的记录数的百分比。
- Extra：表示 MySQL 在处理查询时的额外信息。其常用取值如表 5-5 所示。

表 5-5   Extra 的常用取值

值	说明
Using index	表示使用覆盖索引，以避免访问表
Using where	表示 MySQL 服务器将在存储引擎检索行后再进行过滤。不是所有带 where 子句的查询都显示该值，通常表示该查询可受益于不同的索引
Using temporary	表示 MySQL 对查询结果排序时会用到一个临时表
Using filesort	表示 MySQL 使用文件排序，它通过一定的排序算法，将取得的数据在内存中排序，而不是从有序索引中获取数据
Range checked for each record（index map:N）	表示没有好用的索引，N 值显示在 possible_keys 列的索引的位图中

从图 5-26 可以看出，商品查询的执行计划采用 SIMPLE 类型，查询访问的表为 users_bg，使用全表扫描，总检查行数为 948 749 行，所占百分比为 10%，额外信息为 Using where。

【例 5.26】使用 EXPLAIN 语句中的 ANALYZE 关键字分析执行时间。

```
EXPLAIN ANALYZE SELECT * FROM users_bg WHERE card = 'HS395964JA39';
```

执行上述代码，结果如图 5-27 所示。

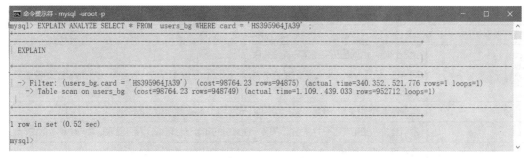

图5-27   查询users_bg表的执行时间

从图 5-27 中可以看出，执行结果中包括了各执行步骤的详细开销。这里以第一行结果 Filter 为例进行讲解。其中，Filter 表示过滤条件和执行过滤时的开销；(cost=98 764.23 rows=94 875)为估算结果，包括预计需要花费的时间和返回的记录行数；(actual time=340.352..521.776 rows=1 loops=1)为实际执行结果，time 由 2 个时间组成，340.352 为找到第 1 条记录消耗的时间，521.766 为找到所有符合条件的记录所消耗的时间；rows 为实际返回的行数；loops 为迭代器执行的循环次数；执行总时间为 0.52 秒。

学习提示：0.52 秒的执行时间为笔者使用机器的执行时间，实际时间与机器配置相关。

5.3.3   查询执行的精确时间

在优化查询操作时，MySQL 提供的 profile 功能会记录下每次查询需要的系统资源（如 CPU、内存、磁盘 I/O 等）和精确执行时间。限于篇幅，这里仅介绍查看查询执行的精确时间。

开启 profile 功能只需将系统变量 profiling 值设置为 1。

【例 5.27】查看【例 5.26】中查询执行的精确时间。

```
#开启 profile 功能
SET profiling = 1;
#执行查询语句
SELECT * FROM users_bg WHERE card = 'HS395964JA39' ;
```

```
#查看语句执行的精确时间
SHOW profiles \G
```

执行上述语句，执行结果如下。

```
mysql> SHOW profiles \G
*************************** 1. row ***************************
Query_ID: 1
Duration: 0.43807350
   Query: SELECT * FROM users_bg WHERE card = 'HS395964JA39'
1 row in set, 1 warning (0.00 sec)
```

其中，Duration 表示执行时间，单位为秒。可以看出该查询执行的精确时间为 0.438 073 5 秒。

5.3.4　添加索引优化查询

[微课视频]

从【例5.26】的执行结果看，查询开销主要集中在表的扫描上。这时可以考虑在 users_bg 表的 card 列上建立索引，以优化查询性能。

【例5.28】为表 users_bg 的 card 列建立索引，并再次查看执行计划和执行时间。

```
#建立索引
CREATE INDEX ix_card ON users_bg(card);
#查看执行计划
EXPLAIN SELECT * FROM users_bg WHERE card = 'HS395964JA39' ;
#查看执行时间
EXPLAIN ANALYZE SELECT * FROM users_bg WHERE card = 'HS395964JA39' ;
```

执行上述代码，并再次查看执行计划和执行时间，结果分别如图 5-28 和图 5-29 所示。

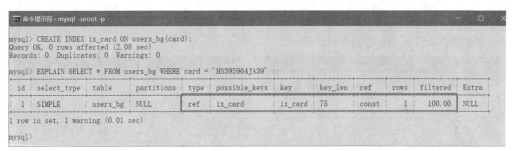

图5-28　在card列上建立索引后的查询执行计划

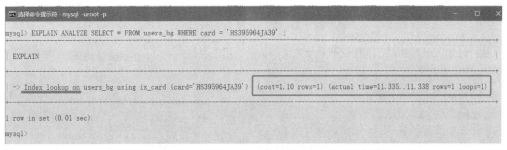

图5-29　在card列上建立索引后的查询执行时间

从图 5-28 可以看出，建立索引后，查询优化器选择了使用 ix_card 索引查询，平均键长为 75（card 列长度为 char(25)，utf8mb4 编码为 3 字节，25×3=75），通过常量进行查找，估计的结果行数为 1，符合条件记录占比为 100%，执行计划与未建索引时有明显的优化。

从图 5-29 可以看出，查询时间则只有 index 查找 1 项，估算结果为(cost=1.10 rows=1)，实际时间为(actual time=11.335..11.338 rows=1 loops=1)，最终执行总费时为 0.01 秒，比未建索引的执行时间提高了 52 倍，大大优化了查询的性能。

再次执行该查询，并使用 SHOW profiles 语句，查看查询执行的精确时间，结果如下。

```
#执行查询语句
SELECT * FROM users_bg WHERE card = 'HS395964JA39' ;
#查看语句执行的精确时间
SHOW profiles \G
*************************** 5. row ***************************
Query_ID: 5
Duration: 0.00073925
  Query: SELECT * FROM users_bg WHERE card = 'HS395964JA39'
5 rows in set, 1 warning (0.00 sec)
```

从结果可以看出，查询执行的精确时间仅为 0.000 739 25 秒，查询效率大大提升。

5.3.5　LIMIT 分页优化查询

在实际应用开发中，影响查询速度的原因除是否添加索引外，还有获取记录的页数。当要进行分页操作时，通常会使用 LIMIT 子句实现。但是当分页操作要求偏移量非常大的时候（即翻页到非常靠后的页面），查询效率会降低。例如 Limit 500000,10 这样的查询，这时 MySQL 需要查询 500 010 条记录，然后只返回最后 10 条记录，前面的 500 000 条记录都将被抛弃，代价就非常高。如果所有的页面被访问的频率相同，那么查询平均需要访问半个表的数据，查询效率则更低。

这时可先查询目标数据中的第 1 条记录，然后再获取大于等于这条数据的 id 数据范围。这种方法要求查询的目标数据必须连续，即不带 WHERE 条件的查询，因为 WHERE 条件会筛选数据，导致数据失去连续性。

【例 5.29】查询 users_bg 表中第 500 001 ~ 500 010 行共 10 行数据。

```
#查询语句
SELECT * FROM  users_bg LIMIT 500000,10 ;
```

分析该查询执行计划，结果如图 5-30 所示。

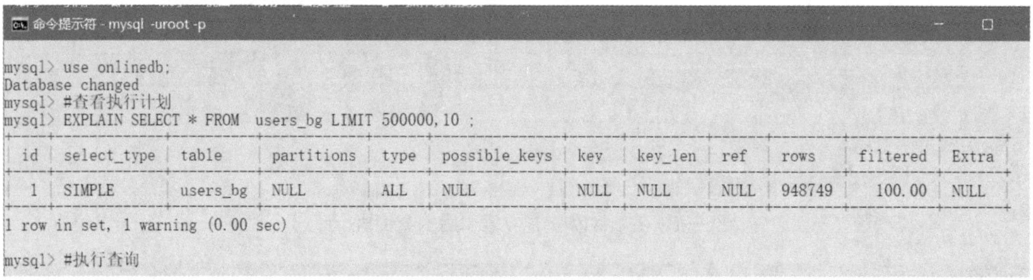

图5-30　优化前的查询执行计划

从执行计划可以看到，查询优化器对该查询的估计采用全表扫描。

```
#执行查询
mysql> SELECT * FROM  users_bg LIMIT 500000,10 ;
#省略查询结果，仅查看执行精确时间
mysql> SHOW profiles \G
*************************** 3. row ***************************
Query_ID: 3
Duration: 0.22178100
  Query: SELECT * FROM  users_bg LIMIT 500000,10
3 rows in set, 1 warning (0.00 sec)
```

查询执行的精确时间为 0.221 781 秒。

该查询可以优化为，先按 id>500 000 进行条件筛选，再取出大于 500 000 的前 10 行数据。SQL 语句如下。

```
#查询语句
SELECT * FROM  users_bg WHERE id > 500000 LIMIT 10 ;
```

该查询执行计划如图 5-31 所示。

从执行计划可以看到，查询进行了 range 索引范围扫描，扫描行数为 474 374。再查看执行的精确时间如下。

```
命令提示符 - mysql -uroot -p
mysql> EXPLAIN SELECT * FROM users_bg WHERE id > 500000 LIMIT 10 ;
```

id	select_type	table	partitions	type	possible_keys	key	key_len	ref	rows	filtered	Extra
1	SIMPLE	users_bg	NULL	range	PRIMARY	PRIMARY	4	NULL	474374	100.00	Using where

```
1 row in set, 1 warning (0.00 sec)
```

图5-31　分页优化后的查询执行计划

```
mysql> SHOW profiles \G
*************************** 8. row ***************************
Query_ID: 8
Duration: 0.00043000
   Query: SELECT * FROM users_bg WHERE id > 500000 LIMIT 10
8 rows in set, 1 warning (0.00 sec)
```

执行的精确时间仅为0.000 43秒，查询效率大大提升。

5.3.6 覆盖索引优化查询

覆盖索引法是指SELECT查询的数据列从索引中就能够取得，不必读取数据行，即查询列要被所建立的索引覆盖，索引不仅包含查询的列，而且包含查询条件、排序等。

【例5.30】查询users_bg表中的id和card列，并按card列升序排列，返回第500 001～500 010行之间的行。

```
#查询语句
SELECT  id, card FROM  users_bg WHERE id > 500000 ORDER BY card LIMIT 10 ;
```

优化前，假定在card列上未建立索引，查询的执行计划如图5-32所示。

```
命令提示符 - mysql -uroot -p
mysql> EXPLAIN SELECT  id, card FROM  users_bg
    -> WHERE id > 500000
    -> ORDER BY card
    -> LIMIT 10 ;
```

id	select_type	table	partitions	type	possible_keys	key	key_len	ref	rows	filtered	Extra
1	SIMPLE	users_bg	NULL	range	PRIMARY	PRIMARY	4	NULL	474374	100.00	Using where; Using filesort

```
1 row in set, 1 warning (0.00 sec)
```

图5-32　优化前的查询执行计划

从执行计划可以看到，查询优化器对该查询的估算采用range扫描，并使用外部文件排序。再查看执行的精确时间如下。

```
mysql> SHOW profiles \G
*************************** 10. row ***************************
Query_ID: 10
Duration: 0.25617600
   Query: SELECT  id, card FROM  users_bg WHERE id > 500000 ORDER BY card LIMIT 10
10 rows in set, 1 warning (0.00 sec)
```

查询执行的精确时间为0.256 176秒。

该查询需要对card排序，因此在card列上建立索引可以有效地提高查询性能。为card列建立索引，并查看查询的执行计划如图5-33所示。

```
#建立索引
CREATE INDEX ix_card ON users_bg(card);
```

```
命令提示符 - mysql -uroot -p
mysql> EXPLAIN SELECT  id, card FROM  users_bg
    -> WHERE id > 500000
    -> ORDER BY card
    -> LIMIT 10 ;
```

id	select_type	table	partitions	type	possible_keys	key	key_len	ref	rows	filtered	Extra
1	SIMPLE	users_bg	NULL	index	PRIMARY, ix_card	ix_card	75	NULL	20	50.00	Using where; Using index

```
1 row in set, 1 warning (0.01 sec)

mysql>
```

图5-33　覆盖索引优化后的查询执行计划

从执行计划可以看到，查询优化器估算使用 index 扫描，并选择了 ix_card 索引进行查询，同时消除了外部文件排序，这时只需查询索引树即可获取所有数据。再查看查询执行的精确时间，结果如下。

```
mysql> SHOW profiles \G
*************************** 12. row ***************************
Query_ID: 12
Duration: 0.00108500
  Query: SELECT id, card FROM users_bg WHERE id > 500000 ORDER BY card LIMIT 10
12 rows in set, 1 warning (0.00 sec)
```

从执行结果可以看出，优化后的执行精确时间为 0.001 085 秒，而优化前为 0.256 176 秒，很明显，使用索引覆盖后，执行效率得到了显著提升。

【例 5.31】查询 users_bg 表中的 card 列和 age 列，并按 card 列排序，返回 1 000 行数据。

查询语句如下。

```
SELECT card, age FROM  users_bg ORDER BY card LIMIT 1000 ;
```

此时，在 card 列上建立有名为 ix_card 的索引。查询的执行计划如图 5-34 所示。

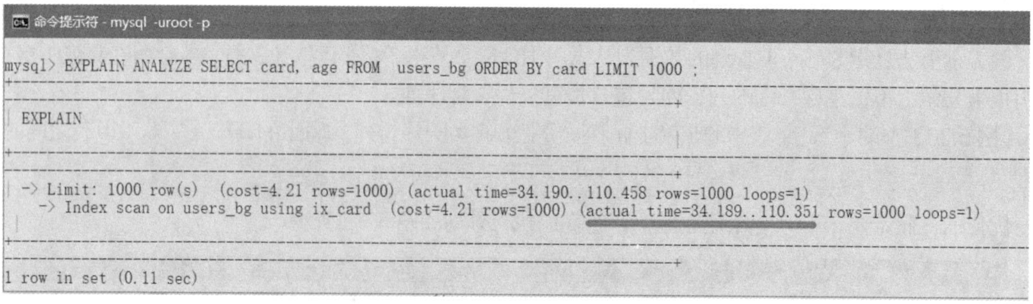

图5-34　优化前的查询执行计划

从时间消耗看，查询优化器虽然使用了索引 ix_card，但实际返回时间较长。分析其原因，虽然在 card 列上建立了索引，但索引上没有 age 的数据，每扫描一条索引数据都需要根据索引上的 id 定位（随机 I/O）到数据行上并取出对应 age 的值，也就是说需要 1 000 次的随机 I/O 才能完成查询。要消除随机 I/O 导致无法利用索引的问题，可以使用覆盖索引。

删除原 ix_card 索引，并建立在 card 和 age 列上的复合索引。SQL 语句如下。

```
#删除 ix_card 索引
DROP INDEX ix_card ON users_bg;
#创建 ix_mix_card 的复合索引
CREATE INDEX ix_mix_card ON users_bg(card, age);
```

查看该查询的执行分析，如图 5-35 所示。

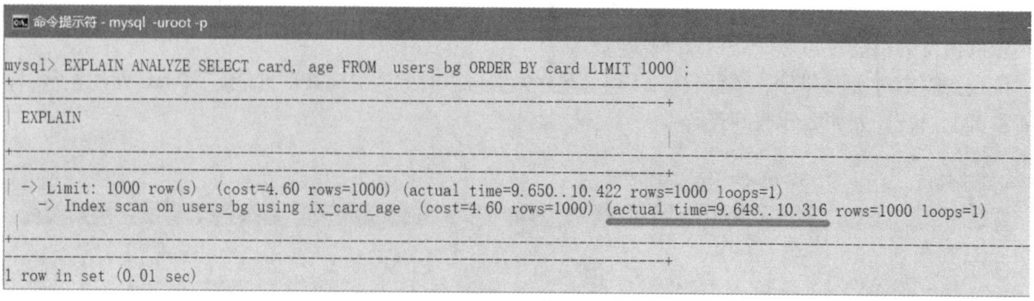

图5-35　覆盖索引优化后的查询执行计划

从查询执行计划可以看出，优化器选用了 ix_card_age 索引，且查询实际返回的速度要明显快于优化前。对比优化前后查询执行的精确时间，结果如下。

```
mysql> SHOW profiles \G
*************************** 1. row ***************************
```

```
Query_ID: 1
Duration: 0.09659725
  Query: SELECT card, age FROM users_bg ORDER BY card LIMIT 1000
*************************** 2. row ***************************
Query_ID: 2
Duration: 0.00093375
  Query: SELECT card, age FROM users_bg ORDER BY card LIMIT 1000
2 rows in set, 1 warning (0.00 sec)
```

　　从结果可以看出，优化前查询执行的精确时间为 0.096 597 25 秒，优化后的时间仅 0.000 933 75 秒，查询性能显著提高。

习题

1. 单项选择题

（1）下面关于索引描述中错误的一项是（　　　）。

　　A. 索引可以提高数据查询的速度

　　B. 索引可以降低数据的插入速度

　　C. 索引的本质是将建立索引的列中的值以某种特殊的数据结构存储（如二叉树），建立索引后，数据表操作的执行效率不受影响

　　D. 删除索引的命令是 DROP INDEX

（2）MySQL 中唯一索引的关键字是（　　　）。

　　A. FULLTEXT INDEX　　　　　　　　　B. ONLY INDEX

　　C. UNIQUE INDEX　　　　　　　　　　D. INDEX

（3）下列不能用于创建索引的是（　　　）。

　　A. 使用 CREATE INDEX 语句

　　B. 使用 CREATE TABLE 语句

　　C. 使用 ALTER TABLE 语句

　　D. 使用 CREATE DATABASE 语句

（4）索引可以提高哪一种操作的效率（　　　）。

　　A. INSERT　　　　　B. UPDATE　　　　C. DELETE　　　　D. SELECT

（5）下列不适合建立索引的情况是（　　　）。

　　A. 经常被查询的列　　　　　　　　　　B. 包含太多重复值的列

　　C. 主键或外键列　　　　　　　　　　　D. 具有唯一值的列

（6）在 SQL 中的视图 VIEW 是数据库的（　　　）。

　　A. 外模式　　　　　B. 存储模式　　　　C. 模式　　　　　　D. 内模式

（7）以下不可对视图执行的操作有（　　　）。

　　A. SELECT　　　　　　　　　　　　　　B. INSERT

　　C. DELETE　　　　　　　　　　　　　　D. CREATE INDEX

（8）在视图上不能完成的操作是（　　　）。

　　A. 更新视图数据　　　　　　　　　　　B. 在视图上定义新基本表

　　C. 在视图上定义新的视图　　　　　　　D. 查询

（9）创建视图的优点不包括（　　　）。

　　A. 简化用户对数据的查询与处理

　　B. 提高数据查询效率

　　C. 方便对数据进行用户权限管理

　　D. 提高逻辑数据独立性

（10）查看查询语句执行计划的关键字是（　　　）。

  A．EXPLAIN   B．ANALYZE   C．SHOW   D．SELECT

2．思考题

（1）视图跟基本表之间的关系是怎样的？请根据你的理解举例说明视图机制是如何保障数据安全性和逻辑数据独立性的。

（2）合理的索引设置是获得高性能数据库的基础，而未经合理分析随便添加索引，则会降低数据库的性能，那么索引是否一旦设置好就一劳永逸不需要维护了呢？请谈谈你的理解。

项目实践

1．实践任务

（1）创建索引、查看索引和维护索引。

（2）创建视图、管理和维护视图及使用可更新视图。

（3）分析查询执行计划，优化数据查询。

2．实践目的

（1）能分别使用 Navicat 和 SQL 语句创建索引。

（2）能使用 SHOW CREATE TABLE 语句和 SHOW INDEX FROM/SHOW KEYS FROM 语句查看索引。

（3）掌握维护索引的方法。

（4）能分别使用 Navicat 和 SQL 语句创建视图。

（5）掌握管理和维护视图的方式。

（6）能更新视图。

（7）能使用 EXPLAIN 语句分析查询语句的执行情况。

（8）能使用 EXPLAIN 语句中的 ANALYZE 关键字分析执行时间。

（9）能实现子查询优化和 LIMIT 分页查询优化。

3．实践内容

● 视图

（1）使用 Navicat 创建用来描述商品基本信息的视图，包括商品 id、商品名称、商品价格和库存数量，视图名为 view_goods。

（2）使用 SQL 语句创建用来描述订单信息的视图，包括订单 id、会员姓名、商品名称和总金额等信息，视图名为 view_orders。

（3）分别使用 SHOW TABLE STATUS 语句和 DESCRIBE/DESC 语句查看（1）中创建的视图。

（4）使用 SHOW CREATE VIEW 语句查看（2）中创建的视图的定义文本。

（5）分别使用 CREATE OR REPLACE VIEW 语句和 ALTER 语句修改（2）中创建的视图，修改后的视图信息包括订单 id、商品名称和购买数量。

（6）删除（1）中创建的视图。

（7）使用 UPDATE 语句更新视图 view_goods，将所有商品的单价增加 10%。

（8）使用 DELETE 语句更新视图 view_goods，删除 goods 表中的最后一条记录。

● 索引

（9）使用 Navicat 在 onlinedb.category 表的 cname 列上创建一个为名 ix_cname 的普通索引。

（10）使用 SQL 语句在 onlinedb.goods 表的 gcode 和 gname 列上创建一个名为 ix_gcn 的复合索引。

（11）分别使用 SHOW CREATE TABLE 语句和 SHOW INDEX FROM/SHOW KEYS FROM 语句查看（10）中创建的索引 ix_gcn 的相关信息。

（12）使用 SQL 语句删除（9）和（10）创建的索引。

● 查询优化

（13）使用 EXPLAIN 语句分析如下查询语句，并对其进行优化。

```
SELECT uname,ugender,ubirthday,uregtime
FROM users
WHERE uid IN (SELECT uid
                FROM orders
                GROUP BY uid
                HAVING SUM(oamount)>=1000);
```

（14）分别采用查询优化法和索引覆盖法对如下查询进行优化处理。

查询 goods 表，显示从第 30 000 行开始的连续 5 件商品的编号、名称和价格。

```
SELECT gcode,gname,gprice
FROM goods
LIMIT 30000,5;
```

拓展实训

在诗词飞花令游戏数据库 poemGameDB 中，完成下列数据库操作。

（数据库脚本文件可在课程网站下载）

● 视图

（1）使用 Navicat 创建用来描述诗词基本信息的视图，包括诗词标题、诗人姓名、朝代和诗词内容，视图名为 view_poem。

（2）使用 SQL 语句创建爱国主义主题诗词信息的视图，包括诗词标题、诗人姓名、诗词内容、诗词热度、类型名称和分类方式等信息，视图名为 view_patriotism。

（3）分别使用 SHOW TABLE STATUS 语句和 DESCRIBE/DESC 语句查看（1）中创建的视图。

（4）使用 SHOW CREATE VIEW 语句查看（2）中创建的视图的定义文本。

（5）分别使用 CREATE OR REPLACE VIEW 语句和 ALTER 语句修改（2）中创建的视图，修改后的视图信息包括诗词标题、诗人姓名和诗词内容。

（6）删除（1）中创建的视图。

（7）使用 UPDATE 语句更新视图 view_patriotism，将所有诗词热度加1。

（8）使用 DELETE 语句更新视图 view_poem，删除 poem 表中的最后一条记录。

● 索引

（9）使用 Navicat 在 poemGameDB.poem 表的 pmTitle 列上创建一个为名 IX_pmTitle 的普通索引。

（10）使用 SQL 语句在 poemGameDB.poemType 表的 ptTopic 和 ptType 列上创建一个名为 IX_ptTy 的复合索引。

（11）分别使用 SHOW CREATE TABLE 语句和 SHOW INDEX FROM/SHOW KEYS FROM 语句查看（10）中创建的索引 IX_ptTy 的相关信息。

（12）使用 SQL 语句删除（9）和（10）创建的索引。

● 查询优化

（13）使用 EXPLAIN 语句分析如下查询语句，并对其进行优化。

```
SELECT pName, pZi,pHao,pDynasty
FROM poet
WHERE pID IN (SELECT pID
                FROM poem
                GROUP BY pID
                HAVING SUM(pmHot)>=100);
```

（14）分别采用查询优化法和索引覆盖法对如下查询进行优化处理。

查询 poem 表，显示从第 30 000 行开始的连续 5 行数据的诗词标题、诗歌内容和注解。

```
SELECT pmTile,pmContent,pmAnnotation
FROM poem
LIMIT 30000,5;
```

常见问题

扫描二维码查阅常见问题。

项目六

使用程序逻辑操作网上
商城系统数据

　　计算机被应用在科学计算、数据处理与过程控制三大主要领域。随着信息时代对数据处理的要求不断增多，数据处理在计算机应用领域中占有越来越大的比例，包括现在最流行的客户端/服务器（C/S）模式、浏览器/服务器（B/S）模式等。为了有效地提高数据访问效率和数据安全性，网上商城系统的开发过程更加专注于业务逻辑的处理，数据库负责为系统提供数据支持的任务，把复杂逻辑的数据处理放在数据库中，即数据库编程。

　　MySQL 提供了函数、存储过程、触发器、事件等数据对象来实现复杂的数据处理逻辑。本项目在数据库编程基础上，详细介绍了 MySQL 中函数、存储过程、触发器、事件在数据库应用系统开发中的作用，并通过实例阐明它们的使用方法。

学习目标

★ 会创建和调用函数
★ 会创建和调用存储过程
★ 会创建和调用触发器
★ 会创建和管理事件

拓展阅读

名言名句

古之成大事者，不惟有超世之才，亦有坚忍不拔之志。——苏轼《晁错论》

任务 1　数据库编程基础

　　【任务描述】任何一种语言都是为了解决实际应用问题而存在的。SQL 程序的流程控制及提供的系统函数能够有效解决数据库程序设计中的复杂逻辑问题。本任务在 SQL 程序语言基础上，详细讨论了 SQL 的流程控制和 MySQL 中常用函数的使用。

6.1.1　SQL 程序语言基础

1. 变量

变量是指程序运行过程中会变化的量，MySQL 支持的变量类型主要有 3 种。

[微课视频]

● 用户变量：这种变量用一个@字符作为前缀标识符，在 MySQL 会话末端结束其定义。
● 系统变量：这种变量包含了 MySQL 服务器的状态或属性。它们以@@字符作为前缀标识符（例如：

@@profiling）。

● 局部变量：只用于存储过程中的变量，而且只在存储过程中有效。局部变量没有前缀标识符，因此在局部变量命名时必须与数据表和数据列的名字有所区别。

在 MySQL 8.0 中变量不区分大小写，@name、@Name 或@NAME 都表示同一变量。

（1）用户变量

用户变量即用户定义的变量，由@字符作为变量名的前缀标识。用户变量可以被赋值，也可以在后面的其他语句中引用其值，其作用范围自定义起在当前会话中有效。

用户变量使用 SET 语句和 SELECT 语句给其赋值，SET 语句使用的赋值操作符是 "=" 或 ":="，SELECT 语句使用的赋值操作符只能是 ":="。还可以使用 SELECT INTO 语句给用户变量赋值。

【例 6.1】在 MySQL 中为用户变量赋值。

```
#语句1
SET @id=10 ;
#语句2
SELECT @x1:=1, @x2:=@x1+1, @x3:=@x2+1 ;
#语句3
SELECT cname FROM category WHERE cid=1 INTO @name ;
SELECT @name ;
#语句4
SELECT @id:=@id+1,cname FROM category ;
```

执行上述语句，运行结果如图 6-1 所示。

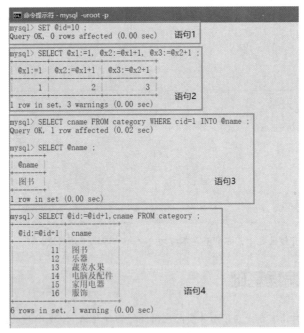

图6-1　用户变量使用示例

在上述代码中，语句 1 给变量@id 赋值为 10；语句 2 为变量@x1 赋值为 1，变量@x2 的值为@x1+1 等于 2、变量@x3 的值为@x2+1 等于 3，因而可知，在 SELECT 语句中的数据列按从左至右的顺序进行编译；语句 3 查询出 cid 值为 1 的类别名称并赋值给变量@name，查询到@name 的值为 "图书"；语句 4 则在查询 category 表的 cname 值时，为每个商品类别设置编号，编号初值为语句 1 中的 10，从结果可以看出，在 SELECT 语句进行结果集查询时，变量@id 的值迭代加 1。

（2）系统变量

系统变量是 MySQL 的一些特定的参数。当 MySQL 服务启动时，这些参数将被读取并用于配置 MySQL

的运行环境。系统变量使用@@作为前缀标识符。MySQL 提供了专门查看系统变量的语句，格式如下。

```
SHOW [GLOBAL | SESSION] VARIABLES [LIKE '匹配模式' | WHERE 条件表达式 ];
```

上述代码中，GLOBAL 用于显示全局系统变量，当变量没有全局值时，则不会显示；SESSION 表示会话变量，是默认值，可以省略，用于显示当前连接中有效的系统可变值。

【例 6.2】 使用 SHOW VARIABLES 语句查看所有系统变量。

```
SHOW VARIABLES;                    #查看 MySQL 的所有系统变量
```

【例 6.3】 设置和查看系统变量。

```
SET @@profiling = 0;               #设置系统变量，关闭 profiles 功能
SET @@event_scheduler = 0;         #设置系统变量，开启事件调度器
SELECT @@global.version;           #查看全局变量 version，获知当前 MySQL 的版本号
SHOW VARIABLES LIKE 'ver%'          #查看以 ver 开头的系统变量
```

MySQL 中还有一些特殊的系统变量（如 log_bin、tmpdir、version、datadir），在 MySQL 服务运行期间它们的值不能动态修改，也就是不能使用 SET 语句对其进行重新设置，这种变量称为静态变量。数据库管理员可以通过更改配置文件 my.ini 来设置静态变量的值。

（3）局部变量

局部变量一般用在 SQL 语句块（如存储过程的 BEGIN 和 END）中。其作用域仅限于 SQL 语句块，当 SQL 语句块执行完毕后，局部变量就消失了。局部变量用 DECLARE 来声明，可以使用 DEFAULT 来设置初始值。

【例 6.4】 定义名称为 proc_add 的存储过程，计算参数 a 和 b 之和。

```
DELIMITER //           # 修改默认提交符为"//"
CREATE PROCEDURE proc_add(a int, b int)
BEGIN
    DECLARE c int DEFAULT 0;   #定义局部变量变 c，初始值为 0
    SET c = a + b;
    SELECT c AS 'Result';
END //                 #提交
```

学习提示： MySQL 默认代码提交符为分号";"，由于程序体中有多个语句，这时需要通过 DELIMITER 语句修改默认的代码提交符号。笔者在此例中修改为"//"符号，读者可以根据个人习惯设置。

2. 常量

常量是指在程序运行过程中，值不会改变的量。一个数字、一个字母或一个字符串等都可以是一个常量。MySQL 提供了多种类型的常量。

[微课视频]

（1）字符串常量

字符串常量是指用单引号或双引号括起来的字符序列，例如，'您好'和"您好"都是一个字符串常量。每个 ASCII 字符占 1 字节，其余字符的存储空间由系统设置的字符集确定。

（2）数值常量

数值常量可以分为整数常量和浮点数常量。整数常量即不带小数点的十进制数，例如+1 453、20 和 –213 432 等。浮点数常量是使用小数点的数值常量，例如–5.43、1.5E6 和 0.5E-2 等。

（3）日期时间常量

用单引号将表示日期时间的字符串常量括起来就是日期时间常量。例如，'2020-05-12 14:26:24:00'就是一个合法的日期时间常量。

日期型常量包括年、月、日，数据类型为 date，例如'2020-12-12'。时间型常量包括小时数、分钟数、秒数和微秒数，数据类型为 time，表示为'15:25:43.0012'。MySQL 还支持日期/时间的组合，数据类型为 datetime，表示为'2020-12-12 15:25:43.0012'。

（4）布尔值常量

布尔值常量只包含 TRUE 和 FALSE 两个值。TRUE 表示真，值为 1；FALSE 表示假，值为 0。

（5）NULL 值常量

NULL 值常量适用于各种类型，它通常用来表示"没有值""无数据"等意义，与数值常量的"0"或字符串常量的空字符串不同。

3. 运算符

运算符是执行数学运算、字符串连接以及列、常量和变量之间进行比较的符号。运算符按照功能不同，分为以下几种。

- 算术运算符：+、-、*、/、%。
- 赋值运算符：=、:=。
- 逻辑运算符：!（NOT）、&&（AND）、||（OR）、XOR（异或）。
- 位运算符：&（按位与）、|（按位或）、^（按位异或）、<<（左移）、>>（右移）、~（按位非）。
- 比较运算符：=、<>（!=）、<=>、<、<=、>、>=、IS NULL。

以上运算符的意义和优先级与高级语言中的运算符基本相同，这里不再赘述。

6.1.2　SQL 的流程控制语句

SQL 同其他语言一样有顺序结构、分支结构和循环结构等流程控制语句。用户通过流程控制语句来控制存储函数、存储过程等语句块的执行过程，实现数据库中较为复杂的程序逻辑。常用的有 IF…ELSE 语句、CASE 语句、WHILE 语句、REPEAT 语句、LOOP 语句等。

学习提示： 流程控制语句只能存在于存储函数、存储过程、触发器或事件的程序体中，不能单独使用。

1. 条件分支语句

（1）IF…ELSE 语句

IF…ELSE 语句只能使用在存储过程中，实现非此即彼的逻辑。使用方法和其他程序设计语言中的 IF…ELSE 语句完全相同。MySQL 中的 IF…ELSE 语句允许嵌套使用，且嵌套层数没有限制。其语法格式如下。

[微课视频]

```
IF 条件表达式 1 THEN
     语句块 1;
    [ELSEIF 条件表达式 2 THEN
     语句块 2;]
    ……
    [ELSE
     语句块 n+1;]
END IF;
```

上述代码中，当"条件表达式 1"的值为 TRUE 时，"语句块 1"将被执行；若所有"条件表达式"的值为 FALSE 时，则执行"语句块 n+1"，每个语句块都可以包含一个或多个语句。

【例 6.5】 查询 uid 为 3 的用户是否购买过商品（判断其是否有订单）。

```
DELIMITER //
CREATE PROCEDURE proc_orders()    #定义存储过程，用于包含 IF 语句
BEGIN
    DECLARE num int;              #定义局部变量
    #计算订单数并存储在 num 中
    SELECT count(*)INTO num FROM orders WHERE uid = 3;
    IF num > 0 THEN              #IF 语句 判断 num 值
      SELECT '有订单';
    ELSE
      SELECT '无订单';
    END IF;                      #结束 IF 语句
END //
```

学习提示： 不特别说明时例题需要使用的数据库均为 onlinedb。

（2）CASE 语句

项目四中介绍过将 CASE 作为表达式放在 SELECT 语句中用于计算查询结果。本节仅介绍 CASE 作为分支语句放在程序体中，类似 Java 或 C 语言中的 switch…case 语句。当条件判断的范围较大时，使用 CASE 语句会使程序的结构更为简洁。CASE 语句适用于根据同一个表达式的不同取值来决定将执行哪一个分支的场合。CASE 语句语法有两种格式，分别如下。

① CASE 简单结构

```
CASE 表达式
    WHEN 数值1 THEN  语句块1;
    [WHEN 数值2 THEN  语句块2;]
    ……
    [ELSE  语句块n+1;]
END CASE;
```

② CASE 搜索结构

```
CASE
    WHEN 条件表达式1 THEN  语句块1;
    [WHEN 条件表达式2 THEN  语句块2;]
    ……
    [ELSE  语句块n+1;]
END CASE;
```

CASE 简单结构，将"表达式"的值与 WHEN 子句后的"数值"比较，若找到完全相同的项，则执行对应的"语句块"，若未找到匹配项，则执行 ELSE 后的"语句块 $n+1$"。

CASE 搜索结构，判断 WHEN 子句后"条件表达式"的值是否为 TRUE，若为 TRUE，则执行对应的"语句块"，若所有的"条件表达式"的值均为 FALSE，则执行 ELSE 后的"语句块 $n+1$"。该格式可以进行范围比较，在实际应用中更为灵活。

【例 6.6】判断参数 grade，当其值为 A 时返回"优秀"，值为 B 时返回"良好"，其他值返回"一般"。

```
DELIMITER //
CREATE PROCEDURE proc_grade1(grade char)     #定义存储过程，用于包含 CASE 语句
BEGIN
    DECLARE result char(2) ;        #定义局部变量 result
    CASE grade
        WHEN 'A' THEN SET result = '优秀';
        WHEN 'B' THEN SET result = '良好';
        ELSE SET result = '一般';
    END CASE;
    SELECT result ;                 #返回 result
END //
```

【例 6.7】使用 CASE 搜索结构实现【例 6.6】。

```
DELIMITER //
CREATE PROCEDURE proc_grade2(grade char(1))     #定义存储过程，用于包含 CASE 语句
BEGIN
    DECLARE result char(2) ;        #定义局部变量 result
    CASE
        WHEN grade = 'A' THEN SET result = '优秀';
        WHEN grade = 'B' THEN SET result = '良好';
        ELSE SET result = '一般';
    END CASE;
    SELECT result ;                 #返回 result
END //
```

2. 循环语句

MySQL 中的循环语句包括 WHILE 语句、REPEAT 语句和 LOOP 语句三种，此外还有用于跳出循环的 LEAVE 语句和再次循环的 ITERATE 语句。

[微课视频]

（1）WHILE 语句

WHILE 语句语法格式如下。

```
[开始标签:] WHILE 条件表达式 DO
    语句块;
END WHILE [结束标签];
```

上述代码中，当"条件表达式"的值为 TRUE 时，执行语句块；只有"开始标签"存在，才有"结束标签"，要求两者名称必须相同。

【例 6.8】使用 WHILE 语句，求 1～100 的和。

```
DELIMITER //
CREATE PROCEDURE proc_doWhile()
```

```
BEGIN
    DECLARE i int default 1 ;          #定义局部变量i
    DECLARE s int default 0 ;          #定义局部变量s

    WHILE i <= 100 DO                  #开始循环
        SET s = s + i;
        SET i = i + 1;
    END WHILE;                         #结束循环
    SELECT s;
END //
```

（2）REPEAT 语句

REPEAT 语句语法格式如下。

```
[开始标签:]REPEAT
    语句块;
    UNTIL 条件表达式
END REPEAT [结束标签];
```

上述代码中，UNTIL 关键字表示直到"语句块"满足"条件表达式"时才结束循环，其他参数释义同 WHILE 语句。

学习提示： REPEAT 语句是先执行循环体里的语句块，再执行"条件表达式"的比较，不管比较结果如何，循环体至少执行一次；而 WHILE 语句则是先执行"条件表达式"的比较，当结果为 TRUE 时再执行循环体中的语句块。

（3）LOOP 语句

LOOP 语句语法格式如下。

```
[开始标签:] LOOP
    语句块
END LOOP [结束标签];
```

从语法格式看，LOOP 语句的循环体中没有中止循环的语句，它必须与 LEAVE 语句结合使用。

【例 6.9】 LOOP 语句示例。

```
add_num: LOOP
    SET i = i + 1;
END LOOP add_num;
```

上述代码中，循环语句的开始标签为"add_num"，循环体执行变量@count 加 1 的操作。由于循环体中没有跳出循环的语句，这个循环是死循环。

（4）LEAVE 语句

LEAVE 语句主要用于跳出循环，与高级语言中的 BREAK 语句相似。其语法格式如下。

```
LEAVE 标签名;
```

上述代码中，"标签名"用于标识跳出的循环。

【例 6.10】 修改【例 6.9】，使用 LEAVE 语句跳出循环。

```
add_num: LOOP
    SET i = i + 1;
    IF i = 100 THEN
        LEAVE add_num;
    END IF;
END LOOP add_num;
```

本代码中循环体仍执行@count 加 1 操作。与【例 6.9】不同的是，当 count 的值等于 100 时，跳出标识为"add_num"的循环。

（5）ITERATE 语句

ITERATE 语句也可用于跳出循环，与 Java 或 C 语言中的 CONTINUE 语句相似。ITERATE 语句只跳出当次循环，然后直接进入下一次循环。ITERATE 语句的语法格式如下。

```
ITERATE 标签名;
```

上述代码中，"标签名"表示循环的标识。

学习提示： LEAVE 语句和 ITERATE 语句都是用来跳出循环的语句，但两者的功能是不一样的。LEAVE 语句是跳出整个循环，然后执行循环外的程序语句；ITERATE 语句是跳出本次循环，进入下一次循环。

6.1.3 MySQL 常用的内置函数

[微课视频]

MySQL 的内置函数是 MySQL 数据库提供的内部函数。这些函数可以帮助用户更加方便地处理表中的数据，主要包括数学函数、字符串函数、日期时间函数、数据类型转换函数、条件控制函数、加密和散列函数、JSON 函数、系统信息函数等。在 SQL 语句和表达式中都可以使用这些函数。下面分别介绍 MySQL 常用的内置函数的使用。

1. 数学函数

数学函数主要用于处理数字，包括整数、浮点数等。数学函数包括绝对值函数、正弦函数、余弦函数和随机函数等，如表 6-1 所示。

表 6-1 数学函数

函数名称	作用
abs(x)	返回 x 的绝对值
ceil(x),ceiling(x)	返回大于或等于 x 的最小整数
floor(x)	返回小于或等于 x 的最大整数
rand()	返回 0~1 的随机数
rand(x)	返回 0~1 的随机数，x 值相同时返回的随机数相同
sign(x)	返回 x 的符号，x 是负数、0、正数时分别返回-1、0 和 1
pi()	返回圆周率（3.141 593）
truncate(x,y)	返回数值 x 保留到小数点后 y 位的值
round(x)	返回离 x 最近的整数
round(x,y)	返回 x 小数点后 y 位的值，但截断时要进行四舍五入
pow(x,y),power(x,y)	返回 x 的 y 次方
sqrt(x)	返回 x 的平方根
exp(x)	返回 e 的 x 次方
mod(x,y)	返回 x 除以 y 以后的余数
log(x)	返回自然对数（以 e 为底的对数）
log10(x)	返回以 10 为底的对数
radians(x)	将角度转换为弧度
degrees(x)	将弧度转换为角度
sin(x)	求正弦值
cos(x)	求余弦值
tan(x)	求正切值
cot(x)	求余切值

【例 6.11】以 1 为基数，每天进步 0.01，计算一年后的进步有多大？

```
mysql> SELECT power((1+0.01), 365) as progress;
+-------------------+
| progress          |
+-------------------+
| 37.78343433288728 |
+-------------------+
1 row in set (0.00 sec)
```

从查询结果看，每天进步一点点，一年后进步的结果是开始时的 37.78 倍，从该结果可以看出，只要坚持学习，经年累月将会有不小的收获，正所谓积跬步以致千里。读者可以计算一下，若每天退步 0.01，看看一年之后会退步多少。

2. 字符串函数

字符串函数主要用于处理字符串。字符串函数包括字符串长度、合并字符串、在字符串中插入子串和在大小字母之间切换等函数，如表 6-2 所示。

表 6-2   字符串函数

函数名称	作用
char_length(s)	返回字符串 s 的字符数
length(s)	返回字符串 s 的长度
concat(s1,s2…)	将 s1、s2 等多个字符串合并为一个字符串
concat_ws(x,s1,s2…)	同 CONCAT(s1,s2…)函数，但是每个字符串要直接加上 x
insert(s1,x,len,s2)	将字符串 s2 替换成从字符串 s1 的 x 位置开始长度为 len 的字符串
upper(s),ucase(s)	将字符串 s 的所有字母都变成大写字母
lower(s),lcase(s)	将字符串 s 的所有字母都变成小写字母
left(s,n)	返回字符串 s 的前 n 个字符
right(s,n)	返回字符串 s 的后 n 个字符
lpad(s1,len,s2)	字符串 s2 来填充字符串 s1 的开始处，使字符串长度达到 len
rpad(s1,len,s2)	字符串 s2 来填充字符串 s1 的结尾处，使字符串长度达到 len
ltrim(s)	去掉字符串 s 开始处的空格
rtrim(s)	去掉字符串 s 结尾处的空格
trim(s)	去掉字符串 s 开始处和结尾处的空格
trim(s1 from s)	去掉字符串 s 中开始处到结尾处的字符串 s1
repeat(s,n)	将字符串 s 重复 n 次
space(n)	返回 n 个空格
replace(s,s1,s2)	用字符串 s2 替代字符串 s 中的字符串 s1
strcmp(s1,s2)	比较两个字符串，若 s1>s2，返回 1，反之返回−1，若相等返回 0
substring(s,n,len)	获取从字符串 s 中的第 n 个位置开始长度为 len 的子字符串
mid(s,n,len)	同 SUBSTRING(s,n,len)
locate(s1,s),position(s1 in s)	返回字符串 s1 在字符串 s 中的起始位置
instr(s,s1)	返回字符串 s1 在字符串 s 中的起始位置
reverse(s)	返回新字符串，其值为字符串 s 的逆序
field(s,s1,s2…)	返回第一个与字符串 s 匹配的字符串的位置
find_in_set(s1,s2)	返回在字符串 s2 中与字符串 s1 匹配的字符串的位置

【例 6.12】输出合并的两个字符串，并在两个子串之间插入 1 个空格。

```
mysql> SELECT CONCAT('Hunan', SPACE(1), 'Changsha') as str;
+----------------+
| str            |
+----------------+
| Hunan Changsha |
+----------------+
1 row in set (0.00 sec)
```

【例 6.13】从字符串"mysql"中取出"sql"子串。

```
SELECT mid('mysql', 3, 3) ;
```

3. 日期时间函数

日期时间函数主要用于处理日期和时间数据。日期时间函数包括获取当前日期的函数、获取当前时间的函数、计算日期的函数、计算时间的函数等，如表 6-3 所示。

表 6-3　日期时间函数

函数名称	作用
curdate(),current_date()	返回当前日期
curtime(),current_time()	返回当前时间
now(),current_timestamp()	返回当前日期和时间
utc_date()	返回 UTC（协调世界时间）日期
utc_time()	返回 UTC（协调世界时间）时间
month(d)	返回日期 d 中的月份值，范围 1~12
monthname(d)	返回日期 d 中的月份名称，例如 January、February 等
dayname(d)	返回日期 d 是星期几，例如 Monday、Tuesday 等
dayofweek(d)	返回日期 d 是星期几，例如 1 表示星期日，2 表示星期一等
weekday(d)	返回日期 d 是星期几，例如 0 表示星期一，1 表示星期二等
week(d)	计算日期 d 是本年的第几个星期，范围是 0~53
dayofyear(d)	计算日期 d 是本年的第几天
dayofmonth(d)	计算日期 d 是本月的第几天
year(d)	返回日期 d 中的年份值
hour(t)	返回时间 t 中的小时值
minute(t)	返回时间 t 中的分钟值
second(t)	返回时间 t 中的秒钟值
date_format(d, f)	按表达式 f 的格式显示 d, f 定义了日期和日间的格式，以%开头
date_add(d, interval e unit)	返回指定日期 d 指定间隔的日期，e 为间隔数，unit 为日期部分

【例 6.14】获取系统当前日期时间的年份、月份、日期、小时和分钟。

```
SET @mydate = CURDATE();
SET @mytime = CURTIME();
SELECT YEAR(@mydate), MONTH(@mydate), DAYOFMONTH (@mydate), HOUR(@mytime), MINUTE(@mytime);
```

【例 6.15】计算 100 天后的日期。

```
SELECT date_add(current_date(), interval 100 day) ;
```

4. 数据类型转换函数

在实际开发中，经常需要对指定的数据进行数据类型转换后才能得到结果，常用的数据类型转换函数如表 6-4 所示。

表 6-4　数据类型转换函数

函 数 名 称	作　　用
cast(x AS type)	将 x 的值按 type 类型返回
convert(x,type)	将 x 的值按 type 类型返回
convert(x USING 字符集)	将 x 的值按指定的字符集返回

在表 6-4 中，参数 x 可以是任意表达式；参数 type 的可选值为 binaray、char、date、time、datetime、decimal、JSON、signed、unsigned。

【例 6.16】数据类型转换函数示例。

```
SELECT CAST('2021-10-01 16:50:21' as date) ;        # 输出2021-10-01
SELECT convert('132str',SIGNED) ;                   # 输出 123
SELECT convert('大' USING utf8mb4) ,convert('大' USING ascii); #输出 大,?
```

上述第 3 行代码由于 ASCII 不能编码中文，所以输出结果为"？"。

5．条件控制函数

条件控制函数主要处理简单的逻辑判断。常用条件控制函数如表 6-5 所示。

表6-5　条件控制函数

函数名称	作用
if(expr, v1, v2)	判断 expr 的值，为 TRUE 时返回 v1，否则返回 v2
ifnull(v1, v2)	判断 v1 的值，若不为 null 返回 v1，否则返回 v2
nullif(v1,v2)	比较 v1 与 v2 的值，若相等返回 null，否则返回 v1
isnull(expr)	判断 expr 的值，为 null 时返回 1，否则返回 0

【例 6.17】条件控制函数示例。

```
SELECT if(TRUE,'A','B'), if(FALSE,'A','B') ;        # 输出 A B
SELECT ifnull('A','B'), ifnull(null,'B') ;          # 输出 A B
SELECT nullif('A','B'), nullif('A','A')  ;          # 输出 A null
SELECT isnull(null), isnull('A') ;                  # 输出 1 0
```

【例 6.18】查询图书类商品的名称和销售状态（sale_status），若 gishot 为 1，显示"热销"，否则显示为"一般"。

```
mysql> SELECT gname, if(gishot=1,'热销','一般') AS sale_status
    -> FROM goods JOIN category USING(cid)
    -> WHERE cname = '图书' ;
+------------------------------------------+-------------+
| gname                                    | sale_status |
+------------------------------------------+-------------+
| 林清玄启悟人生系列：愿你，归来仍是少年    | 一般        |
| 平凡的世界：全三册（激励青年的不朽经典）  | 热销        |
| 曾国藩全集（全六卷 绸面精装插盒珍藏版）   | 一般        |
| 中外文化文学经典系列 红岩 导读与赏析      | 一般        |
+------------------------------------------+-------------+
4 rows in set (0.00 sec)
```

在本例的 SELECT 语句中使用函数 if()，可以计算出每一种图书的销售状态。

6．加密和散列函数

加密和散列函数主要用于对存储的数据进行加密，相对于明文存储，加密后的字符串不会被管理员直接看到，以保证数据的安全性，在实际应用中，敏感数据的存储都要进行加密处理。常用的加密和散列函数如表 6-6 所示。

表6-6　加密和散列函数

函数名称	作用
md5(str)	使用 MD5 算法对 str 计算，返回 32 位的散列字符串
aes_encrypt(str,key)	使用密钥 key 对 str 进行加密，返回 128 位的二进制字符串
aes_decrypt(str,key)	使用密钥 key 对加密文本 str 进行解密
sha1(str),sha(str)	使用安全散列算法 SHA1 计算 str，返回 40 位由十六进制数字组成的字符串

学习提示：md5() 和 sha() 经常用于敏感数据的非明文存储，加密过程不可逆，数据验证时需要将验证文本进行同样的计算后再比较是否一致。

【例 6.19】加密和散列函数示例。

```
mysql> SELECT md5('abc'), sha1('abc'),
    -> convert(aes_decrypt(aes_encrypt('abc','z'),'z') using ascii) str \G
*************************** 1. row ***************************
md5('abc'): 900150983cd24fb0d6963f7d28e17f72
sha1('abc'): a9993e364706816aba3e25717850c26c9cd0d89d
       str: abc
1 row in set (0.00 sec)
```

在本例中，使用 aes_encrypt() 函数对明文"abc"按密钥"z"进行加密，然后再使用该密钥通过 aes_decrypt() 函数对其进行解密，由于解密后的文本是按十六进制进行编码，所以这里使用 convert 转换函数，使其按 ASCII 编码方式输出，得到明文"abc"。

7. JSON 函数

为了方便在数据库中直接处理 JSON 数据，MySQL 提供了丰富的 JSON 函数，常用的 JSON 函数如表 6-7 所示。

表 6-7　常用的 JSON 函数

函数名称	作用
json_array([val[,val]…])	生成一个包括指定元素的 JSON 数组
json_object ([key,val [,key,val]…])	生成一个包括指定键值对的 JSON 对象
json_keys(json_doc[, path])	获取 JSON 文档指定 path 时的所有键
json_value(json_doc, path)	获取 JSON 文档指定 path 时的所有键值
json_contains(json_doc,val[, path])	若 JSON 文档在 path 中包含指定数据，则返回 1
json_extract(json_doc,one_or_all,str,[path])	从 JSON 文档中抽取指定 path 的值，也可以使用"->"运算符
json_search(json_doc,one_or_all,str,[path])	返回符合查询条件的 str 对应的 JSON 路径所组成的数组
json_arrayagg(expr)	将结果集 expr 聚合成单个 JSON 数组
json_objectagg (k,v)	将结果集的分键值对聚合成单个 JSON 对象
json_table(json_doc,path COLUMNS (列定义列表) [AS] 列别名)	MySQL 8.0.4 及以上版本支持，用于解析 JSON 文档，根据指定的 path，按照列定义列表将 JSON 对象转换成关系表

【例 6.20】JSON 函数示例。

```
#创建一个json数组
SELECT json_array('id', 12, 'name', '李明') ;  #输出["id",12,"name","李明"]
#创建一个json对象
SELECT json_object('id', 12, 'name', '李明');  #输出{"id":12,"name":"李明"}
#定义用户变量@info
SET @info = '{"name":[{"id":12,"name":"李明"},{"id":13,"name":"刘立"}]}';
#取json对象的所有键
SELECT json_keys(@info,"$.name[0]");  #输出["id","name"]
#取json对象的键值
SELECT json_value(@info,"$.name[0]");  #输出{"id":12, "name":"李明"}
```

本例中变量@info 定义了一个 JSON 对象，键为 name，值为包含了 2 个 JSON 对象的数组。运算符"$."表示访问 JSON 对象的路径，"$.name[0]"表示取 name 键的第 1 个元素。

【例 6.21】将 category 表中 cid 小于 4 的每一行记录，生成一个 JSON 对象。

```
mysql> SELECT json_object('cid',cid,'cname',cname)
    -> FROM category
    -> WHERE cid < 4 ;
+--------------------------------------+
| json_object('cid',cid,'cname',cname) |
+--------------------------------------+
| {"cid": 1, "cname": "图书"}          |
| {"cid": 2, "cname": "乐器"}          |
| {"cid": 3, "cname": "蔬菜水果"}      |
+--------------------------------------+
3 rows in set (0.00 sec)
```

【例 6.22】将 category 表中 cid 小于 4 的记录，生成一个 JSON 数组。

```
mysql> SELECT json_arrayagg(json_object('cid',cid,'cname',cname)) cjson
    -> FROM category
    -> WHERE cid < 4 \G
*************************** 1. row ***************************
```

```
cjson: [{"cid": 1, "cname": "图书"}, {"cid": 2, "cname": "乐器"}, {"cid": 3, "cname": "蔬菜水果"}]
1 row in set (0.00 sec)
```

使用 json_arrayagg 将满足条件的查询结果集聚合成一个 JSON 数组。从结果可以看出，该数组中包含有 3 个 JSON 对象。

在实际开发中，若要直接将满足条件的查询结果集返回给应用程序使用，通常需要将其封装成 JSON 对象。封装过程重写代码如下。

```
SELECT @j:= json_arrayagg(json_object('cid',cid,'cname',cname))
          FROM category
          WHERE cid < 4;
SET @category_json=CONCAT('{"category":',@j,'}');
SELECT @category_json;
```

执行上述代码，变量@category_json 的值如下。

```
'{"category":[{"cid": 1, "cname": "图书"}, {"cid": 2, "cname": "乐器"}, {"cid": 3, "cname": "蔬菜水果"}]}'
```

从结果可以看出，category 对象有三个商品类别，每个商品类别中包括 cid 和 cname 两个字段。

【例 6.23】将【例 6.22】生成的@category_json 变量值还原成关系表。

```
SELECT *
FROM json_table(@category_json,
                '$.category[*]' COLUMNS(cid int path '$.cid',
                cname varchar(30) path '$.cname')) as t
```

上述代码中，指定从@category_json 的 JSON 文档中按 "$.category[*]" 路径提取数据，COLUMNS()函数中定义了两个列，其中 cid 列为 int 类型，其值对应为 category 对象中的 cid 列，cname 列的数据类型为 varchar(30)，其值对应为 category 对象中的 cname 列。执行上述代码，运行结果如下所示。

```
+-----+----------+
| cid | cname    |
+-----+----------+
|   1 | 图书     |
|   2 | 乐器     |
|   3 | 蔬菜水果 |
+-----+----------+
3 rows in set (0.00 sec)
```

从结果可以看到，变量@category_json 表示的 JSON 文档成功转换成二维关系表。

8. 系统信息函数

系统信息函数用来查询 MySQL 中数据库的系统信息。例如，查询数据库版本、数据库当前用户等，如表 6-8 所示。

表 6-8　系统信息函数

函数名称	作用
version()	返回数据库的版本号，与系统变量@@version 的值相同
connection_id()	返回当前服务器的连接 id
database(), schema()	返回当前数据库名
user(),system_user(),session_user()	返回当前登录 MySQL 服务器的用户
current_user(), current_user	返回当前账户允许哪些主机可以登录 MySQL 服务器

【例 6.24】获取当前登录用户、连接 id 和数据库名。

```
mysql> SELECT user(), connection_id(), database();
+----------------+-----------------+------------+
| user()         | connection_id() | database() |
+----------------+-----------------+------------+
| root@localhost |              12 | onlinedb   |
+----------------+-----------------+------------+
1 row in set (0.00 sec)
```

从结果可以看出，当前登录用户为 root@localhost，表示使用的账户为 root，登录地址为本机，用户管理的相关内容将在项目七中详细介绍。

9. 其他常用函数

除以上讲解的 8 种类型的常用函数外，MySQL 中还提供了一些在实际开发中应用较多的函数，如表 6-9 所示。

表 6-9　其他常用函数

函数名称	作用
last_insert_id()	返回当前会话中最后一个插入的 auto_increment 的值
inet_aton(IP)	将 IP 地址转换成数值存储
inet_aton(value)	将 value 值转换成 IP 地址
sleep(value)	延迟 value 秒执行语句
uuid()	在同一时间和同一空间中创建唯一标识符

【例 6.25】IP 地址转换函数示例。

```
SELECT inet_aton('192.168.0.1') ;          #输出 3232235521
SELECT inet_ntoa(3232235521) ;             #输出 192.168.0.1
```

任务 2　使用存储函数实现数据访问

【任务描述】在实际开发中，为了让应用程序专注业务处理，数据库层常通过定义存储函数和存储过程来封装数据处理逻辑，以提高代码的重用性和数据访问效率。本任务主要介绍 MySQL 中存储函数的创建、调用和管理的方法，进而有效实现数据库中的模块化数据访问。

[微课视频]

6.2.1　创建存储函数

存储函数是在数据库中定义的能完成特定功能的 SQL 语句集。根据业务需求，用户可以在 MySQL 中通过自定义存储函数来完成特定的功能。用户使用自定义函数，可以避免重复编写相同的 SQL 语句，减少客户端和服务器的数据传输。

在 MySQL 中，创建存储函数的 SQL 语句为 CREATE FUNCTION 语句，其语法格式如下。

```
CREATE FUNCTION 函数名([参数列表])
    RETURNS 数据类型
    [存储函数特征]
    函数体;
```

上述代码中，各参数的说明如下。

- 函数名：存储函数的名称，不能与数据库中其他对象名相同。
- 参数列表：存储函数的输入参数列表，每个参数由参数名称和数据类型组成，定义格式如下。

```
param_name type
```

上述代码中，param_name 为参数名称，type 为参数数据类型。参数与参数间用逗号分隔。

- RETURNS 数据类型：指定函数返回值的数据类型。
- 存储函数特征：表示存储函数的特性，主要如下。

```
[COMMENT '注释'] |[NOT]DETERMINISTIC |{ NO SQL | READS SQL DATA |…}
```

上述代码中，DETERMINISTIC 指明函数为确定性函数，每次执行相同的输入会得到相同的输出；NO SQL 表示函数体中不包含 SQL 语句；READS SQL DATA 表示函数体中只包含读语句。若不设置特征值，就需要设置系统全局变量@@GLOBAL.log_bin_trust_function_creators 的值为 ON。

- 函数体：存储函数的主体，可以是单个 SELECT 语句，若包含多条语句时，必须使用 BEGIN…END 来标识 SQL 语句的开始和结束。函数体中必须包含 RETURN 关键字，该关键字将结果返回给调用者，且返回的结果值必须为标量值。

【例 6.26】创建函数 func_count，返回商品类别的数量。

```
CREATE FUNCTION func_count ()
RETURNS integer
NOT DETERMINSTIC READS SQL DATA
    RETURN (SELECT COUNT(*) FROM category);
```

学习提示：存储函数的命名建议使用 func_ 开头。

【例 6.27】创建函数 func_getName，根据指定的商品 id，查询商品名称。

根据题意，需要设置 1 个输入参数，参数类型为 int，代码如下。

```
CREATE FUNCTION func_getName (in_id int)    #定义参数 in_id 用于接收商品 id 值
RETURNS varchar(50)
DETERMINISTIC
    RETURN (SELECT gname FROM goods WHERE gid = in_id);
```

【例 6.28】创建函数 func_getRandStr，返回由字母和数据组成的指定长度随机字符串。

```
DELIMITER //
CREATE FUNCTION func_getRandStr (n int)     #定义参数 n
RETURNS varchar(255)
NO SQL                                       #表示函数体中不包括查询语句
BEGIN
    -- 定义字符串，由字母和数据组成
    DECLARE chars_str varchar(100) DEFAULT
    'abcdefghijklmnopqrstuvwxyzABCDEFGHIJKLMNOPQRSTUVWXYZ0123456789' ;
    DECLARE return_str varchar(255) DEFAULT '' ;   #定义局部变量 return_str
    DECLARE i int DEFAULT 0 ;                       #定义局部变量 i，用于循环计数
    WHILE i < n DO
       SET @len = length(chars_str) ;       #计算 chars_str 字符串长度
       SET @pos = ceiling(rand()*@len) ;    #随机生成 0-@len 范围内的数
       # 取字符串 chars_str 中的@pos 位的字母，并使用 concat 函数连接成串
       SET return_str = concat(return_str,mid(chars_str ,@pos,1));
       SET i = i +1 ;                        #循环变量加 1
    END WHILE ;
    RETURN return_str;                        #返回字符串 return_str
END //
```

当函数体中包含的语句超过 1 条时，定义存储函数时，需要先修改默认提交符号。

6.2.2　调用存储函数

[微课视频]

在 MySQL 中，存储函数的使用与 MySQL 内置函数的使用方法一样。区别在于存储函数是由用户自定义的，而内置函数是由 MySQL 的开发者定义的。凡是可以用表达式的地方，均可以调用存储函数。在 SELECT 语句中调用存储函数，格式如下。

```
SELECT 函数名([参数列表]);
```

【例 6.29】调用函数 func_count。

```
mysql> SELECT func_count() ;
+----------+
| count(*) |
+----------+
|        6 |
+----------+
1 row in set (0.01 sec)
```

【例 6.30】调用函数 func_getName，查询商品 id 为 1 的商品的商品名称。

```
mysql> SELECT func_getName(2) ;
+----------------------------------------+
| gname                                  |
+----------------------------------------+
| 平凡的世界：全三册（激励青年的不朽经典）      |
+----------------------------------------+
1 row in set (0.01 sec)
```

【例 6.31】调用函数 func_getRandStr，输出产生长度为 3、5、10 的随机字符串。

```
mysql> SELECT func_getRandStr(3), func_getRandStr(5), func_getRandStr(10);
+--------------------+--------------------+--------------------+
```

```
| func_getRandStr(3) | func_getRandStr(5) | func_getRandStr(10) |
+--------------------+--------------------+---------------------+
| UJL                | rNuRJ              | RZaK52Jnxo          |
+--------------------+--------------------+---------------------+
1 row in set, 2 warnings (0.01 sec)
```

从执行结果看到，三次调用函数 func_getRandStr 分别输出了三个指定长度的字符串。

6.2.3　管理存储函数

1. 查看存储函数的状态和定义

在 MySQL 中，可以通过 SHOW STATUS 语句来查看存储函数的状态，其语法格式如下。

```
SHOW FUNCTION STATUS [LIKE 匹配模式];
```

其中，参数"匹配模式"用来匹配函数的名称。

【例 6.32】查看存储函数 func_count 的状态。

```
mysql> SHOW FUNCTION STATUS LIKE 'func_count' \G
*************************** 1. row ***************************
                  Db: onlinedb
                Name: func_count
                Type: FUNCTION
             Definer: root@localhost
            Modified: 2021-09-05 11:25:49
             Created: 2021-09-05 11:25:49
       Security_type: DEFINER
             Comment:
character_set_client: utf8mb4
collation_connection: utf8mb4_0900_ai_ci
  Database Collation: utf8_bin
1 row in set (0.00 sec)
```

从执行结果可以看到，使用 SHOW FUNCTION STATUS 语句可以查看指定存储函数所在的数据库、创建者、创建和修改时间、安全类型、客户端字符集及排序规则等。

在 MySQL 中，也可以通过 SHOW CREATE 语句来查看函数的定义，其语法格式如下。

```
SHOW CREATE FUNCTION 存储函数名;
```

【例 6.33】查看函数 func_count 的定义。

```
mysql> SHOW CREATE FUNCTION func_count \G
*************************** 1. row ***************************
            Function: func_count
            sql_mode: STRICT_TRANS_TABLES,NO_ENGINE_SUBSTITUTION
     Create Function: CREATE DEFINER=`root`@`localhost` FUNCTION `func_count`() RETURNS int
   DETERMINISTIC
RETURN (SELECT COUNT(*) FROM category)
character_set_client: utf8mb4
collation_connection: utf8mb4_0900_ai_ci
  Database Collation: utf8_bin
1 row in set (0.00 sec)
```

2. 删除函数

删除函数是指删除数据库中已经存在的函数。MySQL 使用 DROP FUNCTION 语句来删除函数，其语法格式如下。

```
DROP FUNCTION [IF EXISTS] 存储函数名;
```

其中，IF EXISTS 子句为可选参数，当存储函数存在时删除，防止存储函数不存在时语句发生错误。

【例 6.34】删除函数 func_count。

```
mysql> DROP FUNCTION IF EXISTS func_count;
Query OK, 0 rows affected (0.05 sec)
```

任务 3　使用存储过程实现数据访问

【任务描述】存储过程与存储函数一样，也可以封装具有一定功能的语句块，不同之处在于存储过程可以完成特定的操作和任务，而函数仅用于返回特定的数据。本任务从存储过程的优点着手，详细介绍创建、调用、管理存储过程的方法，有效实现数据库中的模块化数据访问。

6.3.1　存储过程概述

[微课视频]

存储过程是数据库中的重要对象，它将特定的 SQL 语句集进行封装，完成数据库中复杂的数据处理逻辑，以提高程序的复用性。存储过程采用预编译方式，也就是说存储过程执行一次，其执行计划就驻留在高速缓存中，再次调用时直接使用已编译好的二进制代码即可，因而其执行效率比较高。

存储过程与存储函数相似，其目的都是完成特定功能的逻辑封装，减少客户端和服务端的数据传输，以提高数据访问效率。相比存储函数，存储过程有如下几个优点。

（1）存储过程执行一次后，其执行计划就驻留在高速缓冲存储器中，在以后的操作中，只需从高速缓冲存储器中调用已编译好的二进制代码即可，提高了系统性能。

（2）存储函数必须使用 RETURN 子句返回数据，且只能返回标量数据；而存储过程没有 RETURN 子句，其数据返回过程可以通过 SELECT 语句和输出参数实现。

（3）存储过程可以嵌套在触发器或事件中，运用灵活。

（4）数据库管理员能够对存储过程进行单独的权限控制，避免非授权用户对数据的访问。此外，当普通用户无权直接访问数据库中的表时，也可通过权限控制存储过程间接访问数据，以屏蔽数据库中表的细节，从而保证数据的安全性。

6.3.2　创建和调用存储过程

1. 创建存储过程

在 MySQL 中，创建存储过程的基本语法如下。

```
CREATE PROCEDURE 存储过程名([参数1 [,参数2...]])
    [存储过程特征]
程序体
```

参数的定义：
```
[IN|OUT|INOUT]参数名称 参数类型
```

上述代码中，各参数说明如下。

- 存储过程名：定义的存储过程的名称。
- 存储过程特征：与存储函数特征的说明相同。
- 程序体：封装的 SQL 语句集，用 BEGIN...END 来标识 SQL 语句的开始和结束。
- IN|OUT|INOUT：表示参数方向，其中 IN 表示输入参数；OUT 表示输出参数；INOUT 表示输入输出参数。

【例 6.35】创建存储过程，查询 goods 表中前 3 件商品的商品 id、商品名称和价格。

```
DELIMITER //
CREATE PROCEDURE proc_getgoods()
READS SQL DATA
BEGIN
    SELECT gid, gname, gprice FROM goods LIMIT 3;
END //
```

上述代码定义了一个名为 proc_getgoods 的存储过程，用于返回 goods 表的前 3 条记录。

2. 调用存储过程

MySQL 使用 CALL 语句来调用存储过程。调用存储过程后，数据库系统将执行存储过程中的语句，将执行结果返回给输出。CALL 语句的基本语法如下。

```
CALL 存储过程名([参数列表]);
```

【例 6.36】调用名为 proc_getgoods 的存储过程，输出相应商品的商品名称和价格。

```
mysql> CALL proc_getgoods();
+-----+------------------------------------+--------+
```

```
| gid | gname                                      | gprice |
+-----+--------------------------------------------+--------+
|   1 | 林清玄启悟人生系列：愿你，归来仍是少年       |  29.00 |
|   2 | 平凡的世界：全三册（激励青年的不朽经典）     |  94.00 |
|   3 | 曾国藩全集（全六卷 绸面精装插盒珍藏版）       | 255.00 |
+-----+--------------------------------------------+--------+
3 rows in set (0.00 sec)
Query OK, 0 rows affected (0.01 sec)
```

6.3.3 参数化存储过程

在实际开发中，为了满足不同查询的需要，通常需要为存储过程指定参数，来实现通用的数据访问模块。

存储过程可以指定一个或多个参数，参数的声明由参数方向、参数名和参数类型 3 个部分构成，一般至少提供参数名和参数类型。参数方向是指数据传输方向，在没有指定参数方向的情况下默认为输入参数。

1. 创建和调用带输入参数的存储过程

【例 6.37】创建存储过程 proc_getGoodsPage，根据指定的页码（假定每页 3 件商品），显示该页中商品的商品 id、商品名称和价格。

```
DELIMITER //
CREATE PROCEDURE proc_getGoodsPage(page int)
READS SQL DATA
BEGIN
    DECLARE startpos int ;              #定义局部变量 startpos
    SET startpos = (page - 1)*3 ;       #计算查询记录的开始位置
    SELECT gid, gname, gprice
    FROM goods
    LIMIT startpos, 3 ;
END //
```

【例 6.38】调用存储过程 proc_ getGoodsPage，查询第 2 页商品的信息。

```
mysql> CALL proc_getGoodsPage(2);
+-----+--------------------------------------------+---------+
| gid | gname                                      | gprice  |
+-----+--------------------------------------------+---------+
|   4 | 中外文化文学经典系列 红岩 导读与赏析        |   29.00 |
|   5 | 古琴 老杉木乐器伏羲式 _七弦琴                | 3299.00 |
|   6 | 专业演奏级乐器洞箫_8 孔正手 G 调             |  549.00 |
+-----+--------------------------------------------+---------+
3 rows in set (0.04 sec)
Query OK, 0 rows affected (0.05 sec)
```

从查询结果看，存储过程正确读取了第 2 页的商品信息，读者也可以尝试将输入参数改为其他数字，查看查询返回的结果集。

2. 创建和调用带输入输出参数的存储过程

【例 6.39】创建存储过程 proc_ getGoodsPages，在返回【例 6.38】结果的基础上，返回总页数。

```
DELIMITER //
CREATE PROCEDURE proc_getGoodsPages(page int, out total_pages int)
READS SQL DATA
BEGIN
    DECLARE startpos int ;              #定义局部变量 startpos
    SET startpos = (page - 1)*3 ;       #计算查询记录的开始位置
    SELECT gid, gname, gprice
    FROM goods
    LIMIT startpos, 3 ;
    #计算总页数等于商品总数除以总页数向上取整
    SET total_pages = ceiling((SELECT count(*) FROM goods)/3) ;
END //
```

其中，参数 total_pages 用 out 修饰，表示为输出参数，用来存储按页大小进行分页后的总页数。

【例 6.40】调用存储过程 proc_ getGoodsPages，结果如下。

```
mysql> CALL proc_getGoodsPages(2, @pages) ;
+-----+--------------------------------------------+---------+
```

```
| gid | gname                              | gprice  |
+-----+------------------------------------+---------+
|  4  | 中外文化文学经典系列 红岩 导读与赏析       |   29.00 |
|  5  | 古琴 老杉木乐器伏羲式_七弦琴              | 3299.00 |
|  6  | 专业演奏级乐器洞箫_8孔正手G调             |  549.00 |
+-----+------------------------------------+---------+
3 rows in set (0.00 sec)
Query OK, 0 rows affected (0.04 sec)

mysql> SELECT @pages ;                    #查询返回的输出参数@page
+--------+
| @pages |
+--------+
|    4   |
+--------+
1 row in set (0.00 sec)
```

从执行结果可以看出，在调用存储过程 proc_getGoodsPages 时，将用户变量@pages 作为参数传递给存储过程，并由@pages 将计算好的页数返回，结果中查询出的@pages 值恰好为 4，而 goods 表中共有 11 条记录，现按每页分 3 条，总共分 4 页。

6.3.4　管理存储过程

1. 查看存储过程的状态和定义

MySQL 可以通过 SHOW STATUS 语句来查看存储过程的状态，其基本语法如下。

```
SHOW PROCEDURE STATUS [LIKE 匹配模式];
```

上述代码中，"匹配模式"用来匹配存储过程的名称。

MySQL 也可以通过 SHOW CREATE 语句来查看存储过程的定义，其基本语法如下。

```
SHOW CREATE PROCEDURE 存储过程名;
```

【例 6.41】查看存储过程 proc_ getGoodsPages 的定义。

```
SHOW CREATE PROCEDURE proc_getGoodsPages;
```

2. 删除存储过程

MySQL 使用 DROP PROCEDURE 语句来删除存储过程，其语法格式如下。

```
DROP PROCEDURE [IF EXISTS] 存储过程名 ;
```

【例 6.42】删除名为 proc_getGoodsPage 的存储过程。

```
DROP PROCEDURE IF EXISTS proc_getGoodsPage;
```

6.3.5　错误处理

[微课视频]

在实际开发中执行存储过程时可能会遇到一些错误，数据库程序员可在编写存储过程时，对可能遇到的错误代码、警告或异常约定处理方式。MySQL 提供的 DECLARE…HANDLER FOR 语句可以对指定的错误名称或代码定义相应的处理程序。其语法格式如下。

```
DECLARE 错误处理方式 HANDLER FOR 错误类型
处理程序 ;
```

上述代码的语法说明如下。

● 错误处理方式取值为 CONTINUE（遇到错误时不处理，继续执行）和 EXIT（遇到错误时马上中断执行并退出）。

● 错误类型主要有如下 5 种。

■ MySQL 的错误代码或符号常量：例如 1307、ER_SP_STORE_FAILED。

■ SQLSTATE 状态码：状态码是包含五个字符的字符串，代表各种错误或警告。

■ SQL WARNING：表示所有以 01 开头的 SQLSTATE 错误代码。

■ NOT FOUND：表示所有以 02 开头的 SQLSTATE 错误代码。

■ SQLEXCEPTION：表示除 00、01 和 02 开头外的所有 SQLSTATE 错误代码。

● 处理程序，表示当遇到错误时，需要执行的存储过程的代码段。

【例6.43】错误处理的应用示例。

```
DELIMITER //
CREATE PROCEDURE proc_errorHandler()    #创建存储过程 proc_errorHandler
BEGIN
#当遇到状态码为23000的错误时，设置@flag值为10，程序继续执行
    DECLARE CONTINUE HANDLER FOR SQLSTATE '23000' SET @flag = 10 ;

    INSERT INTO category values(7,'鲜花') ;
    SET @flag = 1 ;
    INSERT INTO category values(7,'鲜花') ;        #重复插入商品类别
    SET @flag = @flag + 1;
END //
```

其中，SQLSTATE '23000'表示当键重复时数据不能插入（SQLSTATE '23000'也可以用错误编码 1062 表示），当遇到该错误时，设置变量@flag值为1，代码执行。执行上述代码，成功创建存储过程 proc_errorHandler。

【例6.44】调用存储过程 proc_errorHandler，查看用户变量@flag 的值。

```
mysql> CALL proc_ errorHandler() ;
Query OK, 0 rows affected (0.00 sec)

mysql> SELECT @flag;                #查询用户变量@flag
+--------+
| @ flag |
+--------+
|     11 |
+--------+
1 row in set (0.00 sec)
```

由变量@flag 的值可知，当执行重复插入的商品类别时，DECLARE CONTINUE HANDLER 语句重新将 @flag 的值设置为10，并且继续执行@flag=@flag+1 语句，因此执行结果为11。

任务 4   使用触发器实现任务自动化

【任务描述】触发器是数据库中的独立对象，为了确保数据完整性，设计人员可以用触发器实现复杂的业务逻辑。例如，当用户选购好商品并完成订单后，用户所选购的商品的库存数量应该根据用户订单中商品的数量相应减少。本任务详细介绍创建触发器和管理触发器的方法，以保持数据的完整性和一致性。

6.4.1   触发器概述

触发器是一种特殊的存储过程，可以用来对表实施复杂的完整性约束，以保持数据的一致性。当触发器所关联的数据改变时，触发器会自动被激活，并执行触发器中所定义的相关操作，以保证关联数据的完整性。MySQL 中激活触发器的操作包含 INSERT、UPDATE 和 DELETE。它与存储过程的区别在于触发器不需要显式调用。

[微课视频]

在 MySQL 中，触发器定义在表上，其中的 SQL 语句可以关联表中的任意列，但不能直接使用列名来标识，那样会使系统混淆，因此 MySQL 提供了两张逻辑表 new 和 old。new 和 old 表的表结构与触发器所在数据表的结构完全一致，当触发器执行完后，这两张表也会被自动删除。

old 表用来存放更新前的记录。对于 UPDATE 语句，old 表中存放的是更新前的记录（更新完后即被删除）；对于 DELETE 语句，old 表中存放的是被删除的记录。

new 表用来存放更新后的记录。对于 INSERT 语句，new 表中存放的是要插入的记录；对于 UPDATE 语句，new 表中存放的是更新的记录。

学习提示：触发器能实现数据库中数据的无痕更改，从某种程度上保证了数据的安全性，但无痕操作会使数据在应用程序层面不可控。

6.4.2   创建触发器

在 MySQL 中，创建触发器的语法格式如下。

[微课视频]

```
CREATE TRIGGER 触发器名称
触发时间 触发事件
ON 表名
FOR EACH ROW 程序体
```

上述代码的语法说明如下。

- 触发器名称：指要创建的触发器的名称。
- 触发时间：指触发器执行的时间，它可以是 BEFORE 或 AFTER，以指明触发器是在激活它的语句之前或之后触发。
- 触发事件：指激活触发程序的语句类型，包括 INSERT、UPDATE 和 DELETE。
- 表名：指触发事件操作的表名称。
- FOR EACH ROW：表示任何一条记录上的操作满足触发事件都会触发该触发器。
- 程序体：指触发器被触发后执行的语句集。

【例 6.45】创建触发器 trig_ins_addnum，当 uid 为 1 的用户向购物车中添加商品时，自动记录该用户添加商品的总数量。

```
CREATE TRIGGER trig_ins_addnum     #建议命名以 trig_开头，其中 ins 表示是 insert
AFTER INSERT                       #数据插入完成后执行
ON cart                            #触发器建立的表为 cart
FOR EACH ROW
    SET @total = @total + NEW.cnum ; #累加新增记录的购买数量
```

执行上述代码，成功创建触发器。触发器不能显示调用，当触发器触发的事件发生时，触发器会自动被执行。执行下列插入代码，并查看用户变量@total 的值。

```
#定义用户变量@total 为 0
mysql> SET @total = 0 ;
Query OK, 0 rows affected (0.00 sec)
#uid 为 1 的用户向购物车中添加 3 件商品，其中 1 号商品 5 件，2 号商品 3 件，3 号商品 1 件
mysql> INSERT INTO cart(uid, gid, cnum)
    -> VALUES(1, 1, 5), (1, 2, 3), (1, 3, 1) ;
Query OK, 3 rows affected (0.01 sec)
Records: 3 Duplicates: 0 Warnings: 0          #3 条记录被添加
#查看用户变量@total 的值
mysql> SELECT @total;                         #查看变量@total 的值
+--------+
| @total |
+--------+
|      9 |
+--------+
1 row in set (0.00 sec)
```

从执行结果可以看到，@total 对插入的 3 条记录中 cnum 的值进行了累加，说明触发器自动被调用，并完成了相应的功能。

此外，触发器还可以对数据进行验证。

【例 6.46】向 users 表中插入新用户数据，判断输入的密码长度，若长度小于 6，则拒绝插入新用户，并提示"密码长度小于 6，请重新输入"。若长度大于等于 6，则按 MD5 算法对密码加密处理。

```
DELIMITER //
CREATE TRIGGER trig_ins_checkpwd
BEFORE INSERT                        #向 users 表插入数据前执行
ON users
FOR EACH ROW
BEGIN
    IF length(new.upwd) >=6 THEN     #执行判断密码长度
      SET new.upwd = md5(new.upwd) ; #符合条件时的处理逻辑
    ELSE
        #自定义错误提示，数据插入失败
        SIGNAL SQLSTATE '45000'
        SET message_text = '密码长度小于 6，请重新输入';
    END IF;
END //
```

上述代码中，SINGNAL 语句用于自定义错误提示，提示文本为 message_text。SQLSTATE 状态值长度为 5 位，建议不要与已经预设的 SQLSTATE 状态值相同。

触发器创建成功后，执行下列 SQL 语句。

```
mysql> INSERT INTO users(ulogin, uname, upwd)
    -> VALUES('1390800000','lily','123');
ERROR 1644 (45000): 密码长度小于 6, 请重新输入
```

从执行结果可以看出，新插入的数据密码为 "123"，不满足密码长度要求，输出触发器中定义的状态值和错误消息，数据插入失败。

学习提示： 当触发器对表本身执行 INSERT 和 UPDATE 操作时，触发器的执行时间只能用 BEFORE 不能用 AFTER。当触发程序的语句类型是 INSERT 或者 UPDATE 时，在触发器里不能再用 UPDATE SET，应直接使用 SET，避免出现 UPDATE SET 重复的错误。

6.4.3　管理触发器

1. 查看触发器定义

MySQL 可以通过 SHOW TRIGGERS 语句来查看触发器的定义，其语法格式如下。

```
SHOW TRIGGERS
[{FROM | IN} 数据库名]
[LIKE 匹配模式 | WHERE 条件表达式]
```

当缺省所有参数时，表示查看当前数据库下所有的触发器。其中，参数 "匹配模式" 匹配对象为数据表名称。

【例 6.47】 查看 cart 表上定义的触发器。

```
mysql> SHOW TRIGGERS like 'cart%' \G
*************************** 1. row ***************************
             Trigger: trig_ins_addnum
               Event: INSERT
               Table: cart
           Statement: SET @total = @total + NEW.cnum
              Timing: AFTER
             Created: 2021-09-07 10:35:34.06
            sql_mode: STRICT_TRANS_TABLES,NO_ENGINE_SUBSTITUTION
             Definer: root@localhost
character_set_client: utf8mb4
collation_connection: utf8mb4_0900_ai_ci
  Database Collation: utf8_bin
1 row in set (0.00 sec)
```

从结果可以看到，cart 表中定义了名为 trig_ins_addnum 的触发器，触发事件为 INSERT，触发时间为 AFTER。

2. 删除触发器

删除触发器指删除数据库中已经存在的触发器。MySQL 使用 DROP TRIGGER 语句来删除触发器，其基本语法如下。

```
DROP TRIGGER [IF EXISTS] trigger_name;
```

【例 6.48】 删除名称为 trig_ins_addnum 的触发器。

```
mysql> DROP TRIGGER trig_ins_addnum;
Query OK, 0 rows affected (0.02 sec)
```

任务 5　使用事件实现任务自动化

【任务描述】 数据库管理是一项重要且烦琐的工作，许多日常管理任务往往会频繁地、周期性地执行，例如定时刷新数据、定期维护索引、定时关闭账户、定义打开或关闭数据库等操作。在实际应用中，数据库管理员会定义事件对象以自动完成这些任务。本任务将详细介绍 MySQL 中事件的创建和管理等。

6.5.1　事件概述

[微课视频]

事件是在特定时刻调用的数据库对象。一个事件可以被调用一次，也可以周期性地被调用，由 MySQL 中的"事件调度器"来调度和管理。对数据库中定时性的数据处理操作不再依赖外部程序，而直接在数据库服务器中自动完成。

事件完成了原先只能由操作系统的计划任务来执行的工作，MySQL 的事件调度器可以精确到每秒钟执行一个任务，而操作系统的计划任务（如 Linux 下的 CRON 或 Windows 下的计划任务）只能精确到每分钟执行一次。事件在实时性要求较高的应用（如股票、期货等）中广泛使用。

事件调度器是 MySQL 服务器的一部分，负责事件的调度，它监视数据库中哪些事件需要被调用，默认为关闭状态。若希望事件能按时被调用，MySQL 服务器必须先开启事件调度器。MySQL 中的全局变量 @@GLOBAL. event_scheduler 用于监控事件调度器启停状态。

【例 6.49】查看 MySQL 服务器中事件调度器的状态。

```
mysql> SHOW VARIABLES LIKE 'event_scheduler';
+-----------------+-------+
| Variable_name   | Value |
+-----------------+-------+
| event_scheduler | OFF   |
+-----------------+-------+
1 row in set, 1 warning (0.01 sec)
```

从执行结果可以看出，事件调度器当前处于关闭状态。

【例 6.50】打开 MySQL 服务器中的事件调度器。

```
mysql> SET @@GLOBAL.event_scheduler = ON ;
Query OK, 0 rows affected (0.00 sec)

mysql> SHOW VARIABLES LIKE 'event_scheduler';
+-----------------+-------+
| Variable_name   | Value |
+-----------------+-------+
| event_scheduler | ON    |
+-----------------+-------+
```

学习提示：事件调试器的状态值也可以用 1 和 0 来表示，其中 1 表示 ON，0 表示 OFF。

当 MySQL 服务器重启时，事件调度器的状态会恢复到默认值。若想永久改变事件调度器的状态，可以修改 my.ini 文件，并在[mysqld]部分添加如下内容，然后重启 MySQL 服务器。

```
event_scheduler = 1
```

6.5.2　创建事件

[微课视频]

在 MySQL 中，要想实现任务自动化就需要创建事件。每个事件由事件调度（Event Schedule）和事件动作（Event Action）两个主要部分组成。其中事件调度表示事件何时启动和按什么频率启动，事件动作表示事件启动时执行的代码。

创建事件由 CREATE EVENT 语句完成，其语法格式如下。

```
CREATE EVENT [IF NOT EXISTS] 事件名称
    ON SCHEDULE 时间与频率
    [ON COMPLETION [NOT] PRESERVE]
    [ENABLE | DISABLE ]
    [COMMENT 事件注释]
    DO 程序体 ;
```

上述代码的语法说明如下。

● ON SCHEDULE 时间与频率：定义事件执行的开始和结束时间、执行的频率和持续时间。

● ON COMPLETION [NOT] PRESERVE：默认情况事件执行完后会自动删除，若想保留事件定义，则要设置 ON COMPLETION PRESERVE。

● ENABLE | DISABLE：用于启用或禁用事件。创建时默认为 ENABLE。

● DO 程序体：用于指定事件执行的 SQL 语句集。可以是简单的 INSERT 或者 UPDATE 语句，也可以调用存储过程或者 BEGIN…END 的语句块。

事件在创建时会根据时间和频率的不同进行设置，确定事件仅执行一次或是定期重复执行。具体定义如下。

（1）定义执行一次的事件，时间和频率设置的语法如下。

```
AT 时间戳 [+INTERVAL 时间间隔 时间单位]
```

上述代码表示在指定的时间点执行事件。其中，时间戳必须包含日期和时间，时间间隔可以是任意数字，时间单位如表 6-10 所示。

表 6-10　时间单位

YEAR	QUARTER	MONTH	DAY	HOUR
MINUTE	WEEK	SECOND	YEAR_MONTH	DAY_HOUR
DAY_MINUTE	DAY_SECOND	HOUR_MINUTE	HOUR_SECOND	MINUTE_SECOND

【例 6.51】从当前时间开始的 5 分钟后，修改"乐器"类商品的价格为原价的 9 折。

```
CREATE EVENT event_discount
ON SCHEDULE AT CURRENT_TIMESTAMP + INTERVAL 5 MINUTE
DO
UPDATE goods g JOIN category c
    ON g.cid = c.cid
SET gprice = gprice * 0.9
WHERE cname = '乐器' ;
```

上述代码中，CURRENT_TIMESTAMP 表示获取当前的时间戳，INTERVAL 5 MINUTE 表示再加 5 分钟间隔。事件创建好后，当到指定的时间点时，事件会自动被执行。

学习提示：使用 AT 设置时间戳时，不能设置为过期时间。

（2）定义重复执行的事件，时间和频率设置的语法如下。

```
EVERY 时间间隔 [STARTS 开始时间 [+INTERVAL 时间间隔]]
               [ENDS 结束时间 [+INTERVAL 时间间隔]]
```

该语法表示事件在指定的时间范围内周期性执行。其中，EVERY 用于指定执行的频率，STARTS 指定时间范围的开始时间，ENDS 指定时间范围的结束时间。

【例 6.52】创建名为 event_huge_sales 事件，2022 年全年，每天晚上 8 点后，"蔬菜水果"类商品的价格修改为原价的 8 折。

```
CREATE EVENT event_huge_sales
ON SCHEDULE EVERY 1 DAY
STARTS '2022-1-1 20:00:00'
ENDS '2022-12-31 23:59:59'
DO
UPDATE goods g JOIN category c
    ON g.cid = c.cid
SET gprice = gprice * 0.8
WHERE cname = '蔬菜水果' ;
```

上述代码定义了每天晚上 8 点运行的价格打折处理事件。在实际应用中，还需要设置另一个事件，每天在合适的时间将价格重新恢复。

【例 6.53】创建名为 event_reindex_goods 事件，每周调用存储过程 proc_reindex_goods,用于重建 goods 表上的索引 ix_gname。

首先，创建存储过程 proc_reindex_goods，用于重建索引 ix_gname，具体代码如下。

```
DELIMITER //
CREATE PROCEDURE proc_reindex_goods()
DETERMINISTIC
BEGIN
    IF EXISTS(SELECT *
            FROM information_schema.statistics
```

```
                      WHERE table_schema = 'onlinedb'              #筛选数据库名
                          AND table_name = 'goods'                  #筛选表名
                          AND index_name = 'ix_gname' ) THEN        #筛选索引名
        DROP INDEX ix_gname on goods;
    END IF;

    CREATE INDEX ix_gname on goods(gname);                         #建立索引
END //
```

执行上述代码，并创建事件。下述代码用于实现每周调用一次该存储过程。

```
CREATE EVENT event_reindex_goods
ON SCHEDULE EVERY 1 WEEK                       #执行频率为每周一次
STARTS '2022-1-1 03:00:00'
DO
CALL proc_reindex_goods();
```

上述代码中，事件定义缺省 ENDS 结束时间，表示事件将一直存在。

6.5.3　管理事件

1. 查看事件

在 MySQL 中，事件对象可以使用 SHOW EVENTS 语句查看事件，其语法格式如下。

```
SHOW EVENTS
[{FROM | IN} 数据库名]
 [LIKE 匹配模式 | WHERE 条件表达式]
```

当缺省所有参数时，表示查看当前数据库下所有的事件。其他参数与查看触发器语法中的参数相同。

【例 6.54】查看 onlinedb 数据库中的所有事件，并格式化显示。

```
mysql> SHOW EVENTS  FROM onlinedb \G
*************************** 1. row ***************************
                Db: onlinedb
              Name: event_reindex_goods
           Definer: root@localhost
         Time zone: SYSTEM
              Type: RECURRING
        Execute at: NULL
    Interval value: 1
    Interval field: WEEK
            Starts: 2022-01-01 03:00:00
              Ends: NULL
            Status: ENABLED
        Originator: 1
character_set_client: utf8mb4
collation_connection: utf8mb4_0900_ai_ci
 Database Collation: utf8_bin
1 row in set (0.03 sec)
```

从执行结果可以看到事件的详细信息，包括名称、创建者、事件类型、时间频率、开始时间、结束时间、启用状态和编码方式等。

要查看事件的创建信息，其语法格式如下。

```
SHOW CREATE EVENT event_name;
```

其中，event_name 为待查看的事件对象名称。

2. 修改事件

当事件的功能和属性发生变化时，可以使用 ALTER EVENT 语句来修改事件，例如禁用事件、启用事件、更改事件的执行频率等。

修改事件的语法格式如下。

```
ALTER EVENT 事件名称
    ON SCHEDULE 时间与频率
    [ON COMPLETION [NOT] PRESERVER]
    [RENAME TO 新事件名称]
```

```
[ENABLE | DISABLE ]
[COMMENT 事件注释]
[DO 程序体 ];
```

其中，参数 RENAME 表示修改事件名称，其他参数与创建事件的参数相同。

【例 6.55】禁用 event_reindex_goods 的事件。

```
ALTER EVENT event_reindex_goods DISABLE;
```

【例 6.56】启用名为 event_reindex_goods 的事件。

```
ALTER EVENT event_reindex_goods ENABLE ;
Query OK, 0 rows affected (0.01 sec)
```

【例 6.57】修改事件 event_reindex_goods 为即时事件，事件执行完后不删除，并将其重新命名为 event_reindex。

修改事件的语句如下。

```
mysql> ALTER EVENT event_reindex_goods
    -> ON SCHEDULE AT CURRENT_TIMESTAMP
    -> ON COMPLETION PRESERVE
    -> RENAME TO event_reindex
    -> DO
    -> CALL proc_reindex_goods();
Query OK, 0 rows affected (0.02 sec)
```

读者可使用 SHOW EVENTS 语句查看该事件，并与修改前【例 6.54】的查看结果对比，比较修改前后的异同。

3. 删除事件

当事件不再被需要时，使用 DROP EVENT 语句删除事件，其语法格式如下。

```
DROP EVENT [IF EXISTS] 事件名称
```

上述语法中，当待删除的事件正在执行时，也会立即停止执行，并执行删除操作。

【例 6.58】删除名为 event_reindex_goods 的事件。

```
mysql> DROP EVENT event_reindex_goods;
Query OK, 0 rows affected (0.01 sec)
```

习题

1. 单项选择题

（1）MySQL 支持的变量类型有用户变量、系统变量和（　　）。

    A. 成员变量　　　　　B. 局部变量　　　　　C. 全局变量　　　　　D. 时间变量

（2）表达式 SELECT (9+6*5+3%2)/5-3 的运算结果是（　　）。

    A. 1　　　　　　　　B. 3　　　　　　　　C. 5　　　　　　　　D. 7

（3）返回 0~1 的随机数的函数是（　　）。

    A. RAND()　　　　　B. SIGN(x)　　　　　C. ABS(x)　　　　　D. PI()

（4）计算字段的累加和函数是（　　）。

    A. SUM()　　　　　B. ABS()　　　　　C. COUNT()　　　　　D. PI()

（5）返回当前日期的函数是（　　）。

    A. curtime()　　　　B. adddate()　　　　C. now()　　　　　D. curdate()

（6）创建用户自定义函数的关键语句是（　　）。

    A. CREATE FUNCTION　　　　　　　　B. ALTER FUNCTION

    C. CREATE PROCEDURE　　　　　　　D. ALTER PROCEDURE

（7）存储函数中选择语句使用（　　）。

    A. IF　　　　　　　B. WHILE　　　　　C. SELECT　　　　　D. SWITCH

（8）MySQL 使用（　　）来调用存储过程。

　　A．EXEC　　　　　　B．CALL　　　　　　C．EXECUTE　　　　D．CREATE

（9）一般激活触发器的事件包括 INSERT、UPDATE 和（　　）事件。

　　A．CREATE　　　　　B．ALTER　　　　　C．DROP　　　　　D．DELETE

（10）创建数据库事件所使用的语句是（　　）。

　　A．CREATE EVENT　　　　　　　　　　B．ALTER EVENT

　　C．CREATE PROCESS　　　　　　　　　D．ALTER PROCESS

2．思考题

（1）使用存储过程有诸多优点，在前文中已有描述，那使用存储过程是否存在缺点呢?

（2）触发器在数据库中有很多合适的用途，它在插入、删除或者修改特定表中数据时，会触发一些数据操作，用以维护数据的参照完整性和维护数据安全等。但是我们说使用触发器时，需要特别小心，如果可以使用其他技术手段处理应尽量别用触发器，这是为什么?

项目实践

1．实践任务

（1）创建和调用存储函数。

（2）创建和调用存储过程。

（3）创建和调用触发器。

（4）创建事件。

2．实践目的

（1）能正确使用 SQL 中的流程控制语句。

（2）能正确使用 MySQL 提供的常用函数。

（3）能使用 SQL 语句创建、调用和管理存储函数。

（4）能使用 SQL 语句创建、调用和管理存储过程。

（5）能使用 SQL 语句创建和管理触发器。

（6）能使用 SQL 语句创建和管理事件。

3．实践内容

● 存储函数

（1）创建并调用存储函数 func_users_count，查询 2021 年 1 月 1 日以后注册的用户总数。

（2）使用 SQL 语句查看用户自定义函数 func_users_count。

● 存储过程

（3）创建并调用存储过程 proc_get_integer，输入 100 以内能够同时被 3 和 5 整除的整数。

（4）创建并调用存储过程 proc_rand_record，为 users 表添加 10 000 条测试记录。

（5）创建并调用存储过程 proc_user_order，根据指定的 uid 查询该用户的订单总数。

（6）删除存储过程 proc_user_order。

（7）创建存储过程 proc_orders_count，统计查询每个用户的订单数。

● 触发器

（8）创建触发器 trig_order_num，当用户下单时，即订单详情表有数据插入时，同步更新 goods 表中相应商品的库存数量和销售数量。

（9）创建触发器 trig_goods_type，当更改 category 表中某个类别 id 时，同时将 goods 表对应的类别 id 全部更新。

● 事件

（10）在网上商城数据库中，完成销售月报表和日报表功能，统计每月及每日的销售总金额，以及商品销售总数量。

拓展实训

在诗词飞花令游戏数据库 poemGameDB 中，完成下列数据库操作。

（数据库脚本文件可在课程网站下载）

● 存储函数

（1）创建并调用存储函数 func_poets_count，查询生于公元 1 000 年之后的诗人总数。

（2）使用 SQL 语句查看用户自定义函数 func_poets_count。

● 存储过程

（3）创建并调用存储过程 proc_poem_dynasty，统计各个朝代所创作的诗歌数量。

（4）创建并调用存储过程 proc_feihualing，查询指定诗歌所包含的所有诗令名称。

（5）创建并调用存储过程 proc_poem_type，查询指定诗词分类下所有诗歌的标题。

（6）创建并调用存储过程 proc_poem_count，统计指定诗人所创作的所有诗歌的数量。

（7）删除存储过程 proc_poem_count。

● 触发器

（8）创建触发器 trig_poet_hot，当诗词热度发生改变时，相应地更新创作该诗词的诗人的热度。

● 事件

（9）创建事件，每月初查看一次目前为止该诗词数据库中热度最高的诗歌的诗词标题。

常见问题

扫描二维码查阅常见问题。

项目七

维护网上商城系统的安全性

随着信息化、网络化水平的不断提升，重要数据信息的安全受到了越来越大的威胁。大量的重要数据往往都存放在数据库系统中，如何保护数据库，有效防范信息泄露和篡改成为重要的安全保障目标。

MySQL 提供了用户认证、授权、事务和锁等机制实现和维护数据的安全，以避免用户恶意攻击或者越权访问数据库中的数据对象，并能为不同用户分配相应的访问数据库对象及数据的权限。本项目详细介绍了 MySQL 中用户权限、事务和锁在数据库应用系统开发中的作用，并通过实例进行了阐述。

学习目标

★ 会在数据库中创建、删除用户
★ 会对数据库中的权限进行授予、查看和回收操作
★ 了解事务的基本原理，会使用事务控制程序的执行
★ 了解事务的 4 种隔离级别

拓展阅读

名言名句

为学之道，必本于思。思则得之，不思则不得也。——晁说之《晁氏客语》

任务 1 数据库用户权限管理

【任务描述】MySQL 是一个多用户数据库管理系统，具有功能强大的访问控制体系。本任务详细介绍了 MySQL 中用户及用户权限管理的实现，以防止不合法的使用所造成的数据泄露、更改和破坏。

7.1.1 用户与权限

[微课视频]

数据库的安全性是指只允许合法用户进行其权限范围内的数据库相关操作，保护数据库以防止任何不合法的使用所造成的数据泄露、更改或破坏。数据库安全性措施主要涉及用户认证和访问权限两个方面。

MySQL 用户主要包括 root 用户和普通用户。root 用户是超级管理员，拥有所有操作 MySQL 中数据库的权限。例如 root 用户的权限包括创建用户、删除用户和修改普通用户的密码等，而普通用户仅拥有数据库管理员赋予它的权限。

在安装 MySQL 时，会自动安装名为 mysql 的数据库，mysql 数据库中的 user 表记录了允许连接到服务器的账号信息和一些全局级的权限信息，主要分为 7 个类别，分别是账号列、安全连接列、身份验证和密码策略列、资源控制列、权限列和用户特征数据列。为了使读者对用户和权限有更好的了解，接下来列举 user 表中的部分列，如表 7-1 所示。

表 7-1　user 表中的部分列

所属类别	字段名	数据类型	是否为空	默认值	字段说明
账号列	Host	char(255)	NO		主机地址
	User	char(32)	NO		用户名
安全连接列	ssl_type	enum('','ANY','X509','SPECIFIED')	NO		保存安全类型，值为 X509 时表示使用安全证书
	ssl_cipher	blob	NO		安全加密连接的特定密码
	x509_issuer	blob	NO		由 CA 签发有效的 X509 证书
	x509_subject	blob	NO		保存含主题有效的 X509 证书
身份验证和密码策略列	plugin	char(64)	NO		用户验证插件，默认值为 caching_sha2_password
	authentication_string	text	YES		登录密码
	password_expired	enum('N','Y')	NO	N	密码过期时间
	password_last_changed	timestamp	YES		最后修改密码时间
	password_lifetime	smallint unsigned	YES		密码有效期
	Password_reuse_history	smallint unsigned	YES		是否允许重用历史密码
	Password_reuse_time	smallint unsigned	YES		密码重用时间限期
	Password_require_current	enum('N','Y')	YES		修改密码时是否需要提供当前密码
	account_locked	enum('N','Y')	NO	N	用户账号锁定或解锁状态
资源控制列	max_questions	int unsigned	NO	0	每小时执行查询的最大次数
	max_updates	int unsigned	NO	0	每小时执行更新的最大次数
	max_connections	int unsigned	NO	0	每小时执行连接的最大次数
	max_user_connections	int unsigned	NO	0	单个用户同时建立连接的最大数
权限列	Select_priv	enum('N','Y')	NO	N	查询数据权限
	Insert_priv	enum('N','Y')	NO	N	插入数据权限
	Update_priv	enum('N','Y')	NO	N	修改现有数据权限
	Delete_priv	enum('N','Y')	NO	N	删除现有数据权限
	Create_priv	enum('N','Y')	NO	N	创建数据库和表权限
	Drop_priv	enum('N','Y')	NO	N	删除数据库和表权限
	Reload_priv	enum('N','Y')	NO	N	执行刷新和重新加载 MySQL 日志、权限、主机、查询和表权限
	Shutdown_priv	enum('N','Y')	NO	N	关闭 MySQL 服务器，将此权限提供给 root 用户之外的任何用户时都应当非常谨慎
	Process_priv	enum('N','Y')	NO	N	是否可以通过 SHOW PROCESSLIST 语句查看其他用户的进程
	Create_role_priv	enum('N','Y')	NO	N	创建角色权限
	Drop_role_priv	enum('N','Y')	NO	N	删除角色权限
用户特征数据列	User_attributes	json	YES		用户特征

在表 7-1 中，需要注意以下三个方面。

（1）Host 和 User 两列共同组成了复合主键以区分 MySQL 中的用户，当 Host 的值为%时表示对所有主机开放权限，值为 localhost 时表示只允许该用户在本机登录。

（2）在身份验证列中，authentication_string 保存使用 plugin 插件对密码进行加密运算后的字符串。

（3）凡是以_priv 结尾的列均为权限列，一共有 29 个权限列，限于篇幅这里仅列出了 11 个，其余的详见 MySQL 文档。权限列中存储用户的全局权限，且数据类型均为 enum 类型（枚举类型），其取值只有 N 和 Y 两种，N 表示没有权限，为保证数据库安全性，权限默认都为 N，管理员可根据实际需要为用户赋予相应的权限。

7.1.2　用户管理

[微课视频]

登录到 MySQL 服务器的用户可以进行 MySQL 的用户管理。用户管理包括创建用户、删除用户等。要实现对用户的管理，必须具有相应的操作权限。

1. 创建用户

从 7.1.1 小节可知，MySQL 中所有用户信息都保存在 mysql.user 表中，因此创建用户时可以直接向 mysql.user 表中插入一条新记录，为保证数据的安全性，不推荐使用该方法创建用户。MySQL 提供的 CREATE USER 语句可以创建用户。其语法格式如下。

```
CREATE USER [IF NOT EXISTS]
    账户名1 [用户身份验证选项1] [, 账户名2[用户身份验证选项2]] ...
    DEFAULT ROLE 角色名1[,角色名2 ...]
    [WITH 资源控制选项 ]
    [密码管理选项 | 账户锁定选项]
```

从上述语法格式中可以看到，使用 CREATE USER 语句可以一次创建多个用户，账户名格式为 "用户名@主机地址"。除用户身份验证选项属于每个用户，其余选项都被创建的多个用户共享。具体说明如下。

- 用户身份验证选项：指明身份验证的插件和密码。这里仅列举两种主要格式。

```
IDENTIFIED BY '密码'
| IDENTIFIED WITH '插件名称' BY '密码'
```

除 MySQL 8.0 提供的默认插件 caching_sha2_password 外，低版本客户端通常还使用 mysql_native_password 等插件。

- 角色名：用于管理一组用户的对象的名称，角色管理为 MySQL 8.0 的新增功能。
- 资源控制选项：用于设定资源控制列的相关值，可选值有四种，如表 7-2 所示。

表 7-2　资源控制选项

选项值	说明
MAX_QUERIES_PER_HOUR	一小时内允许用户执行查询的最大次数
MAX_UPDATES_PER_HOUR	一小时内允许用户执行更新的最大次数
MAX_CONNECTIONS_PER_HOUR	一小时内允许用户连接服务器的最大次数
MAX_USER_CONNECTIONS	限制用户同时连接服务器的最大次数

- 密码管理选项：用于密码过期设置，可选值有四种，如表 7-3 所示。

表 7-3　密码管理选项

选项值	说明
PASSWORD EXPIRE	密码标记为过期
PASSWORD EXPIRE DEFAULT	根据系统变量 default_password_lifetime 的值指定密码的有效期
PASSWORD EXPIRE NEVER	密码永不过期
PASSWORD EXPIRE INTERVAL n DAY	设置密码有效期天数为 n

- 账户锁定选项：默认情况下创建的新用户都为解锁状态，可以设置为 ACCOUNT LOCK 锁定用户。

【例7.1】创建名为 user1 的用户。

```
mysql> CREATE USER 'user1' ;
Query OK, 0 rows affected (0.01 sec)
```

创建成功后，使用 SELECT 语句查询 mysql.user 表。

```
mysql> SELECT host, user, authentication_string
    -> FROM mysql.user WHERE user = 'user1';
+------+-------+----------------------+
| host | user  | authentication_string |
+------+-------+----------------------+
| %    | user1 |                      |
+------+-------+----------------------+
1 row in set (0.00 sec)
```

从查询结果可以看到，成功创建了用户 user1，其对应的 host 值为%，表示该用户可以在任意主机上连接服务器；密码值为空字符串说明用户可以免密登录，但为保证数据安全性，不推荐使用空密码。

学习提示：用户名严格区分大小写。在 MySQL 中创建用户时，创建者必须拥有 MySQL 的全局 CREATE USER 权限或 mysql.user 表的 INSERT 权限。

【例7.2】创建名为 user2 的用户，只能在本机登录，密码为 123456。

```
mysql> CREATE USER 'user2'@'localhost' IDENTIFIED BY '123456' ;
Query OK, 0 rows affected (0.02 sec)
```

创建成功后，使用 SELECT 语句查询 mysql.user 表。

```
mysql> SELECT host, user, authentication_string, plugin
    -> FROM mysql.user WHERE user = 'user2' \G
*************************** 1. row ***************************
                 host: localhost
                 user: user2
authentication_string: $A$005$D*d>_6/)B`20M^?B"*ELETRu3xtMaGUOrwAdPE7Tbc5epW.DsQY7YajV/NjSMz2
               plugin: caching_sha2_password
1 row in set (0.00 sec)
```

从查询结果可以看到，host 值设置为 localhost，表示用户 user2 只能在本机登录。使用 caching_sha2_password 插件对明文密码串 "123456" 进行了加密处理。

【例7.3】创建名为 user3 和 user4 的用户，密码分别为 user333 和 user444，其中用户 user3 只能从本地登录 MySQL 服务器，用户 user4 可以从任意地址登录 MySQL 服务器。

```
mysql> CREATE USER 'user3'@'localhost' IDENTIFIED BY 'user333',
    -> 'user4'@'%' IDENTIFIED BY 'user444' ;
Query OK, 0 rows affected (0.01 sec)
```

上述语句成功创建了两个用户，读者可以使用 SELECT 语句查看 mysql.user 表中的用户创建情况。

【例7.4】创建名为 user5 的用户，使用的插件为 mysql_native_password。

```
mysql> CREATE USER 'user5'@'localhost'
    -> IDENTIFIED WITH 'mysql_native_password' BY '123456';
Query OK, 0 rows affected (0.01 sec)
```

创建成功后，使用 SELECT 语句查询 mysql.user 表。

```
mysql> SELECT host, user, authentication_string, plugin
    -> FROM mysql.user WHERE user = 'user5' \G
*************************** 1. row ***************************
                 host: localhost
                 user: user5
authentication_string: *6BB4837EB74329105EE4568DDA7DC67ED2CA2AD9
               plugin: mysql_native_password
1 row in set (0.00 sec)
```

从查询结果看，本例中使用的插件为 mysql_native_password，其加密后对应的 authentication_string 列保存的值与 caching_sha2_password 插件的值不同。

【例7.5】创建名为 user6 的用户，设置密码过期时间为 30 天。

```
mysql> CREATE USER 'user6'@'localhost' IDENTIFIED BY 'user666'
    -> PASSWORD EXPIRE INTERVAL 30 DAY ;
Query OK, 0 rows affected (0.01 sec)
```

　　密码到期后，登录成功的用户在执行任何 SQL 操作前，都需要重置用户密码，否则系统会提示"在执行此语句之前，必须使用 ALTER USER 语句重置密码"。

　　【例 7.6】创建名为 user7 的用户，设置该用户一小时内最多连接服务器 5 次。

```
mysql> CREATE USER 'user7'@'localhost' IDENTIFIED BY 'user777'
    -> WITH MAX_CONNECTIONS_PER_HOUR 5 ;
Query OK, 0 rows affected (0.05 sec)
```

　　上述语句执行成功后，使用 SELECT 语句查询 mysql.user 表，查看该用户的 max_connections 值。

```
mysql> SELECT max_connections FROM user WHERE user='user7';
+-----------------+
| max_connections |
+-----------------+
|               5 |
+-----------------+
1 row in set (0.00 sec)
```

　　学习提示：若 max_connections 值为 0，表示不做任何限制。

2. 修改用户密码

[微课视频]

　　用户密码是正确登录 MySQL 服务器的凭据，为保证数据库的安全性，用户需要经常修改密码，以防止密码泄露。MySQL 修改密码的方式主要有 ALTER USER 语句、SET PASSWORD 语句和 mysqladmin 命令三种。

　　（1）使用 ALTER USER 语句修改用户密码

　　ALTER USER 语句语法格式如下。

```
ALTER USER 账户名 IDENTIFIED BY '新密码' ;
```

　　【例 7.7】修改用户 user1 的密码为 123456。

```
mysql> ALTER USER 'user1'@'%' IDENTIFIED BY '123456' ;
Query OK, 0 rows affected (0.00 sec)
```

　　若当前连接 MySQL 服务器的用户为非匿名用户，可以使用函数 user() 更改当前用户的密码，而不需要提供用户名。

　　学习提示：修改用户时，必须拥有 MySQL 的全局 ALTER USER 权限或 mysql.user 表的 UPDATE 权限。

　　【例 7.8】修改当前用户密码为 123456。

```
mysql> ALTER USER user() IDENTIFIED BY '123456' ;
Query OK, 0 rows affected (0.00 sec)
```

　　（2）使用 SET PASSWORD 语句修改用户密码

　　SET PASSWORD 语句语法格式如下。

```
SET PASSWORD [FOR 账户名] = '新密码';
```

　　【例 7.9】修改用户 user1 的密码为 queen。

```
mysql> SET PASSWORD FOR 'user1'@'%' = 'queen' ;
Query OK, 0 rows affected (0.00 sec)
```

　　学习提示：使用 SET PASSWORD 语句的修改操作有可能会记录到服务器的操作日志或客户端的历史文件中，有密码泄露风险，通常不建议使用。

　　（3）使用 mysqladmin 命令修改用户密码

　　mysqladmin 命令是 MySQL 提供的服务器管理工具，存放在 MySQL 安装目录的 bin 目录下，运行在 Windows 的命令提示符下。修改用户密码的语法格式如下。

```
mysqladmin -u 用户名 [-h 主机地址] -p password 新密码
```

　　【例 7.10】将用户 user2 的密码修改为 123456。

```
mysqladmin -u user2 -p password 123456
```

　　在命令行窗口中输入以上语句，并输入用户 user2 的旧密码即可完成，如图 7-1 所示。

```
管理员: 命令提示符
C:\Program Files\MySQL\MySQL Server 8.0\bin>mysqladmin -u user2 -p password 123456
Enter password: ******
mysqladmin: [Warning] Using a password on the command line interface can be insecure.
Warning: Since password will be sent to server in plain text, use ssl connection to ensure password safety.
```

图7-1　使用mysqladmin命令修改用户密码

在使用 mysqladmin 命令进行用户密码修改时，只有在 Enter password 提示符中输入正确的旧密码，才能完成密码修改操作。由于密码以明文方式连接服务器，因此执行上述语句后有两个安全警告，为了确保以安全连接方式连接 MySQL 服务器，在实际开发中也不推荐使用该方式。

3. 修改用户名称

使用 RENAME USER 语句可以对用户进行重命名，其语法格式如下。

```
RENAME USER 旧账户名1 TO 新账户名2 [, 旧账户名1 TO 新账户名2] … ;
```

【例 7.11】修改用户 user1 和 user2 的名称分别为 lily 和 jack，用户 lily 可在任意主机上登录 MySQL 服务器。

```
mysql> RENAME USER ' user1'@'%' to 'lily'@'%',
    -> 'user2'@'localhost' to 'jack'@'localhost';
Query OK, 0 rows affected (0.01 sec)
```

4. 修改用户

除修改密码和用户名外，MySQL 可使用 ALTER USER 语句修改用户的资源限制、账户锁定状态、密码策略等属性，其语法格式如下。

```
ALTER USER [IF EXISTS]
    账户名1 [用户身份验证选项1] [, 账户名2[用户身份验证选项2]] ...
    DEFAULT ROLE 角色名1[, 角色名2 ...]
    [WITH 资源控制选项 ] [密码管理选项 | 账户锁定选项]
```

参数说明同 CREATE USER 语句。

【例 7.12】锁定账户'jack'@'localhost'。

```
mysql> ALTER USER 'jack'@'localhost' ACCOUNT LOCK;
Query OK, 0 rows affected (0.00 sec)
```

使用 SELECT 语句查看该用户的 account_locked 列。

```
mysql> SELECT account_locked FROM mysql.user WHERE user = 'jack';
+----------------+
| account_locked |
+----------------+
| Y              |
+----------------+
1 row in set (0.00 sec)
```

从结果看，账户'jack'@'localhost'为锁定状态，此时该用户不能正常登录 MySQL 服务器。

【例 7.13】为账户'lily'@'%'添加资源控制，每小时该用户查询数据库次数不超过 100 次。

```
mysql> ALTER USER 'lily'@'%' WITH MAX_QUERIES_PER_HOUR 100;
Query OK, 0 rows affected (0.00 sec)
```

使用 SELECT 语句查看该用户的 max_questions 列。

```
mysql> SELECT max_questions FROM mysql.user WHERE user = 'lily';
+----------------+
| max_questions  |
+----------------+
|            100 |
+----------------+
1 row in set (0.00 sec)
```

5. 删除用户

当用户不再需要时，就可以删除。在 MySQL 中，可以使用 DROP USER 语句删除用户。其语法格式如下。

```
DROP USER [IF EXISTS] 账户名1[, 账户名2][,…];
```

从上述语法格式可知，DROP USER 语句可以一次删除多个用户。

[微课视频]

【例 7.14】删除用户 user6 和 user7。

```
DROP USER user6@localhost ,user7@localhost ;
```

执行上述语句，可以删除用户 user6 和 user7。

学习提示：删除用户时，必须拥有数据库的全局 DROP USER 权限或 DELETE 权限。

7.1.3 权限管理

权限是指登录到 MySQL 服务器的用户能够对数据库对象执行何种操作的规则集合。在实际应用开发中，为了保证数据的安全性，数据库管理员要根据用户的不同层级进行权限分配，以限制各用户只能在所拥有的权限范围内进行数据访问。

1. mysql 数据库中的权限表和权限类型

为了有效记录各层级的权限，在 mysql 数据库中，有 6 张用于管理 MySQL 中权限的表，如表 7-4 所示。

表 7-4　mysql 数据库中与权限相关的表

表名	权限层级	说明	语法格式
user	全局级	保存用户被授予的全局权限	ON *.*
db	数据库级	保存用户被授予的数据库权限	ON 数据库名.*
tables_priv	表级	保存用户被授予的表权限	ON 数据库名.表名
columns_priv	列级	保存用户被授予的列权限	ON 数据库名.表名（列名 1[,列名 2...]）
procs_priv	函数级	保存用户被授予的存储过程和存储函数的权限	EXECUTE ON 存储过程名\存储函数名
proxies_priv	代理级	保存用户被授予的代理权限	PROXY ON 账户名 1 TO 账户名 2

在 MySQL 启动时，服务器会将数据库中的各种权限信息读取到内存中，以确定用户可进行的操作。为用户分配合理的权限可以有效保证数据库的安全性，权限分配不合理会给数据库带来安全隐患。

保存在各权限表中的权限，根据操作内容可分为数据操作权限、结构定义权限和管理权限。表 7-5 列出了 MySQL 中可授予或撤销的权限。

表 7-5　MySQL 中可授予或撤销的权限

权限类别	权限名称	user 表中的列	权限级别	说明
数据操作权限	SELECT	Select_priv	全局、数据库、表、列	查询数据
	INSERT	Insert_priv	全局、数据库、表、列	插入数据
	UPDATE	Update_priv	全局、数据库、表、列	更新数据
	DELETE	Delete_priv	全局、数据库、表	删除数据
	SHOW VIEW	Show_view_priv	全局、数据库、表	查看视图
结构定义权限	CREATE	Create_priv	全局、数据库、表	创建数据库或表权限
	CREATE VIEW	Create_view_priv	全局、数据库	创建视图权限
	CREATE ROUTINE	Create_routine_priv	全局、数据库	创建存储过程权限
	CREATE ROLE	Create_role_priv	全局、数据库	创建角色的权限
	ALTER	Alter_priv	全局、数据库、表	修改数据库或表等权限
	DROP	Drop_priv	全局、数据库、表	删除数据库或表权限
	INDEX	Index_priv	全局、数据库、表	用索引查询表
	TRIGGER	Trigger_priv	全局、数据库、表	创建和管理触发器权限
	EVENT	Event_priv	全局、数据库	创建和管理事件权限

（续表）

权限类别	权限名称	user 表中的列	权限级别	说明
结构定义权限	EXECUTE	Execute_priv	全局、数据库	执行存储过程或存储函数权限
	REFERENCES	References_priv	全局、数据库、表、列	创建外键权限
管理权限	ALL [PRIVILEGES]	Super_priv	全局	超级权限
	CREATE USER	Create_user_priv	全局	创建用户
	GRANT OPTION	Grant_priv	全局、数据库、表、存储过、代理	允许授予用户的权限
	PROXY	Proxy_pric		与代理的用户权限相同
	LOCK TABLES	Lock_tables_priv	全局、数据库	允许使用 LOCK TABLES 语句阻止对表的访问和修改
	SHUTDOWN	Shutdown_priv	全局	关闭 MySQL 服务器权限。将该权限提供给 root 用户之外的用户时，都应当非常谨慎
	FILE	File_priv	全局	加载 MySQL 服务器主机上的文件

普通用户只有分配到权限，才具备执行该权限所约定的相关操作的能力。

[微课视频]

2. 分配权限

分配权限是给特定的用户授予对象的访问权限。MySQL 使用 GRANT 语句分配权限。

GRANT 语句的语法格式如下。

```
GRANT 权限类型1 [(列列表)][, 权限类型2 [(列列表)]][,…n]
ON { * | *.* | 数据库名. * | 数据库名.表名}
    TO 账号名1 [用户身份验证选项1] [, 账户名2[用户身份验证选项2]]
    [WITH GRANT OPTION]
```

上述代码中参数说明如下。

- 权限类型：表示可授予或撤销的用户权限，如表 7-5 所示。
- 列列表：表示权限作用在哪些列上，列名间用逗号隔开，默认作用于整张表。
- ON 子句：指出所授予权限的范围。
- WITH GRANT OPTION：表示在授权时可以将该用户的权限转移给其他用户。

【例 7.15】授予账户'lily'@'%'对 onlinedb 数据库的所有表有 SELECT、INSERT、UPDATE 和 DELETE 的权限。

```
mysql> GRANT SELECT,INSERT,UPDATE,DELETE ON onlinedb.* TO 'lily'@'%';
Query OK, 0 rows affected (0.04 sec)
```

使用 SHOW GRANTS 语句可以查看用户权限，其语法格式如下。

```
SHOW GRANTS [FOR 账户名];
```

若不指定账户名，则表示查看当前用户的权限。

【例 7.16】查看账户'lily'@'%'的权限。

```
mysql> SHOW GRANTS FOR 'lily'@'%';
+-----------------------------------------------------------------+
| Grants for lily@%                                               |
+-----------------------------------------------------------------+
| GRANT USAGE ON *.* TO `lily`@`%`                                |
| GRANT SELECT, INSERT, UPDATE, DELETE ON `onlinedb`.* TO `lily`@`%` |
+-----------------------------------------------------------------+
2 rows in set (0.01 sec)
```

从执行结果看，用户 lily 拥有对 onlinedb 数据库所有表的插、查、删、改的权限。

【例 7.17】授予账户'jack'@'localhost'对数据库 onlinedb 中 goods 表的 gname、gprice、gimage 三列数据有 UPDATE 的权限。

```
mysql> GRANT UPDATE(gname, gprice, gimage)
    -> ON onlinedb.goods TO 'jack'@'localhost';
Query OK, 0 rows affected (0.06 sec)
```

【例 7.18】授予账户'jack'@'localhost'对数据库 onlinedb 中 proc_getGoodsPage 存储过程的执行权限。

```
mysql> GRANT EXECUTE ON PROCEDURE onlinedb.proc_getGoodsPage TO 'jack'@'localhost';
Query OK, 0 rows affected (0.05 sec)
```

执行成功后，使用 SHOW GRANTS 语句查看该用户权限，结果如下。

```
mysql> SHOW GRANTS FOR 'jack'@'localhost';
+---------------------------------------------------------+
| Grants for jack@localhost                               |
+---------------------------------------------------------+
| GRANT USAGE ON *.* TO `jack`@`localhost`                |
| GRANT UPDATE(`gimage`,`gname`,`gprice`)                 |
|        ON`onlinedb`.`goods` TO`jack`@`localhost`        |
| GRANT EXECUTE ON PROCEDURE `onlinedb`.`proc_getGoodsPage`|
|        TO `jack`@`localhost`                            |
+---------------------------------------------------------+
3 rows in set (0.00 sec)
```

权限分配后，读者可以使用用户 jack 登录 MySQL 服务器，并验证该用户拥有的操作权限。

3. 回收权限

回收权限是指取消某个用户的特定权限。例如，当数据库管理员认为某个用户不再需要拥有 DELETE 权限时，就应该及时将该用户的 DELETE 权限回收。回收权限可以保证数据库的安全。在 MySQL 中，可使用 REVOKE 语句回收用户的部分或所有权限。

［微课视频］

REVOKE 语句的语法格式如下。

```
REVOKE 权限类型1 [(列列表)][, 权限类型2 [(列列表)]][,…n]
ON { * | *.* | 数据库名.* | 数据库名.表名}
    FROM 用户账号1 [, 用户账号2…]
```

上述代码中参数说明如下。

- 权限类型：表示可回收的用户权限。
- 列列表：表示从哪些列中回收权限，列名间由逗号隔开，默认表示作用于整张表。
- ON 子句：指出权限所在的范围。
- FROM 子句：指出待收回权限的账号列表。

【例 7.19】回收账户'jack'@'localhost'对数据库 onlinedb 中 proc_getGoodsPage 存储过程的执行权限。

```
mysql> REVOKE EXECUTE ON PROCEDURE onlinedb.proc_getGoodsPage
    -> FROM 'jack'@'localhost';
Query OK, 0 rows affected (0.05 sec)
```

执行上述代码，并使用 SHOW GRANTS 语句查看该用户权限，结果如下。

```
mysql> SHOW GRANTS FOR 'jack'@'localhost';
+---------------------------------------------------------+
| Grants for jack@localhost                               |
+---------------------------------------------------------+
| GRANT USAGE ON *.* TO `jack`@`localhost`                |
| GRANT UPDATE(`gimage`,`gname`,`gprice`)                 |
|        ON`onlinedb`.`goods` TO`jack`@`localhost`        |
+---------------------------------------------------------+
2 rows in set (0.00 sec)
```

从结果可以看到，用户 jack 没有存储过程 proc_getGoodsPage 的执行权限。

当要回收用户的所有权限时，只需要在 REVOKE 语句中增加 ALL PRIVILEGES 关键字，其语法格式如下。

```
REVOKE ALL PRIVILEGES,GRANT OPTION FROM 账户名1[,账户名2][,…]
```

【例 7.20】回收账户'jack'@'localhost'的所有权限。

```
mysql> REVOKE ALL PRIVILEGES,GRANT OPTION FROM 'jack'@'localhost';
Query OK, 0 rows affected (0.00 sec)
```

从结果可以看出，账户'jack'@'localhost'的权限都已被回收。

在使用 GRANT 语句授予权限或 REVOKE 语句回收权限后，都必须通过 FLUSH PRIVILEGES 语句重新加载权限表，否则权限无法立即生效。

【例 7.21】刷新用户权限。

```
mysql> FLUSH PRIVILEGES ;
Query OK, 0 rows affected (0.00 sec)
```

此外，刷新权限也可以使用 mysqladmin 命令完成，具体代码如下。

```
#cmd 窗口中执行命令
mysqladmin -uroot -p flush-privileges;
```

4. 使用 Navicat 管理用户和权限

使用图形工具也可以方便快捷地管理用户和权限。

【例 7.22】使用 Navicat 添加用户，账户名为'test'@'localhost'，密码为 123456。

操作步骤如下。

（1）打开 Navicat，并以 root 用户登录 MySQL 服务器，在操作界面中单击"用户"按钮，打开用户管理窗口，如图 7-2 所示。

图7-2 用户管理窗口

（2）在图 7-2 中单击"新建用户"按钮，打开新建用户窗口，按题意填写用户名、主机、插件和密码。单击"保存"按钮，完成用户创建，如图 7-3 所示。

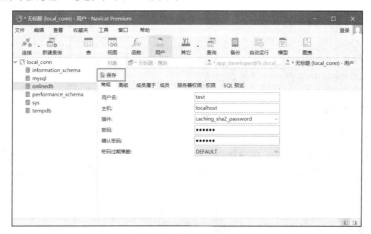

图7-3 新建用户窗口

若要编辑、复制或删除用户，只需在图 7-2 中选择指定的用户名，并在工具栏中单击相应的按钮即可。

【例 7.23】使用图形界面为账户'test'@'localhost'设置读取 onlinedb 数据库的权限，并对 users 表有 INSERT

的权限。

操作步骤如下。

（1）在图 7-3 窗口中，选择"权限"选项卡，打开权限设置窗口，并选中 Select 权限，如图 7-4 所示。

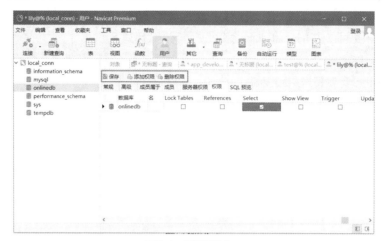

图7-4　权限设置窗口

（2）单击图 7-4 中的"添加权限"按钮，打开"添加权限"对话框，并选择 users 表，勾选"Insert"权限，如图 7-5 所示。

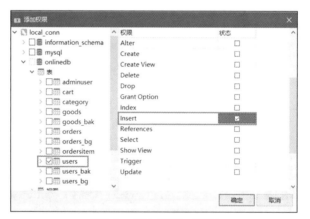

图7-5　"添加权限"对话框

（3）单击"确定"按钮并保存，完成权限设置。

7.1.4　角色管理

[微课视频]

MySQL 8.0 提供了对角色的支持。MySQL 中的角色是权限的集合，像用户一样，可以被授予和回收权限。可以将角色赋予指定用户，使该用户具备角色拥有的权限。通过角色管理，可以简化数据库中授予和回收用户权限的操作，提高管理效率。对角色的操作主要包括创建角色、授予和回收角色权限。

1. 创建角色

MySQL 提供的 CREATE ROLE 语句用于创建角色，其语法格式如下。

```
CREATE ROLE [IF NOT EXISTS] 角色名1 [, 角色名2 ] ...
```

从上述语法格式可以看出，使用 CREATE ROLE 语句可以一次创建多个角色。

学习提示：创建角色需要拥有全局 CREATE ROLE 权限或 CREATE USER 权限。

【例 7.24】创建 app_developer、app_read 和 app_write 三个角色。

```
mysql> CREATE ROLE 'app_developer', 'app_read', 'app_write' ;
Query OK, 0 rows affected (0.00 sec)
```

角色创建成功后，会在 mysql.user 表中添加一条记录。角色名与用户的账户名一样包括角色名和主机地址，当不指定主机地址时，默认为%。创建角色时，也可以在指定角色名的同时指定主机地址，其方式与创建用户相同。

2. 授予和回收角色权限

角色权限的授予和回收与账户权限的授予和回收完全相同。

【例 7.25】为 app_developer、app_read 和 app_write 三个角色授予权限。

```
#将 onlinedb 数据库的所有权限分配给角色 app_developer
GRANT ALL ON onlinedb.* TO 'app_developer';
#将 onlinedb 数据库的数据查询权限分配给角色 app_read
GRANT SELECT ON onlinedb.* TO 'app_read' ;
#将 onlinedb 数据库的数据修改权限分配给角色 app_write
GRANT INSERT, UPDATE, DELETE ON onlinedb.* TO 'app_write' ;
```

执行上述代码授予角色权限后，使用 SHOW GRANTS 语句查看角色的权限。

```
mysql> SHOW GRANTS FOR app_developer;
+----------------------------------------------------------+
| Grants for app_developer@%                               |
+----------------------------------------------------------+
| GRANT USAGE ON *.* TO `app_developer`@`%`                |
| GRANT ALL PRIVILEGES ON `onlinedb`.* TO `app_developer`@`%` |
+----------------------------------------------------------+
2 rows in set (0.00 sec)
```

当需要将用户指定为某一具体角色时，可以使用 GRANT 语句将角色指派给用户，其语法格式如下。

【例 7.26】将用户 jack 和 lily 设定为 app_developer 角色，将用户 user5 和 user6 设定为 app_read 角色，将用户 test 设定为 app_read 和 app_write 角色。

```
#指定用户为 app_developer 角色
mysql> GRANT 'app_developer' TO 'jack'@'localhost', 'lily'@'%';
#指定用户为 app_read 角色
mysql> GRANT 'app_read' TO 'user5'@'localhost', 'user6'@'localhost';
#指定用户为 app_read 和 app_write 角色
mysql> GRANT 'app_read', 'app_write' TO 'test'@'localhost'
```

设定角色后，使用 SHOW GRANTS 语句查看用户权限。

```
mysql> SHOW GRANTS FOR 'lily'@'%';
+----------------------------------------------------------------+
| Grants for lily@%                                              |
+----------------------------------------------------------------+
| GRANT USAGE ON *.* TO `lily`@`%`                               |
| GRANT SELECT, INSERT, UPDATE, DELETE ON `onlinedb`.* TO `lily`@`%` |
| GRANT `app_developer`@`%` TO `lily`@`%`                        |
+----------------------------------------------------------------+
3 rows in set (0.01 sec)
```

从查看结果看到，用户 lily 被赋予了 app_developer 角色，并拥有了 app_developer 角色的权限。读者可以使用用户 lily 登录 MySQL 服务器，验证用户 lily 是不是拥有对数据库 onlinedb 的所有操作权限。

回收角色权限的操作方法与回收用户权限相同，本节不再赘述。

任务 2 使用事务保证数据操作的安全性

【任务描述】通常情况下，每个查询的执行都是相互独立的，不必考虑哪个查询在前，哪个查询在后。在实际应用中，较为复杂的业务逻辑通常都需要执行一组 SQL 语句，且这一组 SQL 语句执行的数据结果存在一定的关联，一组 SQL 语句的执行要么都执行成功，要么什么都不做。为了控制一组 SQL 语句的执行过程，保证数据的一致性，MySQL 提供了事务机制。本任务在 SQL 程序基础上，详细讨论事务的基本原理和 MySQL 中事务的使用。

[微课视频]

7.2.1　事务概述

事务是一组有着内在逻辑联系的 SQL 语句。支持事务的数据库系统要么正确执行事务中的所有 SQL 语句，要么把它们当作整体全部放弃，也就是说事务永远不会只完成一部分。

事务可以由一条非常简单的 SQL 语句组成，也可以由一组复杂的 SQL 语句组成。在事务中的操作，要么都执行，要么都不执行，通过事务确保一组数据操作的同步和数据的完整性，这是事务的目的，也是事务的重要特征。使用事务可以大大提高数据的安全性和执行效率，因为在执行多条 SQL 语句的过程中不需要使用 LOCK 命令锁定整个数据表。

从理论上讲，事务有着极其严格的定义，它必须同时满足 4 个原则，即原子性（Atomicity）、一致性（Consistency）、隔离性（Isolation）和持久性（Durability），俗称为 ACID 原则。

1. 原子性

原子性是指数据库事务是不可分割的操作单元。只有使事务中所有的数据库操作都执行成功，整个事务的执行才算成功。事务中任何一条 SQL 语句执行失败，已经执行成功的 SQL 语句都必须撤销，数据库状态回退到执行事务前的状态。

例如，一个用户在 ATM 机上进行转账，主要完成如下两步操作。

（1）从用户自己的账户下把钱划走。

（2）在另一个账户下增加用户划走的钱。

这两步操作过程应该视为原子操作，要么都做，要么都不做。不能出现用户的钱已经从账户下扣除，但另一账户下的钱并没有增加的情况。通过事务，可以保证该操作的原子性。

2. 一致性

一致性是指事务将数据库从一种状态变成另一种状态。在事务开始之前和事务结束之后，数据的完整性约束没有被破坏。例如，在表中有一列为姓名，在它之上建立了 UNIQUE 约束，即表中的姓名不能重复。如果一个事务对表进行修改，但是在事务提交或当事务操作发生回滚后，表中的数据姓名变得不唯一了，那么就破坏了事务的一致性要求。因此，事务是逻辑一致的工作单元，如果事务中某个动作失败了，系统可以自动撤销事务使其返回到初始化的状态。

在 MySQL 中，一致性主要由 MySQL 的日志机制处理，该日志机制记录了数据库的所有变化，为事务恢复提供了跟踪记录。如果系统在事务处理中发生错误，在 MySQL 恢复过程中将使用这些日志来发现事务是否已经完全成功执行，是否需要返回。

3. 隔离性

隔离性要求每个读写事务的对象与其他事务的操作对象能相互分离，即该事务提交前对其他事务都不可见，通常使用锁来实现。数据库系统中提供了一种粒度锁策略，允许事务仅锁住一个实体对象的子集，以此来提高事务之间的并发度。

4. 持久性

事务一旦提交，其结果就是永久的，即使发生死机等故障，数据库也能将数据恢复。持久性只能从事务本身的角度来保证结果的永久，如事务提交后，所有的变化都是永久的，即使在数据库由于崩溃而需要恢复时，也能保证恢复后提交的数据都不会丢失。

7.2.2　事务的基本操作

[微课视频]

默认情况下，用户执行的每一条 SQL 语句都会作为单独事务自动提交，若要将一组 SQL 语句当作一个事务操作，则需要执行开启事务、提交事务和回滚事务等操作。

1. 开启和提交事务

MySQL 使用 START TRANSACTION 语句开启事务。

```
mysql> START TRANSACTION ;
```

执行上述代码后，系统开启一个事务，在手动提交事务前，执行的 SQL 语句都不会自动提交，并且只有事务提交成功后，事务中 SQL 语句的操作才会生效。

学习提示：使用 BEGIN 也可以开启事务，但其与存储过程和存储函数中的 BEGIN 冲突，一般不建议使用。

手动提交事务使用 COMMIT 语句。

```
mysql> COMMIT ;
```

学习提示：MySQL 默认所有事务为自动提交模式，由系统变量@@autocommit 进行控制，该系统变量的值为 1 时，表示自动提交，值为 0 时则不自动提交。

【例 7.27】手动提交事务应用示例。在 onlinedb 数据库中，当用户成功提交订单后（向 orders 表添加一条记录），用户积分按规则增加。

操作步骤如下。

（1）事务操作前，查看数据

```
mysql> USE onlinedb;
Database changed
#查看 uid 为 2 的用户名和积分
mysql> SELECT uname, ucredit FROM users WHERE uid = 2;
+-------+---------+
| uname | ucredit |
+-------+---------+
| 蔡静  |     139 |
+-------+---------+
1 row in set (0.00 sec)
```

（2）开启事务，执行数据处理

```
#开启事务
mysql> START TRANSACTION ;
#uid 为 2 的用户提交了订单，订单金额为 125 元
mysql> INSERT INTO orders(uid,ocode,oamount) values(2,'O1232',125) ;
#修改 uid 为 2 的用户积分，每 10 元积 1 分
mysql> UPDATE users SET ucredit = ucredit + 125/10 WHERE uid = 2 ;
```

（3）手动提交事务，查看数据

```
#提交事务
mysql> COMMIT ;
mysql> SELECT uname, ucredit FROM users WHERE uid = 2 ;
+-------+---------+
| uname | ucredit |
+-------+---------+
| 蔡静  |     151 |
+-------+---------+
1 row in set (0.00 sec)
```

从事务提交后查看到的数据可知，用户蔡静的积分由 139 增加至 151。

学习提示：MySQL 中对象的创建、修改和删除操作都会隐式地执行事务的提交。例如 CREATE DATABASE、ALTER TABLE、DROP INDEX 等语句。

2. 回滚事务

若不想提交事务，可使用 ROLLBACK 回滚事务。

```
mysql> ROLLBACK ;
```

【例 7.28】回滚事务应用示例。在 onlinedb 数据库中，用户蔡静消费 50 分用于兑换礼品，并取消兑换。

操作步骤如下。

（1）开启事务，执行数据处理

```
#开启事务
mysql> START TRANSACTION ;
#将 uid 为 2 的用户积分减去 50
mysql> UPDATE users SET ucredit = ucredit - 50 WHERE uid = 2 ;
#查看用户积分
mysql> SELECT uname, ucredit FROM users WHERE uid = 2 ;
```

```
+-------+---------+
| uname | ucredit |
+-------+---------+
| 蔡静  |   101   |
+-------+---------+
1 row in set (0.00 sec)
```

从查询结果可以看出，用户积分减少了 50 分，但事务并未提交，因此该修改可以撤回。

（2）回滚事务，查看数据

```
#回滚事务
mysql> ROLLBACK ;
#查看用户积分
mysql> SELECT uname, ucredit FROM users WHERE uid = 2 ;
+-------+---------+
| uname | ucredit |
+-------+---------+
| 蔡静  |   151   |
+-------+---------+
1 row in set (0.00 sec)
```

从查询结果可以看出，用户的积分又恢复到了 151，说明事务回滚成功。

学习提示：事务处理主要用于数据处理，不包括创建、修改或删除数据库、数据表等对象。

3. 设置事务保存点

使用 ROLLBACK 语句回滚事务时，事务中所有的操作都会被撤销。若只需撤销部分操作，可以在事务中设置事务保存点，其语法格式如下。

```
SAVEPOINT 保存点 ;
```

设置了保存点的事务可以使用以下语句回滚到指定保存点，其语法格式如下。

```
ROLLBACK TO SAVEPOINT 保存点 ;
```

若想删除某个保存点，可使用 RELEASE 语句，其语法格式如下。

```
RELEASE SAVEPOINT 保存点 ;
```

【例 7.29】事务保存点应用示例。

操作步骤如下。

（1）操作事务，并设置保存点 save

```
#开启事务
mysql> START TRANSACTION ;
#将 uid 为 2 的用户积分减去 50
mysql> UPDATE users SET ucredit = ucredit - 50 WHERE uid = 2 ;
#创建保存点 save
mysql> SAVEPOINT save ;
#将 uid 为 2 的用户积分再减去 10
mysql> UPDATE users SET ucredit = ucredit - 10 WHERE uid = 2 ;
#查看用户积分
mysql> SELECT uname, ucredit FROM users WHERE uid = 2 ;
+-------+---------+
| uname | ucredit |
+-------+---------+
| 蔡静  |   91    |
+-------+---------+
1 row in set (0.00 sec)
```

（2）回滚事务到保存点 save

```
#回滚事务
mysql> ROLLBACK TO SAVEPOINT save;
#查看用户积分
mysql> SELECT uname, ucredit FROM users WHERE uid = 2 ;
+-------+---------+
| uname | ucredit |
+-------+---------+
| 蔡静  |   101   |
+-------+---------+
1 row in set (0.00 sec)
```

从查询结果可以看到，用户积分只减少了 50，说明恢复到了保存点 save 时的数据状态。后续读者可选择提交或回滚该事务，并查看用户蔡静的积分变化。

学习提示：在一个事务中，可以设置多个保存点。当事务执行完成后，所有保存点都会被自动删除。

7.2.3　事务的隔离级别

[微课视频]

数据库是多线程并发的，多个用户可通过线程执行不同的事务，共享同一个数据库资源，这就可能出现数据不可重复读、脏读或幻读等现象，为了防止这些现象的产生，MySQL 通过设置事务的隔离级别来保证事务之间相互不受影响。

MySQL 定义了 4 种隔离级别，用来限定事务内外的哪些改变是可见的，哪些是不可见的。低级别的隔离一般支持高级别的并发处理，并拥有更低的系统开销。这 4 种隔离级别分别是 READ UNCOMMITTED（未提交读）、READ COMMITTED（已提交读）、REPEATABLE READ（可重复读）和 SERIALIZABLE（可序列化）。

1. READ UNCOMMITTED（未提交读）

读取未提交内容隔离级别，即所有事务都可以看到其他未提交事务的执行结果。该隔离级别很少用于实际应用，会出现脏读（Dirty Read）现象，此时读到的数据有可能不是事务最终修改的结果，易造成不可预见的损失。

2. READ COMMITTED（已提交读）

该隔离级别满足隔离的简单定义，即一个事务只能看见已经提交事务所做的改变。这种情况下，用户可以避免脏读。该隔离级别会出现不可重复读（NONREPEATABLE READ）现象，因为同一个事务处理期间，可能会有其他的事务提交，所以在一个事务中可能会出现同一查询返回不同的结果的情况。

3. REPEATABLE READ（可重复读）

可重复读是 MySQL 的默认事务隔离级别。它确保同一个事务的多个实例在并发读取数据时，会看到同样的数据。该隔离级别只允许读取已经提交的记录，而且在一个事务两次读取同一个记录期间保持一致。理论上，该隔离级别会出现幻读问题。

幻读又称为虚读，是指一个事务内两次查询的数据行数不同，它与不可重复读现象的区别在于，不可重复读是针对数据修改造成两次查询数据内容的不同，而幻读是由其他事务进行数据插入或删除时引起的数据行数的变化。InnoDB 存储引擎通过多版本并发控制（Multi-Version Concurrency Control，MVCC）解决了此问题。

4. SERIALIZABLE（可序列化）

该级别是最高的隔离级别。它通过强制事务排序，使事务之间不可能相互冲突，从而解决幻读、脏读和不可重复读的问题。它是在所读的每个数据行上加上锁，如果另一个事务来查询同一份数据就必须等待，直到前一个事务完成并解除锁定位置。这个级别可能导致大量的超时现象和锁竞争现象，对数据库查询性能影响较大，因此实际中很少使用。

在 MySQL 中，4 种隔离级别有可能产生的问题如表 7-6 所示。

表 7-6　MySQL 中 4 种隔离级别可能产生的问题

隔离级别	读数据一致性	脏读	不可重复读	幻读
READ UNCOMMITTED（未提交读）	最低级别，只能保证不读取物理上损坏的数据	Y	Y	Y
READ COMMITTED（已提交读）	语句级	N	Y	Y
REPEATABLE READ（可重复读）	事务级	N	N	Y
SERIALIZABLE（可序列化）	最高级别，事务级	N	N	N

注：其中 Y 表示会出现该问题，N 表示不会出现该问题

5. 事务隔离级别应用实例

事务隔离级别由系统变量@@transaction_isolation 进行管理。4 种隔离级别在代码中对应的值分别为 READ-UNCOMMITTED、READ-COMMITTED、REPEATABLE-READ 和 SERIALIZABLE。

这里仅以当前会话变量为例进行讲解，若需要设置或查看全局的事务隔离级别，可使用系统变量@@@global.tranaction_isolation。

【例 7.30】查看系统变量@@session.transaction_isolation。

```
mysql> SELECT @@session.transaction_isolation ;
+---------------------------------+
| @@session.transaction_isolation |
+---------------------------------+
| REPEATABLE-READ                 |
+---------------------------------+
1 row in set (0.00 sec)
```

从查询结果可以看到，当前会话的隔离级别为 REPEATABLE-READ。

【例 7.31】修改当前会话的隔离级别为 READ-COMMITTED。

```
mysql> SET @@session.transaction_isolation = 'READ-COMMITTED'
```

执行上述语句，并查看当前会话的事务隔离级别。

```
mysql> SELECT @@session.transaction_isolation ;
+---------------------------------+
| @@session.transaction_isolation |
+---------------------------------+
| READ-COMMITTED                  |
+---------------------------------+
1 row in set (0.00 sec)
```

从查询结果可以看出，当前会话的隔离级别已修改为 READ-COMMITTED。

【例 7.32】READ COMMITTED 隔离级别下的不可重复读示例。

（1）为了模拟事务隔离下数据读写可能出现的问题，除使用默认账户'root'@'%'外，还使用了本项目任务 1 中创建的账户'lily'@'%'，该账户具有对 onlinedb 数据库的 SELECT、INSERT、UPDATE 权限。

（2）打开两个 MySQL 的客户端，分别用这两个用户登录 MySQL，其中登录用户为 "root" 的标记为事务 A，登录用户为 "lily" 的标记为事务 B。

（3）在事务 A 窗口中，设置隔离级别为 READ-COMMITTED。

```
mysql> SET @@session.transaction_isolation = 'READ-COMMITTED' ;
```

（4）在事务 A 窗口中，开启事务，并读取 cid 为 1 的商品，显示商品 id、商品名称、价格。

```
mysql> STAET transaction ;   #开启事务
mysql> SELECT gid,gname,gprice FROM goods WHERE cid = 1 ;   #查看数据
```

事务 A 窗口的运行结果如图 7-6 所示。

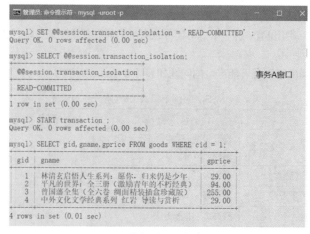

图7-6　事务A窗口的运行结果

（5）在事务 B 窗口中，开启事务，并修改 gid 为 1 的商品价格为 26，并提交事务。

```
mysql> STAET transaction ;                    #开启事务
mysql> UPDATE goods SET gprice = 26 WHERE gid = 1 ;      #修改商品价格
mysql> COMMIT ;                               #提交事务
```

事务 B 窗口的运行结果如图 7-7 所示。

（6）回到事务 A 窗口，再次查看数据，如图 7-8 所示。

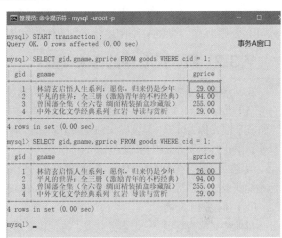

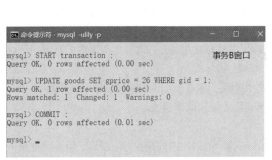

图7-7　事务B窗口的运行情况　　　　　　图7-8　在事务A窗口中再次查看数据

从图 7-8 可以看出，在事务 A 窗口中两次查询商品信息，gid 为 1 的商品价格从 29 变为 26，出现不可重复读现象。

读者可以根据本例方法分别在事务 A 中设置不同的隔离级别，并在事务 B 中进行修改操作，查看不同事务隔离级别下，事务 A 中读数据的情况并加以分析。

任务 3　使用锁保证事务并发的安全性

锁是计算机中用于协调多个进程或线程并发访问共享资源的机制。假若在同一时刻，多个客户端对同一个表执行更新或查询操作，有可能因为资源拥堵造成数据的不一致。为保证多用户在进行读写操作时数据一致，需要使用锁对并发现象进行控制。本任务主要介绍锁的分类，并使用锁在不同的事务场景下控制数据操作的一致性。

[微课视频]

7.3.1　锁机制概述

在实际应用中，当多用户并发访问共享资源时，数据库需要合理控制资源的访问规则，锁就是用来实现这些访问规则的重要结构，是 MySQL 并发控制的主要技术方案之一。根据加锁数据的粒度范围，MySQL 中的锁可以大致分为全局锁、表级锁和行锁。

（1）全局锁

全局锁就是对整个数据库实例加锁。当需要让整个数据库处于只读状态的时候，可以为数据库实例加全局锁，之后其他线程对该数据库进行的数据更新语句（数据的增删改）、数据定义语句（包括建表、修改表结构等）和更新类事务的提交语句都会被阻塞。只有当对数据库做全库逻辑备份时，才会使用全局锁。

（2）表级锁

当锁定的数据粒度是一张表时，该锁就为表级锁。其实现逻辑简单、开销小，获取和释放锁的速度快，由于该锁一次会锁定整张表，因此可以很好地避免死锁问题。表级锁主要有表共享读锁（Table Read Lock）

和表独占写锁（Table Write Lock）。由于其锁定数据的粒度大，因此争用被锁定资源的概率高，并发量十分低下，实际中应用较少，本书不再展开讲解。

（3）行锁

当锁定的数据粒度是一行或多行时，该锁称为行锁。MySQL 的行锁由存储引擎实现，InnoDB 存储引擎支持行锁，这也是它能取代 MyISAM（只支持表锁）存储引擎的重要原因之一。在 InnoDB 事务中，行锁可支持较大的并发，它在数据操作过程中加上，当事务结束时才会被释放，加锁和放锁两个阶段相互独立，也称两阶段锁协议。下面将详细阐述行锁类型和实际应用中如何应用锁机制。

7.3.2　MySQL 中的行锁类型

在 MySQL 中，根据数据读写操作，行锁分为共享锁和排他锁，锁定的数据粒度为一行或多行。

（1）共享锁（S 锁）

共享锁又称为读锁，是读操作创建的锁。一个事务获取了共享锁之后，允许对锁定范围内的数据执行读操作，阻止其他事务获得相同数据集的排他锁。

假定两个事务 A 和 B，如果事务 A 获取了一个多行的共享锁，事务 B 还可以获取这个多行的共享锁，但不能获取这个多行的排他锁，必须等到事务 A 释放共享锁后才能获取排他锁。

（2）排他锁（X 锁）

排他锁又称为写锁，一个事务获取了排他锁之后，允许对锁定范围内的数据执行写操作，阻止其他事务获得相同数据集的共享锁和排他锁。

如果事务 A 获取了一个多行的排他锁，这时事务 B 不能获取这个多行的共享锁和排他锁，必须等到事务 A 释放排他锁之后。

由于 InnoDB 存储引擎既支持行锁也支持表级锁，这时就可能出现两种锁共存的问题。若事务 A 锁住了表中的一行，此时这一行只能读不能写，若这时事务 B 申请整个表的写锁，就需要判断表中是否有行被锁定，若采用遍历表的方式去判断表中哪一行被锁住，将耗费较多的时间，造成数据库服务器性能的下降，因此这时就有了意向锁。当事务申请一行的行锁时，数据库会自动先开始申请表的意向锁，其他事务在申请锁时，只需判断是否有意向锁存在。

意向锁是一种表级锁，锁定的粒度是整张表，分为意向共享锁（IS 锁）和意向排他锁（IX 锁）两类。意向共享锁表示一个事务有意对数据创建共享锁或者排他锁。"有意"表示事务想执行操作但还没有真正执行。锁和锁之间的关系，要么是相容的，要么是互斥的。

锁 a 和锁 b 相容是指操作同样一组数据时，如果事务 A 获取了锁 a，事务 B 还可以获取锁 b。锁 a 和锁 b 互斥是指操作同样一组数据时，如果事务 A 获取了锁 a，事务 B 在事务 A 释放锁 a 之前无法获取锁 b。

共享锁、排他锁、意向共享锁、意向排他锁相互之间的兼容/互斥关系如表 7-7 所示，Y 表示兼容，N 表示互斥。

表 7-7　MySQL 中锁的兼容/互斥关系

参数	排他锁	共享锁	意向排他锁	意向共享锁
排他锁	N	N	N	N
共享锁	N	Y	N	Y
意向排他锁	N	N	Y	Y
意向共享锁	N	Y	Y	Y

从表 7-7 中可以看出，意向锁之间相互兼容，共享锁之间也相互兼容。为了尽可能提高数据库的并发量，每次锁定的数据范围越小越好，但是越小的锁其耗费系统资源越多，会导致系统性能下降，因此在实际开发中，通过控制锁粒度使锁在高并发响应和系统性能两方面进行均衡。

7.3.3　MySQL 中锁的应用

1. 给记录加锁

实际应用时，在不同的事务隔离级别下，不同的数据操作加锁方式不尽相同。当事务的隔离级别为未提交读时，不加锁；在已提交读和可重复读事务隔离级别下，数据读操作都不加锁，但插入、删除和修改操作都会加上排他锁，该级别以下的级别中读写操作不冲突；在可序列化事务隔离级别下，读写操作冲突，其中读操作加共享锁，而写操作则加排他锁。

除系统自动加锁外，还可以使用 SELECT 语句显式为记录加锁，其语法格式如下。

```
SELECT 语句
[FOR share | FOR update ]
```

上述代码的参数说明如下。

● FOR share：表示为查询结果记录加共享锁，此时其他事务可以获取这些数据的共享锁，但不能获得排他锁。

● FOR update：表示为查询结果记录加排它锁，此时其他事务不能获得这些数据的共享锁和排他锁。

学习提示：对于同一条 SQL 语句，其加锁机制除受事务的隔离级别影响外，还与 SQL 语句查询条件是否为主键、是否有索引、是否是唯一索引和 SQL 的查询执行计划有关。

【例 7.33】多用户并发时，共享锁使用示例。

事务 A 和事务 B 争用 gid 为 1 的商品数据。各事务的执行时间线和操作内容如表 7-8 所示。

表 7-8　共享锁使用示例

时间线	事务 A	事务 B
T1	START transaction ; #加共享锁 SELECT gname,gprice FROM goods WHERE gid = 1 FOR share;	
T2		START transaction ; #查询数据 SELECT gname,gprice FROM goods WHERE gid = 1;　　　　　#成功 #查询数据，并获取共享锁 SELECT gname,gprice FROM goods WHERE gid = 1 FOR share;　#成功
T3		UPDATE goods SET gprice = gprice*0.9 WHERE gid = 1;　　　#阻塞

在本例中，事务 A 请求了 goods 表中 gid 为 1 的商品数据的共享锁，随后事务 B 请求执行查询并获得共享锁成功，但修改操作被阻塞。操作如图 7-9 和图 7-10 所示。

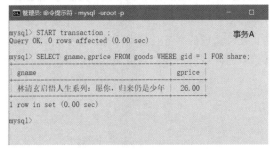

图7-9　事务A获得共享锁

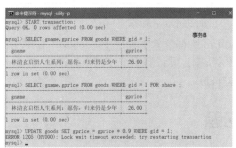

图7-10　事务B运行情况

从表 7-8 和图 7-10 可以看到，事务 B 在阻塞到一定时间后，会放弃数据修改操作。该时间限制由系统变量 innodb_lock_wait_timeout 设定。

学习提示：普通 SELECT 查询不会加锁，修改操作默认加排他锁。

【例 7.34】多用户并发时排他锁使用示例。

事务 A 和事务 B 争用 gid 为 1 的商品数据。各事务的执行时间线和操作内容如表 7-9 所示。

表 7-9　排他锁使用示例

时间线	事务 A	事务 B

T1	```START transaction ;```
	```#加排他锁```
	```SELECT gname,gprice FROM goods```
	```WHERE gid = 1 FOR update;```	

T2		```START transaction ;```
		```#查询数据```
		```SELECT gname,gprice FROM goods```
		```WHERE gid = 1; #成功```
		```#查询数据,并获取共享锁```
		```SELECT gname,gprice FROM goods```
		```WHERE gid = 1 FOR share; #阻塞```

在本例中，事务 A 请求了 goods 表中 gid 为 1 的商品数据的排他锁，随后事务 B 请求执行查询成功，但请求获得共享锁的操作被阻塞。

2. 死锁的产生和处理

在实际应用中，若事务加锁后相互不兼容，则会出现死锁，也就是说假定事务 A 的执行需要事务 B 释放锁才能继续，而事务 B 的完成也需要事务 A 释放锁才能完成，这时就会产生死锁。

【例 7.35】多用户并发时死锁示例。

事务 A 和事务 B 都在 goods 表上加了共享锁，此时事务 A 修改 goods 表中 gid 为 1 的商品价格，而事务 B 修改 gid 为 2 的商品价格。各事务的执行时间线和操作内容如表 7-10 所示。

表 7-10　死锁使用示例

时间线	事务 A	事务 B

T1	```START transaction ;```
	```#加共享锁```
	```SELECT * FROM goods FOR share;```	

T2		```START transaction ;```
		```#加共享锁```
		```SELECT * FROM goods FOR share;```

T3	```UPDATE goods SET gprice = 26``` ```WHERE gid = 1; #阻塞```	
T4		```UPDATE goods SET gprice = 50``` ```WHERE gid = 2; #阻塞```

此时事务 A 和事务 B 的修改操作都需要另一方释放持有的共享锁，这时就会产生死锁。事务 A 和事务 B 都会处于等待中。InnoDB 存储引擎为了防止死锁造成的事务长时间等待，设置自动检测死锁的机制，并设置系统变量 innodb_lock_wait_timeout，当时间域值达到，则自动放锁，并回滚事务的所有操作。

习题

1. 单项选择题

（1）以下哪个语句用于撤销权限？（　　　）

    A. DELETE   B. DROP   C. REVOKE   D. UPDATE

（2）MySQL 中存储用户全局权限的表是（　　）。

    A. tables_priv   B. procs_priv   C. columns_priv   D. user

（3）创建用户的语句是（　　）。

    A. CREATE USER   B. INSERT USER

    C. CREATE ROOT   D. MySQL USER

（4）用于将事务处理提交到数据库的语句是（　　）。

    A. insert   B. rollback   C. commit   D. savepoint

（5）如果要回滚一个事务，则要使用（　　）语句。

    A. commit transaction   B. begin transaction

    C. revoke   D. rollback transaction

（6）MySQL 中，预设的、拥有最高权限的超级用户的用户名为（　　）。

    A. test   B. Administrator   C. DA   D. root

（7）MySQL 中创建角色的语句是（　　）。

    A. CREATE ROLE   B. CREATE USER

    C. INSERT ROLE   D. GRANT ROLE

（8）MySQL 中最高隔离级别为（　　）。

    A. READ UNCOMMITTED   B. READ COMMITTED

    C. REPEATABLE READ   D. SERIALIZABLE

（9）关于 MySQL 中的锁，说法正确的是（　　）。

    A. MySQL 中的锁分为共享锁、排他锁和公有锁

    B. 数据库需要特定机制确保死锁不会发生

    C. 在表级锁锁定期间，其他进程无法对该表进行写操作，但是可以执行读操作

    D. 死锁是因为计算机中多个进程竞争同一个资源时，发生互相等待，如无外力作用，都无法推进下去的系统状态

（10）由于数据库并发操作所导致的问题不包括（　　）。

    A. 脏读   B. 权限管理混乱   C. 不可重复读   D. 幻读

2. 思考题

（1）在计算机中，当多个进程竞争同一个资源时，即在数据库中多个用户并发存取数据，发生的多个进程相互等待，如果没有外力作用都无法推进下去时，就发生了死锁。那么除了【例 7.35】给出的死锁的示例，你是否还能举出数据库发生死锁的示例，并尝试给出该死锁的解决办法。

（2）为了保障数据安全，我们在数据库中可以创建用户，也可以创建角色，同时可以为它们授予权限，或者回收权限。那么用户和角色有哪些异同点呢？请简述你的理解。

项目实践

1. 实践任务

（1）创建用户。

（2）授予用户权限。

（3）创建角色，授予角色权限。

（4）创建事务。

2. 实践目的

（1）能正确使用 SQL 语句创建用户。

（2）能正确使用 SQL 语句设置用户权限。

（3）能正确使用 SQL 语句修改用户密码。

（4）能正确使用 SQL 语句创建角色。

（5）能正确使用 SQL 语句为角色分配权限。

（6）能正确使用 SQL 语句创建事务。

3. 实践内容

● 用户权限

（1）使用 SQL 语句创建一个用户 zhao, 密码为 123456。

（2）使用 SQL 语句创建一个用户 zhang, 密码为 123456。

（3）使用 SQL 语句创建一个用户 wang, 密码是 123456, 同时授予该用户对 onlinedb 数据库中 users 表的 SELECT 权限。

（4）使用 SQL 语句回收用户 wang 在 users 表上的 SELECT 权限。

（5）使用 SQL 语句修改用户 zhang 的登录密码, 登录密码修改为 zhang123456。

（6）使用 SQL 语句创建两个角色 userAdmin 和 goodsAdmin。

（7）使用 SQL 语句将 onlinedb 数据库中 users 表上的 UPDATE、SELECT 和 DELETE 权限授予角色 userAdmin, 将 goods 表上的 INSERT、UPDATE、DELETE 和 SELECT 权限授予角色 goodsAdmin。

● 事务

（8）使用事务实现当更改 category 表中某个商品的类别 id 时, 同时将 goods 表对应的类别 id 全部更新。

（9）在网上商城系统的数据库中, 创建存储过程, 实现用户从购物车中下单购买商品业务（使用事务机制实现）。

（提示：用户从购物车中下单购买商品时, 需要在订单表和订单详情表中完成相应的数据插入操作, 将该商品从购物车中删除, 同时, 更新商品的销售数量和库存数量）

（10）根据【例 7.32】, 在事务 A 中设置隔离级别为 "REPEATABLE READ", 并在事务 B 中进行数据修改操作, 查看事务 A 中读数据的情况。

（11）根据【例 7.32】, 在事务 A 中设置隔离级别为 "SERIALIZABLE", 并在事务 B 中进行数据修改操作, 查看事务 A 中读数据的情况。

拓展实训

在诗词飞花令游戏数据库 poemGameDB 中, 完成下列数据库操作。

（数据库脚本文件可在课程网站下载）

● 用户权限

（1）使用 SQL 语句创建一个名为 poemAdmin 的用户, 密码为 123456。

（2）使用 SQL 语句为已经创建的用户 poemAdmin 授予对数据库 poemGameDB 中的 poemType 表和 poemLing 表的 UPDATE、INSERT 和 DELETE 权限。

● 事务

（3）使用事务实现当更改 poet 表中某个诗人的 id 时, 同时将 poem 表对应的诗人 id 全部更新。

（4）使用事务实现当某一首诗歌的热度值 pmHot 发生改变时, 创作该诗歌的诗人的热度值 pHot 也相应地被更新。

常见问题

扫描二维码查阅常见问题。

项目八

维护网上商城系统的高可用性

数据是信息系统运行的基础和核心。随着信息技术的普及，越来越多的数据都保存到数据库中，数据的高可用性也随之受到人们的高度关注。用户操作错误、存储介质损坏、黑客入侵、服务器故障、感染计算机病毒或自然灾害等不可抗拒因素都可能导致数据丢失，从而引起灾难性后果。因此必须对数据库系统采取必要的措施，以保证在发生故障时，可以将数据库恢复到最新的状态，将数据损失降低到最小。

本项目主要探讨数据库的备份和恢复机制、数据的导入导出、各种日志和使用日志文件恢复数据。

学习目标

★ 会备份与恢复数据
★ 会使用数据的导入与导出
★ 会使用日志文件恢复数据

拓展阅读

名言名句

路漫漫其修远兮，吾将上下而求索。——屈原《离骚》

任务 1　备份和恢复数据

【任务描述】 数据库的备份与恢复是数据库管理最重要的工作之一。用户误操作、黑客入侵、感染计算机病毒、服务器内部故障或系统硬件的损坏等都可能导致数据丢失或损坏，数据库管理员务必定期地备份数据，当数据库中的数据出现了错误或损坏时，就可以使用已备份的数据进行数据恢复，以降低因数据丢失造成的损失。本任务将介绍备份与恢复数据、数据的导入与导出等操作方法。

8.1.1　备份网上商城系统数据

1. 数据备份概述

数据备份就是对数据库建立相应副本，包括数据库结构、对象和数据。

根据备份数据集合的范围来划分，数据备份分为完全备份、增量备份和差异备份。

● 完全备份：是指某一个时间点上的所有数据或应用进行的一个完全拷贝，包含用户表、系统表、索引、视图和存储过程等所有数据库对象。

[微课视频]

● 增量备份：是备份数据库的部分内容，包含自上一次完全备份或最近一次增量备份后改变的内容。

[微课视频]

● 差异备份：是指在一次完全备份后到进行差异备份的这段时间内，对那些增加的文件或者修改的文件的备份，在进行恢复时，只需对第一次完全备份和最后一次差异备份进行恢复。

三种备份的优缺点如表 8-1 所示。

表 8-1　三种备份类型的优缺点

备份类型	优点	缺点
完全备份	备份数据完整，恢复操作简单	各个完全备份中数据大量重复，且一次备份所需时间长
增量备份	没有重复的备份数据，备份所需的时间很短	恢复数据较麻烦，操作员必须把每一次增量的结果逐个按顺序进行恢复；每个增量数据构成一个链，恢复时缺一不可；恢复时间长
差异备份	比完全备份需要的时间短、节省磁盘空间；恢复操作比增量备份步骤少、恢复时间短	

从数据备份时数据库服务器的在线情况来划分，数据备份分为热备份、温备份和冷备份。其中，热备份是指在数据库在线服务正常运行的情况下进行的数据备份；温备份是指进行备份操作时，数据库服务器在运行，但只能读不能写；冷备份是指在数据库已经正常关闭的情况下进行的数据备份，这种情况下提供的数据备份都是完全备份。

2. 使用 Navicat 备份数据

使用 Navicat 备份数据可以简单、快速地完成备份操作。

【例 8.1】使用 Navicat 备份 onlinedb 数据库。

操作步骤如下。

（1）启动 Navicat，打开 onlinedb 数据库所在服务器的连接，选中 onlinedb 数据库中的"备份"按钮，如图 8-1 所示。单击对象标签中的"新建备份"按钮，打开"新建备份"窗口。

（2）选择"新建备份"窗口中的"对象选择"选项卡，如图 8-2 所示。在图 8-2 所示选项卡中勾选需要备份的对象。

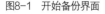

图8-1　开始备份界面　　　　　　　　　　图8-2　"对象选择"选项卡

（3）选择"新建备份"窗口中的"高级"选项卡，选中"使用指定文件名"复选框并在对应的文本框中输入备份数据库文件名 onlinedb_bak，如图 8-3 所示。

（4）单击"备份"按钮，系统开始执行备份操作，如图 8-4 所示。

（5）单击图 8-4 中的"关闭"按钮，返回 Navicat 对象浏览窗口，生成后备份文件如图 8-5 所示。

在图 8-5 中可以看到，生成了名为 onlinedb_bak 的备份文件，显示了其修改日期和文件大小，右键单击该备份文件可以打开其所在的磁盘存储位置。

学习提示：Navicat 15 生成的备份文件扩展名为 nb3，不同的操作系统下生成的文件有可能不同，且不能兼容，通常跨操作系统的备份与恢复操作不建议使用该方式完成。

如果只想导出数据或结构的 SQL 文件，也可以右键单击数据库或表对象，在弹出的快捷菜单中选择"转储 SQL 文件"命令，再选择"结构和数据"或者"仅结构"命令，将对象的定义和数据插入语句保存，如图 8-6 所示。

图8-3　新建备份"高级"属性设置

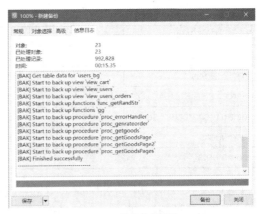

图8-4　执行备份操作

图8-5　生成的备份文件

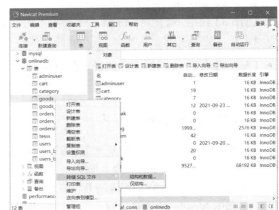

图8-6　转储SQL文件

3. 使用 mysqldump 命令备份数据库

mysqldump 是 MySQL 提供的数据库备份的命令，在 Windows 控制台的命令行窗口中执行。其对应文件存放在 MySQL 安装目录的 bin 文件夹下。

mysqldump 命令是采用 SQL 语句的备份机制，它将数据表导出成 SQL 文件，该文件包含多个 CREATE 语句和 INSERT 语句，使用这些语句可以重新创建表和插入数据。在不同的 MySQL 版本之间升级时相对比较合适，也是最常用的备份方式。

使用 mysqldump 命令可以备份一个数据库，也可以备份多个数据库，还可以备份一个连接实例中的所有数据库。其语法格式主要有以下三种。

```
#1.备份单个数据库或指定表
mysqldump [选项] 数据库名 [表名1 [表名2...]] > 脚本文件名
#2.备份多个数据库
mysqldump [选项] --databases 数据库名1 [数据库名2...] > 脚本文件名
#3.备份服务器所有数据库
mysqldump [选项] --all-databases > 脚本文件名
```

上述代码中，"选项"的取值有近百个，这里仅列出常用的选项值，如表 8-2 所示。

表 8-2　mysqldump 命令的选项值

选项名称	缩写	说明
--host	-h	服务器 IP 地址，若为本机，可省略
--user	-u	MySQL 登录用户名
--password	-p	登录用户密码

（续表）

选项名称	缩写	说明
--port	-P	服务器商品号，缺省时默认为 3306
-- lock-tables		备份前锁定所有数据表
-- force		当备份出现错误时，继续执行操作
--default-character-set		设置默认字符集
--add-locks		备份表时锁定表
--comments		添加注释信息

【例 8.2】使用 root 用户备份 onlinedb 数据库下的 goods 表和 users 表，并将备份好的文件保存到 D 盘根目录中，文件名为 users_bak.sql。

```
mysqldump -uroot -p onlinedb goods users > D:\users_bak.sql
Enter password:******
```

【例 8.3】使用 root 用户备份 onlinedb 数据库和 mysql 数据库。

```
mysqldump -uroot -p --databases onlinedb mysql > D:\dbs_bak.sql
Enter password:******
```

【例 8.4】使用 root 用户备份该服务器下的所有数据库。

```
mysqldump -uroot -p --all-databases > D:\alldb_bak.sql
Enter password:******
```

8.1.2　恢复数据

恢复数据是备份数据对应的系统维护和管理操作，当数据库出现故障时，需要将备份好的数据库文件加载到 MySQL 服务器中，从而恢复数据库。在恢复数据时，服务器会先执行系统安全检查，包括检查要恢复的数据库是否存在、数据库文件是否兼容等。

1. 使用 Navicat 恢复数据

【例 8.5】使用 Navicat，将备份文件 onlinedb_bak.nb3 恢复到数据库中。

操作步骤如下。

（1）启动 Navicat，打开服务器连接，新建名为 onlinedb2 的数据库，选中 onlinedb2 数据库的"备份"对象，右键单击该对象，在弹出的快捷菜单中选择"还原备份从"命令，如图 8-7 所示，在弹出的文件对话框中选择备份文件 onlinedb_bak.nb3，并确定。打开"还原备份"窗口，如图 8-8 所示。

（2）选择图 8-8 中的"对象选择"选项卡，选择要恢复的数据库对象，与备份过程相同。在"高级"选项卡中设置服务器和数据库对象的选项。单击"还原"按钮，执行数据库还原操作。

图8-7　选择"还原备份从"命令　　　　　　　图8-8　"还原备份"窗口

（3）还原操作执行完后，单击"还原备份"窗口中的"关闭"按钮，恢复数据完成。

2. 使用 mysql 命令恢复数据

mysql 命令除可以用于登录 MySQL 服务器外，还可以用来恢复数据。当 SQL 文件中包含 CREATE、INSERT 等数据定义和数据操作语句时，可以使用 mysql 命令恢复数据，其语法格式如下。

```
mysql -u 用户名 -p 密码 [数据库名]< 脚本文件名
```

上述代码中，"数据库名"为可选参数，如果脚本文件中包含创建数据库的语句，则不需要指定数据库名。

【例 8.6】使用 mysql 命令将脚本文件 users_bak.sql 恢复到数据库 test 中。

```
mysql -uroot -p test < D:\users_bak.sql
Enter password:******
```

执行上述语句前，必须先确定 MySQL 服务器中是否存在名为 test 的数据库。

3. 使用 SOURCE 语句恢复数据

在用户成功登录 MySQL 服务器后，也可以使用 SOURCE 语句恢复数据，其语法格式如下。

```
SOURCE 脚本文件名
```

【例 8.7】使用 SOURCE 语句实现【例 8.6】的操作。

```
mysql> USE test
Databases changed
mysql> SOURCE d:/users_bak.sql
```

执行上述语句，即执行 users_bak.sql 中包含的脚本，以恢复数据。

8.1.3　数据导出

MySQL 的数据库不仅提供数据库的备份和恢复方法，还可以直接通过导出数据实现对数据的迁移。MySQL 中的数据可以导出到外部存储文件中，可以导出成文本文件、XML 文件或者 HTML 文件等。这些类型的文件也可以导入至 MySQL 的数据库中。在数据库的日常维护中，经常需要进行数据表的导入和导出操作。

1. 使用 Navicat 导出数据

【例 8.8】导出 onlinedb 数据库中 goods 表的数据，要求导出文件格式为文本文件。

操作步骤如下。

（1）启动 Navicat，打开 onlinedb 数据库所在服务器的连接，展开 onlinedb 数据库，右键单击 goods 表对象，在弹出的菜单中选择"导出向导"选项，打开"导出向导"窗口，如图 8-9 所示。

（2）选择"导出格式"中的"文本文件(*.txt)"，单击"下一步"按钮，打开导出文件的设置窗口，设置导出路径，如图 8-10 所示。

图 8-9　"导出向导"窗口

图 8-10　设置导出路径

（3）单击"下一步"按钮，根据窗口提示进行相应操作，直到完成数据导出操作。

数据导出操作完成后，可以看到 D 盘根目录下生成了 goods.txt 文件。

2. 使用 SELECT…INTO OUTFILE 语句导出数据

使用 SELECT…INTO OUTFILE 语句也可以将查询结果导出到指定文件中，其语法格式如下。

```
SELECT 列名 FROM 表名
[WHERE 条件表达式]
INTO OUTFILE '目标文件名'
[选项]
```

该语句将 SELECT 语句的查询结果导出到"目标文件名"指定的文件中。参数"选项"有 5 种常用值，说明如下。

- FIELDS TERMINATED BY 'value'：设置字符串中字段的分隔符，默认值是"\t"。
- FIELDS [OPTIONALLY] ENCLOSED BY 'value'：设置字段的分隔符，只能为单个字符，如果使用了 OPTIONALLY 关键字，则只对字符类型的数据加分隔符。
- FIELDS ESCAPED BY 'value'：设置转义字符，默认值为"\"。
- LINES STARTING BY 'value'：设置每行数据开头的字符，可以为单个或多个字符，默认情况下不使用任何字符。
- LINES TERMINATED BY 'value'：设置每行数据结尾的字符，可以为单个或多个字符，默认值为"\n"。

学习提示：FIELDS 和 LINES 两个子句都是自选的，如果两个都被指定了，FIELDS 子句必须位于 LINES 子句的前面。多个 FIELDS 子句排列在一起时，后面的 FIELDS 关键字必须省略；同样，多个 LINES 子句排列在一起时，后面的 LINES 关键字也必须省略。

【例 8.9】使用 SELECT…INTO OUTFILE 语句导出 onlinedb 数据库中 goods 表的数据。其中，字段之间用"、"隔开，字符类型数据用双引号分隔。

```
mysql> SELECT * FROM goods
    -> INTO OUTFILE 'D:\goods.txt'
    -> FIELDS TERMINATED BY '\、' OPTIONALLY ENCLOSED BY '\"'
    -> LINES TERMINATED BY '\r\n';
```

上述代码中，TERMINATED BY '\r\n'语句可以保证每条记录占一行。执行完上述语句后，在 D 盘根目录中生成了名为 goods.txt 的文本文件。

3. 使用 mysql 命令导出数据

mysql 命令不仅可以用来登录服务器、恢复数据，而且可以将查询结果导出为文本文件、XML 文件或 HTML 文件。

mysql 命令语法格式如下。

```
mysql -u 用户名 -p [选项] "SELECT 语句" 数据库名 > 目标文件
```

上述代码中，"选项"参数的取值用于设置输出文件的类型，当其值为-e 时，导出为 TXT 文件；其值为-X 时，导出为 XML 文件；其值为-H 时，导出为 HTML 文件。

【例 8.10】使用 mysql 命令导出 onlinedb 数据库中 users 表的数据。

数据导出命令如下。

```
mysql -uroot -p -e "SELECT * FROM users" onlinedb > D:\users.txt
Enter password:*******
```

学习提示：使用 mysql 命令将数据导出为文本文件时，不需要指定数据分隔符。文件中自动使用了制表符分隔数据，并且自动生成了列名。

【例 8.11】使用 mysql 命令导出 onlinedb 数据库中 users 表的数据，生成 HTML 文件。

数据导出命令如下。

```
mysql -uroot -p -H "SELECT * FROM users" onlinedb > D:\users.html
Enter password:*******
```

8.1.4　数据导入

MySQL 允许将数据导出到外部文件，也可以将符合格式要求的外部文件导入到数据库中。MySQL 提供了丰富的导入数据工具，包括图形工具、LOAD DATA INFILE 语句等。

1. 使用 Navicat 导入数据

【例8.12】使用 Navicat,将 users.txt 文件中的数据导入 onlinedb 数据库的 users 表中。

操作步骤如下。

(1)启动 Navicat,打开服务器的连接,选中 onlinedb 数据库,单击"对象"选项卡上的"导入向导"选项,打开"导入向导"窗口,选择导入格式,此处选择"文本文件(*.txt)",如图 8-11 所示。

(2)单击"下一步"按钮,打开选择导入文件窗口,选择需导入的文件和编码,如图 8-12 所示。

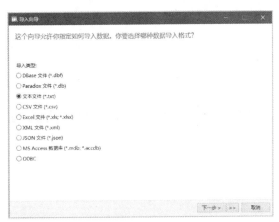

图8-11 选择导入格式

图8-12 选择导入文件和编码

(3)单击"下一步"按钮,打开设置分隔符窗口,设置记录分隔符为"CRLF"、字段分隔符为"制表符"、文本识别符号为""",如图 8-13 所示。

(4)单击"下一步"按钮,打开设置附加选项窗口,设置字段名行为"1",第一个数据行为"2",其他均为默认值,如图 8-14 所示。

图8-13 设置分隔符

图8-14 设置附加选项

(5)单击"下一步"按钮,打开选择目标表窗口,将源表和目标表均设置为 users 表,如图 8-15 所示。

(6)单击"下一步"按钮,打开设置字段窗口,设置好源表与目标表对应的字段,如图 8-16 所示。

(7)单击"下一步"按钮,打开设置导入模式窗口,选择"追加:添加记录到目标表"选项,如图 8-17 所示。

(8)单击"下一步"按钮,在打开的窗口中单击"开始"按钮,开始导入数据,如图 8-18 所示。

图8-15　选择目标表

图8-16　设置字段

图8-17　设置导入模式

图8-18　导入数据

2. 使用 LOAD DATA INFILE 语句导入数据

LOAD DATA INFILE 语句用于从外部存储文件中读取行，并将其导入到数据库的某个表中，其语法格式如下。

```
LOAD DATA INFILE 文件名
INTO TABLE 目标表名
[选项] [IGNORE n LINES]
```

执行 LOAD DATA INFILE 语句需要 FILE 权限，语法说明如下。

- 选项：为可选参数，为导入数据指定分隔符，其释义与导出数据相同。
- IGNORE n LINES：表示忽略文件开始处的行数，n 表示忽略的行数。

【例 8.13】使用 LOAD DATA INFILE 语句将 D 盘根目录下 goods.txt 文件中的数据导入至数据库 onlinedb 的 goods 表中。

导入数据前，先删除 goods 表中的数据，SQL 语句如下。

```
mysql> DELETE FROM goods;
```

数据导入语句如下。

```
mysql> LOAD DATA INFILE 'D:\goods.txt'
    -> INTO TABLE onlinedb.goods
    -> FIELDS TERMINATED BY '、' OPTIONALLY ENCLOSED BY '\" '
    -> LINES TERMINATED BY '\r\n';
```

上述语句执行后，使用 SELECT 语句查看 goods 表中的数据，查询结果与删除数据之前相同。

学习提示：在导入数据时，为了避免主键冲突，可以通过使用 REPLACE INTO TABLE 语句直接将数据进行替换来实现数据的导入或恢复。

任务2　使用日志备份和恢复数据

【任务描述】数据库日志是数据管理中重要的组成部分，它记录了数据库运行期间发生的所有变化，用来帮助数据库管理员追踪数据库曾经发生的各种事件。当数据库遇到意外损害或是出错时，可以对日志文件进行分析，查找出错原因，也可以通过日志文件对数据进行恢复。MySQL 提供了二进制日志、错误日志和查询日志文件，它们分别记录着 MySQL 中数据库不同操作的痕迹。本任务主要阐述各种日志的作用和使用方法，以及如何使用二进制日志文件恢复数据。

8.2.1　MySQL 日志概述

在数据库领域，日志就是将数据库中的每一个变化或操作时产生的信息记载到专用的文件中，这类文件就称作日志文件。从日志中可以查询到数据库的运行情况、用户操作、错误信息等，为数据库管理和优化提供必要的信息。

MySQL 中的日志主要分为3类。

● 二进制日志：以二进制文件的形式记录数据库中所有更改数据的语句。

● 错误日志：记录 MySQL 服务的启动、运行或停止时出现的问题。

● 查询日志：又分为通用查询日志和慢查询日志。其中通用查询日志记录建立的客户端连接和查询的信息；慢查询日志记录所有执行时间超过全局变量 long_query_time 设定值的所有查询或不使用索引的查询。

除二进制日志外，其他日志的日志文件都是文本文件。日志文件通常存储在 MySQL 数据库的数据目录下。只要日志处于启用状态，日志信息就会不断地被写入相应的日志文件。

使用日志可以帮助用户提高系统的安全性，加强对系统的监控，便于对系统进行优化、建立镜像机制和让事务变得更加安全。但日志的启动会降低 MySQL 数据库的性能，在查询频繁的数据库系统中，若启动了通用查询日志和慢查询日志，数据库服务器会花费较多的时间用于记录日志信息，且日志文件会占用较大的存储空间。

学习提示：默认情况下，MySQL 服务器只启动错误日志，其他日志都需要数据库管理员进行配置。

8.2.2　二进制日志

二进制日志记录了所有的数据定义语句（DDL 语句）和数据操作语句（DML 语句）对数据库的更改操作。语句以"事件"的形式保存，它描述了数据的更改过程。二进制日志基于时间点进行恢复，对数据灾难时的数据恢复起着极其重要的作用。

[微课视频]

二进制日志文件主要包括如下两类文件。

● 二进制日志索引文件：用于记录所有的二进制文件，文件名后缀为.index。

● 二进制日志文件：用于记录数据库中所有的 DDL 语句和 DML（除了 SELECT 操作）语句的事件，文件名后缀为.n，n 的取值范围 000001～999999。

1. 启动和设置二进制日志

默认情况下，二进制日志是关闭的，可以通过修改 MySQL 的配置文件 my.ini 来设置和启动二进制日志。

将配置文件my.ini 中与二进制日志相关的参数在[mysqld]组中设置，主要参数如下。

```
[mysqld]
log-bin[=path/[文件名]]
expire_logs_days=10
max_binlog_size=100M
```

其中各参数说明如下。

● log-bin：用于设置开启二进制日志；path 表明日志文件所在的物理路径，目录的文件夹名中不能有空格，否则在访问日志时会报错。日志文件的名称为"文件名.n"此外，还有一个名称为"文件名.index"的文件，其内容为所有日志的清单，该文件为文本文件。

- expire_logs_days：用来定义 MySQL 自动清除过期日志的时间，单位为天。默认值为 0，表示不进行自动删除。
- max_binlog_size：用来定义单个日志文件的大小，如果二进制日志写入的内容大小超出给定值，日志就会发生滚动（关闭当前文件，重新打开一个新的日志文件）。不能将该变量设置为大于 1GB 或小于 4KB。默认值是 1GB。

二进制日志设置完成之后，只有重新启动 MySQL 服务，配置的二进制日志信息才能生效。用户可以通过 SHOW VARIABLES 语句来查看日志设置情况。

学习提示：若想关闭二进制日志，只需注释 my.ini 文件的[mysqld]组中与二进制日志相关的参数设置。

【例 8.14】 启动 MySQL 的二进制日志，将日志文件存放在 MySQL 的数据目录中，并查看日志设置情况。操作步骤如下。

（1）在 my.ini 配置文件的[mysqld]组下添加如下语句，并保存。

```
log-bin="logbin"
```

设置 log-bin 的值，表明开启二进制日志写操作。

（2）重新启动 MySQL 服务。

log-bin 的值为 "logbin"，系统自动生成 "logbin.index" 文件用于记录日志文件索引，并生成文件名为 "logbin.000001" 的文件，每次重新启动 MySQL 服务都会生成一个新的二进制日志文件。本例中未设置 "logbin" 的物理路径，系统默认将其存储在 MySQL 的数据目录下。

（3）执行 SHOW VARIABLES 语句，查看日志设置情况，如图 8-19 所示。

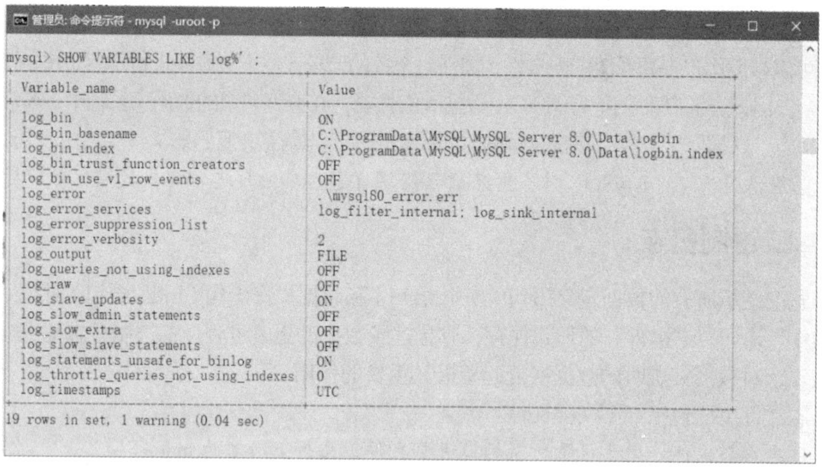

图8-19　日志设置情况

从图 8-19 中可以看到变量 log_bin 的值为 "ON"，表示二进制日志已经开启。从图 8-19 中可以看到 log_bin_basename 设置的文件名和文件路径。

（4）查看二进制日志文件的存储路径，如图 8-20 所示。

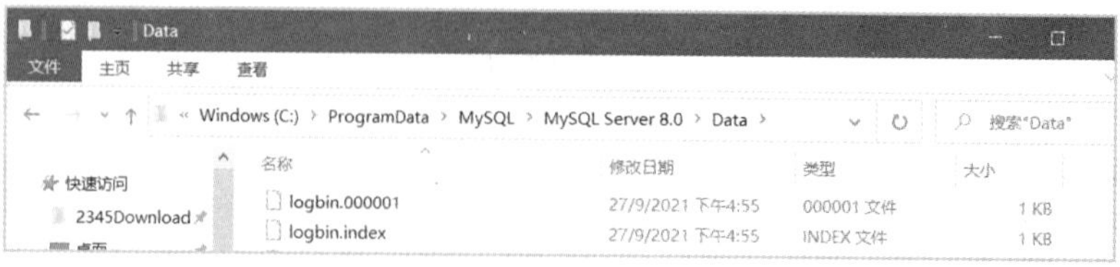

图8-20　二进制日志文件的存储路径

学习提示：数据库文件和日志文件最好不要放在同一磁盘驱动器上，当数据库磁盘发生故障时，可以使用日志文件恢复数据。

2. 读取二进制日志

（1）使用 SHOW BINARY LOGS 语句查看二进制日志个数及其文件名。

【例 8.15】使用 SHOW BINARY LOGS 语句查看当前二进制日志个数及其文件信息。

```
mysql> SHOW BINARY LOGS ;
+---------------+-----------+-----------+
| Log_name      | File_size | Encrypted |
+---------------+-----------+-----------+
| logbin.000001 |       156 | No        |
+---------------+-----------+-----------+
1 row in set (0.00 sec)
```

从上述查询结果可知，当前二进制日志只有一个，文件名是 logbin.000001。日志文件的个数与 MySQL 服务启动的次数相同，每启动一次服务就会产生一个新的日志文件。

（2）使用 mysqlbinlog 命令查看二进制日志文件的内容。

二进制日志文件是以二进制编码对数据的更改进行记录，因此需要特殊工具读取该文件。MySQL 提供的 mysqlbinlog 命令可以查看二进制日志文件的具体内容。

mysqlbinlog 命令的语法如下。

```
mysqlbinlog [选项] "二进制日志文件"
```

上述代码中，"二进制日志文件"参数包含二进制日志文件的物理路径。"选项"为可选参数，用于设置日志行显示格式，当参数为"-v"时，会将行事件重构成被注释掉的伪 SQL 语句，若想看到数据类型或元信息等更详细的信息可以使用"-vv"参数。

【例 8.16】使用 mysqlbinlog 命令查看二进制日志文件 logbin.000001 的内容。

（1）设置二进制日志文件所在的目录为当前目录。

```
cd C:\ProgramData\MySQL\MySQL Server 8.0\data
```

（2）使用 mysqlbinlog 命令查看二进制日志文件。

```
mysqlbinlog -v logbin.000001
```

执行结果如图 8-21 所示。

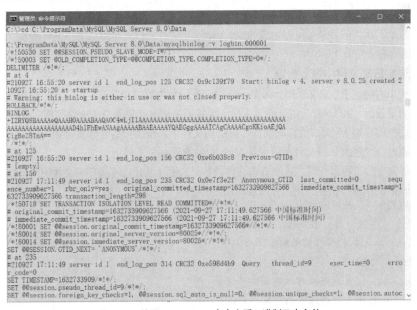

图8-21　使用mysqlbinlog命令查看二进制日志文件

从图 8-21 看到，该日志文件包含了一系列的事件。每个事件都有固定长度的头，例如当前时间戳和默认的数据库。但行操作显示为被注释掉的伪 SQL 语句。

为了查看具体数据，使用参数"-vv"再次查看该日志文件，截取该日志文件中的部分数据，并为每行标明行号，以帮助读者更好地理解各行数据的作用，信息如下。

```
1  # at 314
2  #210927 17:11:49 server id 1 end_log_pos 371 CRC32 0x3589c8d4  Table_map: `onlinedb`.`cart` mapped
to number 87
3  # at 371
4  #210927 17:11:49 server id 1  end_log_pos 423 CRC32 0xa71032b1  Write_rows: table id 87 flags:
STMT_END_F
      ……
5  ### INSERT INTO `onlinedb`.`cart`
6  ### SET
7  ###   @1=19
8  ###   @2=1
9  ###   @3=2
10 ###   @4=1
11 # at 423
12 #210927 17:11:49 server id 1  end_log_pos 454 CRC32 0x0e1c1db3 Xid = 11
13 COMMIT/*!*/;
```

各行数据解析如下。

- 第 1 行：记录了该日志文件内的偏移值，这里偏移值为 314。
- 第 2 行：包含了事件的日期和时间，MySQL 会使用它们来产生时间戳；server 记录的服务器的 id 值；end_log_pos 表示的下一个事件的偏移值；操作的数据库和表及表的 id 值。
- 第 3 行：同第 1 行，偏移值为 371。
- 第 4 行：记录了对 id 为 87 的表进行的 Write_rows 操作。
- 第 5～10 行：记录了数据变更操作的语句。这几行表示对 cart 表添加了一条新记录。
- 第 13 行：提交事务。

为了方便查看二进制日志文件的内容，mysqlbinlog 命令还可以将二进制日志文件生成为数据库的脚本文件，命令格式如下。

```
mysqlbinlog -vv "二进制日志文件名" > "目标文件名"
```

【例 8.17】将二进制日志文件 logbin.000001 的内容，输出到 mysql_temp.sql 文件中。

```
mysqlbinlog -vv logbin.000001 > mysql_temp.sql
```

执行上述命令，在当前目录中可以生成 mysql_temp.sql 文件。读者可以打开该文件查看二进制日志文件 logbin.000001 的内容。

3. 从二进制日志文件中恢复数据

在数据量较小的情况下，通常采用 mysqldump 命令进行数据库完全备份，但是当数据量达到一定程度之后，通常采用增量备份。在 MySQL 中，增量备份主要是通过恢复二进制日志文件完成。MySQL 数据库会以二进制形式自动把用户对 MySQL 数据库的操作记录到文件中，当用户需要恢复时则使用二进制日志备份文件进行恢复。因此，二进制日志文件可以说是 MySQL 的增量备份文件。

mysqlbinlog 命令除了可以查看二进制日志文件内容外，还可以对二进制日志文件中两个指定时间点之间的所有数据修改的操作进行恢复。使用 mysqlbinlog 命令恢复数据的语法格式如下。

```
mysqlbinlog [选项] "二进制日志文件名" | mysql -u 用户名 -p
```

上述代码中，"选项"为可选参数，说明如下。

- --start-date：恢复数据操作的起始时间点。
- --stop-date：恢复数据操作的结束时间点。
- --start-position：恢复数据操作的起始偏移位置。
- --stop-position：恢复数据操作的结束偏移位置。

【例 8.18】使用 mysqlbinlog 命令恢复 MySQL 数据库到"2021-9-24 09:57:00"时的状态。

（1）在存放二进制日志文件的目录下找到"2021-9-24 09:57:00"时间点的日志文件，该时间点对应的日志文件为 logbin.000001。

（2）打开 Windows 命令行窗口，将二进制日志文件所在的目录设置为当前目录。

（3）在 Windows 命令行窗口中输入如下命令。

```
mysqlbinlog --stop-date="2021-9-24 09:57:00" "logbin.000001" |mysql -uroot -p
Enter password:******
```

（4）根据提示输入 root 用户的登录密码。

命令执行成功后，MySQL 服务器会恢复 logbin.000001 日志文件中 2021-9-24 09:57:00 时间点以前的所有操作。

【例 8.19】使用 mysqlbinlog 命令恢复 logbin.000001 日志文件中偏移位置从 314 至 454 之间的所有操作。

（1）在 Windows 命令行窗口中输入如下命令。

```
mysqlbinlog --start-position=314 --stop-position=454 --database=onlinedb logbin.000001 | mysql
-uroot -p
Enter password:******
```

其中，"—database" 参数用来指明待恢复的数据库名。本例中数据库名为 onlinedb。

（2）根据提示输入 root 用户的登录密码。

命令执行成功后，MySQL 服务器会将日志文件 logbin.000001 中偏移位置从 314 到 454 之间的所有操作进行恢复。

4．删除二进制日志文件

二进制日志文件会记录用户对数据的修改操作，随着时间的推移，该文件会不断增长，势必影响数据库服务器的性能，对于过期的二进制日志应当及时删除。MySQL 的二进制日志文件可以配置为自动删除，也可以采用安全的手动删除方法。

（1）使用 RESET MASTER 语句删除所有二进制日志文件。

语法格式如下。

```
RESET MASTER;
```

执行该语句后，当前数据库服务器下所有的二进制日志文件将被删除，MySQL 会重新创建二进制日志文件，日志文件扩展名的编号重新从 000001 开始。

（2）使用 PUREG MASTER LOGS 语句删除指定的二进制日志文件。

使用 PUREG MASTER LOGS 语句删除指定的二进制日志文件有两种方法，其语法格式如下。

```
PURGE {MASTER|BINARY} LOGS TO "二进制日志文件名"
```

或

```
PURGE {MASTER|BINARY} LOGS BEFORE '时间点'
```

其中，MASTER 与 BINARY 等效。第 1 种方法指定文件名，执行该命令将删除文件名编号比指定文件名编号小的所有二进制日志文件。第 2 种方法指定日期时间点，执行该命令将删除指定时间点以前的所有二进制日志文件。

学习提示：RESET MASTER 语句删除所有的二进制日志文件；PURGE MASTER LOGS 语句只删除部分二进制日志文件。

【例 8.20】使用 PURGE MASTER LOGS 语句删除比 logbin.000003 编号小的二进制日志文件。

（1）使用 SHOW BINARY LOGS 语句查看当前的二进制日志文件，结果如图 8-22 所示。

（2）删除比 logbin.000003 编号小的二进制日志文件，其语句如下。

```
mysql> PURGE BINARY LOGS TO 'logbin.000003' ;
```

（3）再次执行 SHOW BINARY LOGS 语句查看当前的二进制日志文件，结果如图 8-23 所示。

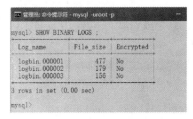

图8-22　当前的二进制日志文件

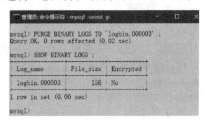

图8-23　删除指定二进制日志文件后的显示结果

从图 8-23 显示结果可以看到，执行二进制日志文件删除语句后，比 logbin.000003 编号小的二进制日志文件都已被删除。

8.2.3 错误日志

错误日志记载着 MySQL 中服务器和数据库系统的诊断和出错信息，包括 MySQL 服务器启动、运行和停止数据库的信息及所有服务器的所有出错信息。

1. 启动和设置错误日志

默认情况下，MySQL 会开启错误日志，用于记录 MySQL 服务器运行过程中发生的相关错误信息。错误日志文件默认存放在 MySQL 服务器的 data 目录下，文件名默认为主机名.err。错误日志的启动和停止及日志文件名都可以通过修改 my.ini 文件来配置，只需在 my.ini 文件的[mysqld]组中配置 log-error 参数，就可以启动错误日志。如果需要指定文件名，则执行如下语句。

```
[mysqld]
log-error=[文件路径/[日志文件名]]
```

修改配置文件后，重新启动 MySQL 服务即可。

学习提示：若想关闭数据库的错误日志，只需注释 log-error 参数行即可。

2. 查看错误日志

通过错误日志可以监视系统的运行状态，便于及时发现故障、修复故障。MySQL 错误日志是以文本文件形式存储的，可以使用文本编辑器直接查看错误日志。

【例 8.21】查看 MySQL 的错误日志。

可以通过 SHOW VARIABLES 语句查看错误日志。

```
mysql> SHOW VARIABLES LIKE 'log_error' ;
+---------------+---------------------+
| Variable_name | Value               |
+---------------+---------------------+
| log_error     | .\mysql80_error.err |
+---------------+---------------------+
1 row in set, 1 warning (0.02 sec)
```

从上述执行结果可以看出，错误日志保存在默认的数据目录下，使用记事本打开该错误日志，错误日志的部分内容如图 8-24 所示。

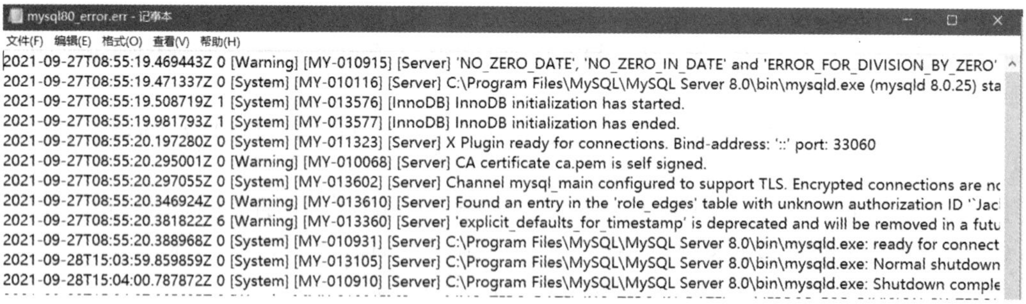
mysql80_error.err - 记事本
文件(F) 编辑(E) 格式(O) 查看(V) 帮助(H)
2021-09-27T08:55:19.469443Z 0 [Warning] [MY-010915] [Server] 'NO_ZERO_DATE', 'NO_ZERO_IN_DATE' and 'ERROR_FOR_DIVISION_BY_ZERO'
2021-09-27T08:55:19.471337Z 0 [System] [MY-010116] [Server] C:\Program Files\MySQL\MySQL Server 8.0\bin\mysqld.exe (mysqld 8.0.25) sta
2021-09-27T08:55:19.508719Z 1 [System] [MY-013576] [InnoDB] InnoDB initialization has started.
2021-09-27T08:55:19.981793Z 1 [System] [MY-013577] [InnoDB] InnoDB initialization has ended.
2021-09-27T08:55:20.197280Z 0 [System] [MY-011323] [Server] X Plugin ready for connections. Bind-address: '::' port: 33060
2021-09-27T08:55:20.295001Z 0 [Warning] [MY-010068] [Server] CA certificate ca.pem is self signed.
2021-09-27T08:55:20.297055Z 0 [System] [MY-013602] [Server] Channel mysql_main configured to support TLS. Encrypted connections are nc
2021-09-27T08:55:20.346924Z 0 [Warning] [MY-013610] [Server] Found an entry in the 'role_edges' table with unknown authorization ID '`Jac
2021-09-27T08:55:20.381822Z 6 [Warning] [MY-013360] [Server] 'explicit_defaults_for_timestamp' is deprecated and will be removed in a futu
2021-09-27T08:55:20.388968Z 0 [System] [MY-010931] [Server] C:\Program Files\MySQL\MySQL Server 8.0\bin\mysqld.exe: ready for connect
2021-09-28T15:03:59.859859Z 0 [System] [MY-013105] [Server] C:\Program Files\MySQL\MySQL Server 8.0\bin\mysqld.exe: Normal shutdown
2021-09-28T15:04:00.787872Z 0 [System] [MY-010910] [Server] C:\Program Files\MySQL\MySQL Server 8.0\bin\mysqld.exe: Shutdown comple

图8-24 错误日志的部分内容

3. 删除错误日志

由于错误日志是以文本文件形式存储的，因此可以直接删除。在运行状态下删除错误日志后，MySQL 并不会自动创建日志文件，需要使用 flush logs 重新加载。

用户可以在服务器端执行 mysqladmin 命令重新加载，Windows 命令行窗口的命令如下。

```
mysqladmin -u root -p flush logs
Enter password:******
```

此外，删除的错误日志还可以在数据库已登录的客户端上重新加载，SQL 语句如下。

```
mysql> flush logs;
```

8.2.4　通用查询日志

查询日志分为通用查询日志和慢查询日志，其中，通用查询日志记载着 MySQL 的所有用户操作，包括启动和关闭服务、执行查询和更新语句等；慢查询日志记载着查询时长超过指定时间的查询信息。

通用查询日志文件一般是以 ".log" 为后缀名的文件，如果没有在 my.ini 文件中指定文件名，就默认主机名为文件名。这个文件的用途不是为了恢复数据，而是为了监控用户的操作情况，例如用户什么时候登录、哪个用户修改了哪些数据等。

1. 启动和设置通用查询日志

默认情况下，MySQL 服务器并没有开启查询日志。若需要开启通用查询日志，可以通过修改系统配置文件 my.ini 来完成。与二进制日志和错误日志类似，需要在 my.ini 文件的[mysqld]组下配置 log 选项，配置信息如下所示。

```
[mysqld]
log=[文件路径/[日志文件名]]
```

若不指定文件路径和日志文件名，通用查询日志将默认存储在 MySQL 数据文件夹下，并以 "主机名.log" 命名。

此外也可以在 my.ini 配置文件中通过设置如下系统变量来设置通用查询日志。

```
[mysqld]
log_output=[none|file|table|file,table]
general_log=[on|off]
general_log_file[=日志文件名]
```

其中，log_output 用于设置通用查询日志输出格式；general_log 用于设置是否启用通用查询日志；general_log_file 用于指定通用查询日志输出的物理文件。

以上内容均需要重新启动 MySQL 服务器才能使设置生效。

【例 8.22】启用 MySQL 的通用查询日志，其日志文件保存在数据目录下，命名为 mysql80.log。

在 my.ini 文件的[mysqld]组中添加如下配置信息。

```
[mysqld]
general_log=on
general_log_file='mysql80.log'
```

保存文件，并重新启动 MySQL 服务器，此时在 D 盘根目录下可以查看到名为 mysql80.log 的日志文件。

使用 SHOW VARIABLES 语句可以查看与通用查询日志相关的系统变量。

【例 8.23】使用 SHOW VARIABLES 语句查看与通用查询日志相关的系统变量。

```
mysql> SHOW VARIABLES LIKE 'general%' ;
+------------------+--------------+
| Variable_name    | Value        |
+------------------+--------------+
| general_log      | ON           |
| general_log_file | mysql80.log  |
+------------------+--------------+
2 rows in set, 1 warning (0.00 sec)
```

从查询结果可以看到，通用查询日志呈开启状态，通用查询日志文件名为 mysql80.log。

·学习提示：由于查询日志会记录用户的所有操作，其中还包含增删查改等操作的信息，在并发操作大的环境下会产生大量的信息，从而导致不必要的磁盘 I/O，会影响 MySQL 的性能。除了调试数据库，建议不要开启查询日志。

为了方便数据库对通用查询日志的使用，数据库管理员还可以在 MySQL 的客户端中直接设置相关变量，开启或关闭通用查询日志。其语法格式如下。

```
SET GLOBAL general_log = [ON | OFF);
```

或

```
SET @@GLOBAL.general_log=[ 0 | 1];
```

【例 8.24】使用 SET 语句关闭通用查询日志。

```
mysql> SET GLOBAL general_log = OFF;
```

执行上述语句，读者可以使用 SHOW VARIABLES 语句查询通用查询日志的系统变量。

2. 设置通用查询日志输出格式

默认情况下通用查询日志输出为文本文件，可以通过设置 log_output 变量来修改输出格式，其语法格式如下。

```
SET GLOBAL log_output= [none|file|table|file,table]
```

上述代码中，file 表示设置输出日志为文本文件；table 表示输出为数据表，日志记录存储在 mysql.general_log 表中；file，table 表示同时向文本文件和数据表中添加日志记录；none 表示不输出日志。

【例 8.25】设置输出通用查询日志格式为 file。

```
mysql> SET GLOBAL log_output='file';
Query OK, 0 rows affected (0.01 sec)

mysql> SHOW VARIABLES LIKE 'log_output';
+---------------+-------+
| Variable_name | Value |
+---------------+-------+
| log_output    | FILE  |
+---------------+-------+
1 row in set, 1 warning (0.01 sec)
```

从执行结果可以看出，通用查询日志格式已更改为"FILE"。此时，用户对数据库的所有操作都会记录在 MySQL 数据目录下的 mysql80.log 文件中。

3. 查看通用查询日志

通过查看通用查询日志，数据库管理员可以清楚地知道用户对 MySQL 进行的所有操作。当通用查询日志输出为文本文件时，只需使用文本编辑器打开相应的日志文件即可。

【例 8.26】使用文本编辑器查看 MySQL 通用查询日志。

打开 MySQL 数据目录下的 mysql80.log 文件，内容如图 8-25 所示。

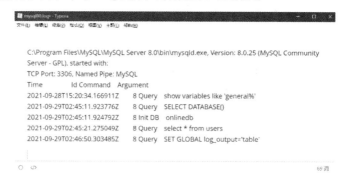

图8-25　mysql80.log中的文件内容

从图 8-25 可以看到，MySQL 的启动信息、端口号、切换数据库和数据查询语句都记录在该文件中。当通用查询日志输出为数据表时，可以通过查询 mysql 数据库中的 general_log 表查看数据库的操作情况。

8.2.5　慢查询日志

慢查询日志，顾名思义就是用来记录执行较慢查询的日志文件。数据库管理员通过对慢查询日志进行分析，可以找出执行时间较长、执行效率较低的语句，并对其进行优化。

[微课视频]

1. 启动和设置慢查询日志

在 MySQL 中，慢查询日志默认是关闭的，若需要开启慢查询日志，同样可以修改系统配置文件 my.ini。在 my.ini 文件的[mysqld]组下加入慢查询日志的配置信息，即可以开启慢查询日志，其配置信息如下。

```
[mysqld]
slow-query-log=[ON|OFF]
```

```
slow_query_log_file=[path/[慢日志文件名]]
long_query_time=n
log-queries-not-using-indexes=[ON|OFF]
```

上述代码中参数说明如下。

● slow-query-log：值为 ON 时，开启慢查询日志。

● slow_query_log_file：代表 MySQL 慢查询日志的存储文件，如果不指定 path 和慢查询日志的文件名，默认存储在 MySQL 的数据文件夹中，文件名为 hostname-slow.log，其中 hostname 是 MySQL 服务器的主机名。

● long_query_time=n：表示查询执行的阈值。n 为时间值，单位是秒，默认时间为 10 秒。当查询超过执行的阈值时，查询将会被记录。

● log-queries-not-using-indexes：值为 ON 时，将没有使用索引的查询记录在日志中。

【例8.27】启用 MySQL 的慢查询日志，其日志文件保存 MySQL 数据目录下，命名为 mysql80-slow.log，记录查询时间超过 5 秒或未使用索引的查询。

在 my.ini 文件的[mysqld]组中添加如下配置信息。

```
[mysqld]
slow-query-log=ON
slow_query_log_file=mysql80-slow.log
long_query_time=5
log-queries-not-using-indexes=ON
```

保存 my.ini 文件，并重新启动 MySQL 服务器，此时在 MySQL 数据目录下可以查看到名为 mysql80-slow.log 的日志文件。

此外，数据库管理员也可以登录 MySQL，在会话中，使用 SET GLOBAL 语句，设置慢查询日志的相关变量状态。

学习提示：记录日志到系统的专用日志表中，要比记录到文件中耗费更多的系统资源。如果需要启用慢查询日志，又想获得更高的系统性能，建议优先将慢查询日志记录到文件中。

2. 查看慢查询日志

MySQL 的慢查询日志是以文本文件形式存储的，可以直接使用文本编辑器查看，如图 8-26 所示。在慢查询日志中，记录着执行时间较长的查询语句，用户可以从慢查询日志中获取执行效率较低的查询语句，为查询优化语句提供重要依据。

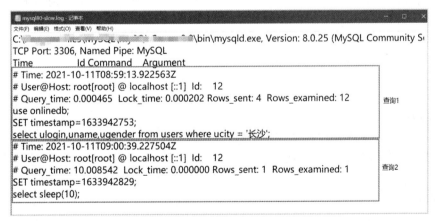

图8-26　慢查询日志的内容

从图 8-26 可以看到，慢查询日志记录了每一个查询发起的时间、登录用户、查询时间等，其中 Query_time 表示查询花费的时间，单位为秒；Lock_time 表示锁等待时间，单位为秒；Rows_sent 表示返回客户端的行数；Row_examined 表示扫描的行数。

在图 8-26 的日志中共记录了两个查询，其中查询 1 所用查询时间并没有超过设置的阈值，但因该查询没有使用到索引而被记录。查询 2 所用时间为 10.008 542 秒，因超过阈值而被记录，该查询仅用于测试，sleep(10)表示延迟 10 秒执行。

此外，慢查询日志还会记录同一个查询的执行次数、平均执行时间、平均扫描行数等内容，可以使用专用工具 mysqldumpslow.pl 进行详细分析，限于篇幅本书不再介绍。

3．删除慢查询日志

慢查询日志可以直接删除。删除后在不重启 MySQL 服务器的情况下，需要在 MySQL 的客户端执行 flush logs 语句重建日志文件，或者在 CMD 命令提示符下执行以下语句。

```
mysqladmin -u用户名 -p flush-logs
```

习题

1．单项选择题

（1）备份 MySQL 数据库的命令是（　　）。

    A．mysqldump   B．mysql   C．copy   D．backup

（2）在 MySQL 中，实现导入数据的命令是（　　）。

    A．mysqldump   B．load data file   C．backup   D．return

（3）还原 MySQL 数据库的命令是（　　）。

    A．mysqldump   B．mysql   C．return   D．backup

（4）在某一次完全备份的基础上，只备份其后数据变化的备份类型称为（　　）。

    A．完全备份   B．增量备份   C．差异备份   D．比较备份

（5）在有关使用 mysqldump 命令备份数据的特性中，（　　）是不正确的。

    A．是逻辑备份，需要将表结构和数据转换成 SQL 语句

    B．MySQL 服务必须运行

    C．备份与恢复速度比物理备份快

    D．支持 MySQL 的所有存储引擎

（6）在 MySQL 内部有 4 种常见的日志，（　　）不能直接使用文本编辑器查看日志内容。

    A．错误日志   B．二进制日志   C．通用查询日志   D．慢查询日志

（7）查看和恢复二进制日志的命令是（　　）。

    A．mysqldump   B．mysql   C．mysqlimport   D．mysqlbinlog

（8）（　　）是 MySQL 官方提供的日志分析工具。

    A．mysqldump   B．mysql-explain-slow-log

    C．mysqlsla   D．mysqldumpslow

2．简述题

（1）简述 MySQL 数据库中四种日志文件的特点。

（2）简述如何使用日志文件备份数据。

项目实践

1．实践任务

（1）备份、恢复 onlinedb 数据库。

（2）导入、导出 onlinedb 数据库。

（3）各种日志文件的使用。

2. 实践目的

（1）能使用命令行工具备份和恢复数据库。

（2）能使用 Navicat 备份和恢复数据库。

（3）能使用命令行工具导入、导出数据库。

（4）能使用 Navicat 导入、导出数据库。

（5）能设置、查看、删除各种日志文件。

（6）能使用二进制日志文件恢复数据库。

3. 实践内容

● 备份和恢复数据

（1）分别使用 Navicat 和 mysqldump 命令备份 onlinedb 数据库。

（2）分别使用 Navicat 和 mysql 命令恢复 onlinedb 数据库。

（3）使用 SELECT…INTO OUTFILE 语句导出 onlinedb.goods 表中的数据，导出文件名为 goods.txt，文件格式为文本文件。

（4）创建名为 good_bak 的数据表，结构与 goods 表相同 ，并使用 LOAD DATA 语句将 goods.txt 数据导入到 onlinedb.goods1 表。

● MySQL 日志

（5）设置启动二进制日志，指定文件名为 logbin.000001，并使用 mysqlbinlog 命令查看该文件。

（6）为 good_bak 表添加一条记录，然后删除该记录使用 mysqlbinlog，命令恢复 good_bak 表在删除记录之前的数据。

拓展实训

在诗词飞花令游戏数据库 poemGameDB 中，完成下列数据库操作。

（数据库脚本文件可在课程网站下载）

● 备份和恢复数据

（1）分别使用 Navicat 和 mysqldump 命令备份 poemGameDB 数据库。

（2）分别使用 Navicat 和 mysql 命令恢复 poemGameDB 数据库。

（3）使用 SELECT…INTO OUTFILE 语句导出 poemGameDB.poem 表中的数据，导出文件名为 poem.txt，文件格式为文本文件。

（4）创建名为 poem_bak 的数据表，结构与 poem 表相同，使用 LOAD DATA 语句将 poem.txt 数据导入 poemGameDB.poem1 表。

● MySQL 日志

（5）设置启动二进制日志，指定文件名为 logbin.000001，并使用 mysqlbinlog 命令查看该文件。

（6）删除 poem_bak 表中的记录，然后使用 mysqlbinlog 命令恢复 poem_bak 表在删除记录之前的数据。

常见问题

扫描二维码查阅常见问题。

附录 A

网上商城系统数据表

表 1 会员表（users）

序号	列名	数据类型	标识	允许空	默认值	说明
1	uid	int	是	否		主键，会员 id
2	ulogin	varchar(20)		否		登录名（电话号码）
3	uname	varchar(30)		否		用户名
4	upwd	varchar(50)		否		密码
5	ugender	char(1)		否	'男'	性别
6	ubirthday	date		是		出生日期
7	ucity	varchar(50)		是		所在城市
8	uemail	varchar(50)		是		邮箱
9	ucredit	int		否	0	积分
10	uregtime	datetime		否	(curtime())	注册时间

表 2 商品类别表（category）

序号	列名	数据类型	标识	允许空	默认值	说明
1	cid	int	是	否		主键，类别 id
2	cname	varchar(100)		否		类别名称

表 3 商品表（goods）

序号	列名	数据类型	标识	允许空	默认值	说明
1	gid	int	是	否		主键，商品 id
2	cid	int		否		类别 id
3	gcode	varchar(50)		否		商品编号
4	gname	varchar(200)		否		商品名称
5	gprice	decimal(20,2)		是	0	价格
6	gquantity	int		是	0	库存数量
7	gsale_qty	int		是	0	销售数量
8	gaddtime	datetime		是	(curtime())	上架时间
9	gishot	smallint		是	0	是否热销
10	gimage	varchar(255)		是		图片

表 4　购物车表（cart）

序号	列名	数据类型	标识	允许空	默认值	说明
1	cart_id	int	是	否		主键，购物车 id
2	uid	int		否		用户 id
3	gid	int		否		商品 id
4	cnum	int		是	0	购买数量

表 5　订单表（orders）

序号	列名	数据类型	标识	允许空	默认值	说明
1	oid	int	是	否		主键，订单 id
2	uid	int		否		用户 id
3	ocode	varchar(20)		否		订单号
4	oamount	decimal(20,2)		否	0	订单金额
5	ordertime	datetime		否	(curtime())	下单时间

表 6　订单详细表（odersitem）

序号	列名	数据类型	标识	允许空	默认值	说明
1	item_id	int	是	否		主键，详情 id
2	oid	int		否		订单 id
3	gid	int		否		商品 id
4	inum	int		否		购买数量

附录 B

诗词飞花令游戏数据表

表 1　诗人表（poet）

序号	列名	数据类型	标识	允许空	默认值	说明
1	pID	int	是	否		主键，诗人 id
2	pName	varchar(10)		否		诗人姓名
3	pGender	varchar(2)		是		性别
4	pZi	varchar(5)		是		字
5	pHao	varchar(10)		是		号
6	pBirthYear	int		是		出生年份
7	pDeathYear	int		是		逝世年份
8	pBirthPlace	varchar(20)		是		出生地
9	pEthnicity	varchar(10)		是	汉	民族
10	pDynasty	varchar(10)		是		朝代
11	pProfile	text		是		生平简介
12	pHot	int		否	0	诗人热度

表 2　诗词表（poem）

序号	列名	数据类型	标识	允许空	默认值	说明
1	pmID	int	是	否		主键，诗词 id
2	pID	int		否		诗人 id
3	pmTitle	varchar(100)		否		诗词标题
4	pmContent	varchar(8000)		否		诗词内容
5	pmHot	int		否	0	诗词热度
6	pmPreface	text		是		创作背景
7	pmAnnotation	text		是		注解
8	pmComment	text		是		评析

表 3　诗词类别表（poemType）

序号	列名	数据类型	标识	允许空	默认值	说明
1	ptID	int	是	否		主键，类别 id
2	ptName	varchar(50)		否		类别名称
3	ptType	enum('体裁','选集','主题')		否		分类方式

表4 诗词分类表（poemIndex）

序号	列名	数据类型	标识	允许空	默认值	说明
1	poID	int	是	否		主键，诗词分类id
2	ptID	int		否		类别id
3	pmID	int		否		诗词id

表5 飞花令表（feihualing）

序号	列名	数据类型	标识	允许空	默认值	说明
1	fID	int	是	否		主键，飞花令id
2	fname	int		否		飞花令名称

表6 诗词飞花令关联表（poemling）

序号	列名	数据类型	标识	允许空	默认值	说明
1	plID	int	是	否		主键，诗令id
2	pmID	int		否		诗词id
3	fID	int		否		飞花令id

附录 C

MySQL开发规范

一、系统配置规范

（1）MySQL 数据库默认使用 InnoDB 存储引擎。

（2）保证字符集的统一。在 MySQL 数据库相关的系统、数据库、表、列、应用程序连接、客户端等可以设置字符集的地方统一使用 utf8mb4。

（3）MySQL 数据库默认隔离级别为 RR（Repeatable-Read，可重复读）。

（4）在 MySQL 中，数据库、表的数量应尽可能少，以免增加服务器负担。数据库一般不超过 50 个，数据表数量不超过 500 个。

（5）单表数据量不能太大，通常记录数应控制在 2 000 万以内。

二、建表规范

（1）必须要有主键列。

（2）尽量不使用外键，外键约束应该通过程序层面来保证。

（3）存储精确小数必须使用 decimal 类型替代 float 和 double 类型。

（4）整数类型、浮点类型、日期时间类型定义中不需要定义显示宽度。例如使用 int，而不是 int(4)。

（5）不建议使用 enum 类型，可以使用 tinyint 类型替代。

（6）存储年份时要使用 4 位数，而不要简写为 2 位年份值。

（7）禁止用数据库存储图片或文件。数据库中只存储图片或文件的相对路径。

三、命名规范

（1）库名、表名、字段名、索引名等所有对象名使用半角英文字母、数字、下画线（_），名称以半角英文字母开头。名称应见名知意，易于辨识，且长度不超过 12 个字符。

（2）库名、表名、字段名、索引名等所有对象名建议全部小写。

系统中对象名应根据其英文名称在 MySQL 对应简写。

对象中文名称	对象英文名称	MySQL 对象命名建议
视图	view	view_
普通索引	index	ix_
主键索引	primary key	pk_
唯一索引	unique index	uniq_
存储函数	function	func_

（续表）

对象中文名称	对象英文名称	MySQL 对象命名建议
存储过程	procedure	proc_
触发器	trigger	trig_
事件	event	event_
check 约束	check constraint	ck_
默认值约束	default constraint	df_

四、索引规范

（1）索引中的字段数建议不超过 5 个。

（2）单张表的索引个数控制在 5 个以内。

（3）建立复合索引时，优先将选择性高的字段放在前面。

（4）UPDATE、DELETE 语句需要根据 WHERE 条件添加索引。

（5）不建议使用 "%前缀" 形式进行模糊查询。例如，LIKE '%world'，这种形式无法使用索引查询，故需要进行全表扫描。

（6）避免在索引字段上使用函数，否则会使查询索引失效。

（7）合理利用覆盖索引。

五、SQL 语法书写和应用规范

（1）SQL 语句要以分号（ ; ）结尾。

（2）SQL 不区分关键字的大小写，但表中的数据区分大小写。

（3）Windows 系统默认不区分表名及字段名的大小写。

（4）Linux/Mac 系统默认严格区分表名及字段名的大小写。

（5）常数的书写方式是固定的，字符串和日期要用单引号。

（6）单词需要用半角空格或者换行来分隔。

（7）SELECT、INSERT 语句必须显式指明字段名称，禁止使用 SELECT *或 INSERT INTO 表名 VALUES()。

（8）UPDATE、DELETE 语句一定要有明确的 WHERE 条件。

（9）WHERE 条件中的字段值必须符合字段的数据类型，避免 MySQL 进行隐式类型转化。

（10）联合查询时，优先使用 UNION ALL ，而不是 UNION，因为 UNION ALL 不去重，且不会进行排序操作，所以速度比 UNION 要快。

（11）建议使用 LIMIT N，尽量少用 LIMIT M,N，特别是在数据量大或 M 值比较大的情况下。

（12）存储函数、存储过程、触发器、事件定义中应尽可能进行注释。例如以下内容。

```
#单行注释
-- 单行注释
/* 块注释  */
```

附录 D

数据库（顶层）设计说明（DBDD）

（GB/T 8567—2006）

扫描二维码查看具体内容。

参考文献

[1] 中国国家标准化管理委员会. GB/T 5271.17—2010: 信息技术 词汇 第 17 部分: 数据库[S]. 2011.

[2] 中国国家标准化管理委员会. GB/T 12991.1—2008: 信息技术 数据库语言 SQL 第 1 部分: 框架[S]. 2008.

[3] 中国国家标准化管理委员会. GB/T 12991—1991: 信息处理系统 数据库语言 SQL[S]. 1992.

[4] 天津东软睿道教育信息技术有限公司. JavaWeb 应用开发职业技能等级标准(1+X 标准)[S]. 2021.

[5] 国信蓝桥教育科技（北京）股份有限公司. 大数据应用开发（Java）职业技能等级标准(1+X 标准)[S]. 2020.

[6] APPIGATLA K. MySQL 8 Cookbook[M]. 周彦伟, 孟治华, 译. 北京: 电子工业出版社, 2018.

[7] 杨建荣. MySQL DBA 工作笔记: 数据库管理、架构优化与运维开发[M]. 北京: 中国铁道出版社, 2019.

[8] 崔洋, 贺亚茹. MySQL 数据库应用从入门到精通[M]. 北京: 中国铁道出版社, 2016.

[9] 唐汉明, 翟振兴, 关宝军, 等. 深入浅出 MySQL 数据库[M]. 2 版. 北京: 人民邮电出版社, 2014.